中国自主产权芯片技术与应用丛书

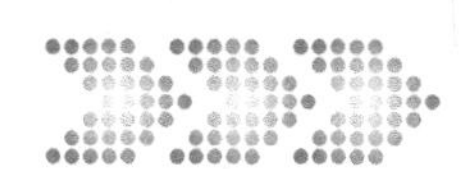

计算机应用基础

龙芯+麒麟+WPS Office

段德全 王海振◎著

人民邮电出版社
北京

图书在版编目（CIP）数据

计算机应用基础 : 龙芯+麒麟+WPS Office / 段德全,
王海振著. -- 北京 : 人民邮电出版社, 2024.6
（中国自主产权芯片技术与应用丛书）
ISBN 978-7-115-62258-7

Ⅰ. ①计… Ⅱ. ①段… ②王… Ⅲ. ①办公自动化一
应用软件 Ⅳ. ①TP317.1

中国国家版本馆CIP数据核字(2023)第128377号

内 容 提 要

本书全面讲解龙芯计算机的实用操作，重点结合银河麒麟操作系统和 WPS Office。全书共 7 章，分别介绍计算机基础，龙芯计算机简介及系统使用方法，龙芯计算机中的实用软件和工具，适配于龙芯计算机的文字处理软件 WPS 文字、电子表格软件 WPS 表格、演示文稿软件 WPS 演示，上网及邮件使用方法等内容。

本书面向龙芯计算机的用户，以实用操作讲解为主，旨在帮助读者快速上手龙芯计算机。

◆ 著　　　段德全　王海振
责任编辑　赵祥妮
责任印制　陈　犇

◆ 人民邮电出版社出版发行　　北京市丰台区成寿寺路 11 号
邮编　100164　　电子邮件　315@ptpress.com.cn
网址　https://www.ptpress.com.cn
北京七彩京通数码快印有限公司印刷

◆ 开本：787×1092　1/16
印张：16.75　　2024 年 6 月第 1 版
字数：405 千字　　2025 年 1 月北京第 2 次印刷

定价：69.90 元

读者服务热线：(010)81055410　印装质量热线：(010)81055316
反盗版热线：(010)81055315
广告经营许可证：京东市监广登字 20170147 号

前言

通用处理器是信息技术产业的基础部件，是电子设备的核心器件。龙芯中科技术股份有限公司面向国家信息化建设需求，面向国际信息技术前沿，打造自主开放的软硬件生态和信息技术产业体系，为信息技术产业的创新发展提供高性能、低成本的处理器和基础软硬件解决方案。

龙芯是中国人自主设计的 CPU，是将中国计算机科研成果推广到市场的重要产品。

由于龙芯计算机的操作系统是基于 Linux 发展而来的，因此其在界面设计、使用习惯、配置方法等方面都和 Windows 有区别。为了帮助使用龙芯计算机的读者快速学习龙芯计算机的使用方法，提高操作能力，编者根据广大读者的需求，在多位计算机高手、办公应用专家的指导下，归纳用户在使用龙芯计算机过程中反馈的问题，精心编写了本书。

本书结合龙芯、银河麒麟操作系统、WPS Office，以高频操作为例进行讲解，共 7 章。

第 01 章介绍计算机的发展和计算机的组成，以及计算机使用的记数法。

第 02~03 章讲解龙芯计算机上操作系统的常规使用方法，以及实用软件和工具的操作与运用方法，包括系统配置、文件管理器、软件安装及应用、外设管理等，以便读者全方位地了解龙芯计算机的基本使用方法。

第 04~06 章结合案例详细讲解 WPS 办公软件在龙芯计算机上的使用。

第 07 章根据用户办公需求讲解网络连接、上网和邮件客户端的使用方法，帮助用户提升办公效率。

本书以实例与操作步骤讲解为主，涵盖用户在龙芯计算机应用实践中的大量经验。龙芯计算机已经有几年的推广历史，本书收录了在推广过程中用户反馈的主要问题，并针对这些问题给出详细解答。

本书的插图部分采用图示化方法，在用文字叙述步骤的同时将主要步骤标注在图上，模拟真实的操作情况，以便读者轻松上手，快速学习解决各种疑难问题的方法，从而能够学以致用。

本书旨在为读者提供龙芯计算机使用指南，使读者能够更快地用好龙芯计算机。由于编者水平有限，书中难免有疏漏和不妥之处，恳请广大读者批评指正。

CONTENTS

目录

第01章

计算机基础

计算机是 20 世纪的伟大发明之一。随着微机的出现及计算机网络的发展，计算机的应用已渗透到社会的各个领域，它不但改变了人们的生活方式，而且改变了人类社会的面貌。掌握计算机的使用方法逐渐成为人们必不可少的技能。

1.1 计算机的发展

计算机是一种能够按照程序运行并能够自动、高速、精确地处理海量数据的现代化智能电子设备。20 世纪初，电子技术迅猛发展。1904 年，英国电气工程师弗莱明研制出真空二极管；1906 年，美国发明家、科学家福雷斯特发明真空三极管。这些都为电子计算机的出现奠定了基础。

1.1.1 计算机的发展历程

对现代电子计算机的发展起到重要作用的人物有两位。

艾伦 · 图灵（Alan Turing，1912—1954）是英国数学家、逻辑学家，被称为“计算机科学之父”。他曾在第二次世界大战中帮助英国破解了德军的密码系统，并提出了“图灵机”的设计理念，为计算机的逻辑工作方式的确立打下了良好的基础。

冯 · 诺依曼（John von Neumann，又译作冯 · 诺伊曼，1903—1957）于 1943 年提出了“存储程序通用计算机方案”，即电子计算机有输入设备、存储器、运算器、控制器、输出设备 5 个组成部分，该结构一直沿用至今。冯 · 诺依曼于 1944 年参加了电子数字积分计算机（Electronic Numerical Integrator and Computer，ENIAC）的研究工作。其因突出的贡献被授予“现代计算机之父”称号。

1946 年，美国宾夕法尼亚大学研制出世界上第一台电子计算机——ENIAC。ENIAC 耗资约 48 万美元，重约 30t，占地约 170m^2，使用近 18000 个电子管、1500 多个继电器、70000 多个电阻和 10000 多个电容，功率为 150kW。ENIAC 每秒可完成 5000 次加减法运算，500 多次乘法运算。用 ENIAC 计算时，要根据题目的计算步骤预先编写一条条指令，再按照指令连接外部线路，启动后它就自动运行并输出结果。但若要计算另外一个题目，就要重复进行上述动作，所以只有少数专家才能使用它。过去借助机械用 7h~20h 才能完成的一条弹道的计算工作，ENIAC 可在 30s 完成。ENIAC 的问世具有划时代的意义，它的诞生宣布了“电子计算机时代”的到来。

冯 · 诺依曼在 1946 年提出了更完善的计算机设计报告《电子计算机逻辑设计初探》，并与莫尔小组合作研制存储程序式计算机，即离散变量自动电子计算机（Electronic Discrete Variable Automatic Computer, EDVAC）。

研究者在 EDVAC 的研制过程中总结出如下两点。

- 计算机的程序和程序运行所需要的数据以二进制形式存放。
- 计算机采用程序存储方式，控制计算机能自动、连续地执行程序。

EDVAC 成功解决了程序的内部存储和自动执行问题，极大地提高了运行速度，这是第一台可使用二进制数并能存储程序的计算机。

由于人们不断将新的科学技术成果应用在计算机上，同时科学技术的发展也对计算机提出了更高的要求，短短几十年，计算机得到了突飞猛进的发展。具体表现是，计算机的体积越来越小、功能越来越强、价格越来越低、应用越来越广。

通常，人们按计算机所采用的电子元器件将其划分为 4 代，如表 1-1 所示。

表 1-1

计算机	电子元器件	内存	外存	处理速度
第一代计算机（1946—1958 年）	电子管	汞延迟线	穿孔卡片或纸带	每秒几千次至几万次
第二代计算机（1959—1963 年）	晶体管	磁心存储器	磁带	每秒几万次至几十万次
第三代计算机（1964—1971 年）	中小规模集成电路	半导体存储器	磁带、磁盘	每秒几十万次至几百万次
第四代计算机（1972 年至今）	大规模、超大规模集成电路	半导体存储器	磁带、磁盘、光碟等大容量存储器	每秒上千万次至万亿次

1．第一代计算机

第一代计算机的主要电子元器件是电子管，因此第一代计算机被称为电子管计算机。这时的计算机软件还处于初始发展阶段，人们使用机器语言与符号语言编写程序，其应用领域主要是军事和科学研究。第一代计算机体积庞大、运算速度慢（一般为每秒几千次至几万次）、造价高、可靠性较差、内存容量小。UNIVAC 是第一代计算机的代表，它标志着计算机从实验室进入市场，从军事和科学研究应用领域扩大到数据处理领域。

2．第二代计算机

第二代计算机的主要电子元器件是晶体管，因此第二代计算机被称为晶体管计算机。与第一代计算机相比，第二代计算机具有体积小、成本低、功能强、可靠性高等优点，其软件开始使用高级语言编写，出现了监控程序，并发展成后来的操作系统。高级语言（BASIC、FORTRAN 和 COBOL）使程序的编写更方便，并实现了程序兼容，计算机的工作效率大大提高，计算机在数据处理和事务处理等领域得到更广泛的应用。IBM 7000 是第二代计算机的代表。

3．第三代计算机

第三代计算机的主要电子元器件是中小规模集成电路。与第二代计算机相比，第三代计算机的体积和功率进一步减小，运算速度、逻辑运算能力、存储容量和可靠性进一步优化。软件方面，操作系统进一步完善，高级语言种类有所增加，结构化、模块化的程序设计思想也被提了出来。这一时期出现了结构化程序设计语言 Pascal，出现了并行处理、多处理机、虚拟存储系统和面向用户的应用软件。计算机被广泛应用到科学计算、数据处理、事务管理、工业控制等领域。这一时期的计算机同时向标准化、多样化、通用化、机种系列化方向发展。IBM 360 计算机是最早采用集成电路的通用计算机，也是影响最大的第三代计算机。

4．第四代计算机

第四代计算机的主要电子元器件是大规模集成电路和超大规模集成电路，计算机的体积和功率进一步减小，计算速度基本上每18个月就翻一番，即符合摩尔定律。计算机操作系统向虚拟操作系统方向发展，人们开发了丰富的应用软件产品，扩展了计算机的应用领域。IBM 4300系列、3080系列、3090系列和9000系列都是第四代计算机的代表。

1.1.2 计算机的发展趋势

芯片是计算机的核心部件之一，不断进步的芯片制造技术推动了计算机技术的发展。目前制造芯片主要采用光蚀刻技术，即让光线透过刻有线路图的掩模，照射在硅片表面以进行线路蚀刻。当前主要用紫外光进行光蚀刻操作，随着紫外光波长的缩短，芯片上的线宽大幅度缩小，同样大小的芯片上可以容纳更多的晶体管，进而推动了半导体工业的发展。但是当紫外光波长小于193nm时（蚀刻线宽0.18nm），传统石英透镜组会吸收光线而不会将其折射或弯曲。目前，研究人员正在研究下一代光蚀刻技术，包括极紫外光蚀刻技术、离子束投影光蚀刻技术、角度限制投影电子束光蚀刻技术和X射线光蚀刻技术。

同时，以硅为基础的芯片制造技术的发展不是无限的，随着晶体管尺寸接近纳米级，芯片发热等副作用会逐渐明显，电子运行也难以控制，晶体管将不再可靠。下一代计算机将从体系结构、工作原理、元器件及制造技术等方面进行颠覆性变革。目前可以运用的技术有纳米技术、光技术、生物技术和量子技术。利用这些技术研究新一代计算机是世界各国研究的热点。

1. 量子计算机

量子计算机的概念源于对可逆计算机的研究，是为了解决计算机中的能耗问题而提出的。

传统计算机遵循的是经典的物理规律，量子计算机遵循的是量子动力学规律，这是一种信息处理新模式。在量子计算机中，用“量子位”代替传统电子计算机的二进制位。二进制位只能用“0”和“1”两个状态表示信息，而量子位则用粒子的量子力学状态来表示信息，两个状态可以在一个“量子位”中并存。量子位可以用于表示二进制的“0”和“1”，也可以用这两个状态的组合来表示信息。量子计算机可以进行传统计算机无法完成的复杂计算，其运行速度也是传统计算机无法比拟的。

2. 模糊计算机

1956年，英国人扎德创立了模糊集理论。依照该理论，判断问题时并非以是、非两种绝对的值或0与1两种数码来表示结果，而是取许多值，如接近、几乎、差不多及差得远等模糊值。用这种模糊的、不确切的判断进行工程处理的计算机就是模糊计算机。模糊计算机是建立在模糊数学基础上的计算机。模糊计算机除具有一般计算机的功能外，还具有学习、思考、判断和对话的能力，可以立即辨识外界物体的形状和特征，甚至可帮助人们从事复杂的脑力劳动。

1985年，第一个模糊逻辑芯片设计制造成功，它在1s内能进行8万次模糊逻辑推理。现在，人们正在制造1s内能进行645000万次模糊推理的模糊逻辑芯片。把模糊逻辑芯片和电路组合在一起，就能制成模糊计算机。

日本科学家把模糊计算机应用在地铁管理上。日本东京以北300多千米的仙台市的地铁，在模糊计算机控制下，自1986年以来，一直安全、平稳地行驶着。车上的乘客可以不必紧抓拉手吊带，因为在列车行进中，模糊逻辑“司机”判断行车情况出现错误的概率，几乎比人类司机要少 70%。1990 年，日本松下电器有限公司把模糊逻辑芯片装在洗衣机里，该洗衣机能根据衣服的肮脏程度、衣服的质料等调节洗衣程序。我国有些品牌的洗衣机也装上了模糊逻辑芯片。人们还把模糊逻辑芯片装在吸尘器里，这种吸尘器可以根据灰尘量和地毯的厚实程度调整吸尘器功率。模糊计算机还能用于地震灾情判断、疾病医疗诊断、发酵工程控制、海空导航巡视等方面。

3．生物计算机

生物计算机也称仿生计算机，微电子技术和生物工程这两项高科技的相互渗透，为生物计算机的研制提供了可能。20 世纪 70 年代以来，人们发现脱氧核糖核酸（Deoxyribonucleic Acid，DNA）在不同的状态下，可产生有信息和无信息的变化。科学家们发现生物元件可以实现逻辑电路中的 0 与 1、晶体管的导通或截止、电压的高或低、脉冲信号的有或无等。1995 年，来自世界各国及地区的 200 多位专家共同探讨了生物计算机的可行性，认为生物计算机是用生物元件构建的计算机，不是利用生物大脑和神经系统中的信息传递、处理等相关原理设计形成的计算机。其生物元件利用蛋白质具有的开关特性，用蛋白质分子制成集成电路，形成蛋白质芯片、血红素芯片等。利用 DNA 化学反应，一种基因代码可以在酶的作用下转变为另 10 种基因代码，转变前的基因代码可以作为输入数据，转变后的基因代码可以作为运算结果，利用这一过程可以制成新型的生物计算机。如今科学家已研制出了生物计算机的主要部件——生物芯片。

4．光子计算机

光子计算机是一种用光信号进行数字运算、逻辑操作、信息存储和处理的新型计算机。科学家运用集成光路技术，把光开关、光存储器等集成在一个芯片上，再用光导纤维连接成计算机。1990 年初，美国贝尔实验室制成世界上第一台光子计算机，尽管它的装置很简单，由激光器、透镜和棱镜等组成，只能用于计算，但它是光子计算机领域的一大突破。电子计算机的发展依赖于电子元器件，尤其是集成电路。同样，光子计算机的发展也依赖于光逻辑元件和光存储元件，即集成光路的突破。近 20 年，只读存储光盘（Compact Disc Read-Only Memory,CD-ROM）、影音光碟（Video Compact Disc, VCD）和数字通用光盘（Digital Versatile Disc, DVD）等的接连出现，体现了光存储研究的巨大进展。光子计算机的许多关键技术，如光存储技术、光互连技术、光电子集成电路等都已经取得突破，为光子计算机的研制、开发和应用奠定了基础。现在，除了美国贝尔实验室，日本和德国的相关机构也投入巨资研制光子计算机，预计将来会出现更先进的光子计算机。

5．超导计算机

1911 年，荷兰物理学家海克・卡末林 - 昂内斯（Heike Kamerlingh-Onnes）发现纯汞在足够低的温度下电阻会变为 0，这说明超导线圈中的电流可以无损耗地流动。随着计算机的诞生和超导技术的发展，科学家们想到用超导材料来替代半导体制造计算机。早期工作主要是延续传统的半导体计算机的设计思路，将用半导体材料制作的逻辑门电路改为用超导材料制作的逻辑门电路，本质上没有突破传统计算机的设计框架。况且，在 20 世纪 80 年代中期以前，超导材料的超导临界温度仅在液氦温区，实现超导计算机的计划费用高昂。然而在 1986 年左右，情况发生了逆转，高温超导体的发现使人们在液氦温区外也能找到新型的超导材料，超导计算机的研究又重新获得各方重视。超导计算机具有超导逻辑电路和超导存储器，其能耗小、运算速度快的特点是传统计算机无法比拟的。目前，世界各国都有科学家在研究超导计算机，但是还存在许多难以突破的技术问题。

1.2 计算机硬件及软件

计算机系统由硬件（Hardware）系统和软件（Software）系统组成。硬件系统也称为裸机，裸机只能识别由 0 和 1 组成的机器代码，没有软件系统的计算机是无法工作的，它只是一台机器而已。实际上，用户所面对的是经过若干层软件“包装”的计算机，计算机的功能更大程度上是由所安装的软件系统决定的，硬件系统和软件系统互相依赖、不可分割。

1.2.1 计算机的硬件

在计算机中，将连接各部件的信息通道称为系统总线（Bus，简称总线），并把通过总线连接各部件的形式称为计算机系统的总线结构。总线结构分为单总线结构和多总线结构两大类。为使成本低廉，设备扩充方便，微机系统基本上都采用了单总线结构。根据所传送信号的性质，总线由地址总线（Address Bus，AB）、数据总线（Data Bus，DB）和控制总线（Control Bus，CB）3 个部分组成。根据部件的作用，总线一般由总线控制器、总线信号发送 / 接收器和导线等构成。

在微机系统中，主板由微处理器、存储器、输入输出（Input/Output，I/O）接口、总线电路和基板组成，主板上安装了基本的硬件系统，形成了主机部分。其中的微处理器是采用超大规模集成电路工艺将运算器和控制器制作于同一芯片之中的中央处理器（Central Processing Unit，CPU），其他的外围设备均通过相应的接口电路与主机总线相连，即不同的设备只要配接合适的接口电路（一般称为适配卡或接口卡）就能以相同的方式挂接到总线上。微机的主板上设有数个标准的插槽，将一块接口板插入任一插槽里，再用信号线将其和外围设备连接起来就完成了一台设备的硬件扩充。

把主机和接口电路装配在一块电路板上，就构成单板计算机（Single-Board Computer），简称单板机；把主机和接口电路制造在一个芯片上，就构成单片计算机（Single-Chip Computer），简称单片机。单板机和单片机在工农业生产、汽车、通信、家用电器等领域都得到了广泛的应用。

1. CPU

当前可选的 CPU 种类较多，国外主要有英特尔公司的 Pentium 系列、DEC 公司的 Alpha

系列、IBM 和苹果公司的 PowerPC 系列等。英特尔公司的 x86 产品占有较大的优势，主要的产品已经从 80486、Pentium、Pentium Pro、Pentium 4、Pentium D(即 Pentium 系列)、Core 2 Duo，发展到了 Core i7 等。国产 CPU 芯片如飞腾、龙芯、鲲鹏等也实现了群体性突破，为多元化的计算提供了新的选择。CPU 也从单核、双核，发展到了 4 核、8 核、16 核、32 核、64 核。

CPU 中除了包括运算器和控制器外，还集成有寄存器组和高速缓冲存储器，其基本结构简介如下。

- 一个 CPU 可有几个乃至几十个内部寄存器，包括用来暂存操作数或运算结果以提高运算速度的数据寄存器，以及支持控制器工作的地址寄存器、状态标志寄存器等。
- 执行算术逻辑运算的运算器。它以加法器为核心，能按照二进制法则进行补码的加法运算，还可进行数据的直接传送、移位和比较操作。
- 控制器由程序计数器、指令寄存器、指令译码器和定时控制逻辑电路等组成，用于分析和执行指令、统一指挥计算机各部件按时序协调工作。
- 在新型的计算机中普遍集成了高速缓冲存储器，其工作速度和运算器的工作速度一致，是提高 CPU 处理能力的重要技术措施之一，其容量为 8MB 以上。

2. 存储器

（1）存储器的组织结构。

存储器是存放程序和数据的装置。存储器的容量越大越好，工作速度越快越好，但二者和价格是互相矛盾的。为了缓解这种矛盾，目前的微机系统均采用了分层次的存储器结构。一般可将存储器分为 3 层：主存储器（Main Memory）、辅助存储器（Auxiliary Memory）和高速缓冲存储器（Cache）。现在，一些微机系统又将高速缓冲存储器设计为 CPU 芯片内部的和 CPU 芯片外部的两级，以满足速度和容量的需要。

（2）主存储器。

主存储器又称内存，CPU 可以直接访问它。其容量一般为 4GB ～ 8GB，存取速度可达 6ns（$1ns=10^{-9}s$），主要存放将要运行的程序和数据。

微机的内存采用半导体存储器，其体积小、功耗低、工作可靠、扩充灵活。半导体存储器按功能可分为随机存储器（Random Access Memory，RAM）和只读存储器（Read-Only Memory，ROM）。RAM 是一种既能读出也能写入的存储器，适合存放经常变化的用户程序和数据。RAM 只能在电源电压正常时工作，一旦电源断电，里面的信息将会全部丢失。ROM 是只能读出而不能写入的存储器，适合存放固定不变的程序和常数，如监控程序、操作系统中的基本输入输出系统(Basic Input/Output System，BIOS）等。ROM 必须在电源电压正常时才能工作，但断电后其中的信息不会丢失。

（3）辅助存储器。

辅助存储器属于外围设备，也称为外存，常用的有磁盘、光盘、磁带等。磁盘分为软磁盘和硬磁盘两种（简称软盘和硬盘）。软盘容量较小，一般为 1.2MB ～ 1.44MB，目前已被淘汰。常见的硬盘主要分为机械硬盘（Hard Disk Drive，HDD，硬盘驱动器，一般指代机械硬盘）和固态硬盘（Solid State Disk，SSD，又称固态盘）。常用机械硬盘的容量为 500GB ～ 4TB 甚至更大。为了在磁盘上快速地存取信息，在使用磁盘前要先进行初级格式化操作（目前基本由生产厂家完成），即在磁盘上用磁信号划分出若干有编号的磁道和扇区，以便计算机通过磁道号和扇区号直接寻找到要写数据的位置或要读取的数据，以此提高磁盘存取操作的效率。机械硬盘只有磁盘片是无法进行读写操作的，还需要将其放入硬盘驱动器中。硬盘驱动器由驱动电动机、可移动寻道的读写磁头部件、壳体和读写信息处理电路等构成。在进行磁盘读写操作时，磁头通过移动寻找磁道。在磁头移动到指定磁道位置后，就等待指定的扇区转动到磁头之下（通过读取扇区标识信息判别），这称为寻区，然后读写一个扇区的内容。

固态硬盘是用固态电子存储芯片阵列制成的高性能信息存储设备，由控制单元和固态存储单元（动态 RAM 芯片或闪存芯片）组成。固态硬盘在接口的规范和定义、功能及使用方法上与普通机械硬盘完全相同，在产品外形和尺寸上也与普通机械硬盘一致（新兴的 U.2、M.2 等形式的固态硬盘尺寸和外形与机械硬盘不同）。由于固态硬盘采用固态存储单元作为存储介质，不用磁头，寻道时间几乎为 0，读写速度非常快。同时，它还具有防震、低功耗、无噪声、工作温度范围大和轻便等优点。其缺点是容量受限（目前消费级最大容量为 8TB）、有寿命限制（有擦写次数限制）和价格高等。

光盘的读写过程和磁盘的读写过程相似，不同之处在于它是利用激光束在盘面上烧出斑点进行数据的写入，通过辨识反射激光束的角度来读取数据。光盘和光盘驱动器都有只读和可读写之分。

3. 常用输入输出设备

输入输出设备种类繁多，常用的有键盘、显示器、打印机、鼠标、绘图机、扫描仪、光学字符识别装置、传真机、智能书写终端设备等。其中，键盘、显示器、鼠标、打印机是目前用得较多的常规输入输出设备。

（1）键盘。

依据键盘的结构形式，键盘分为有触点键盘和无触点键盘两类。有触点键盘采用机械触点按键，价廉但易损坏。无触点键盘采用霍尔磁敏电子开关或电容感应开关，操作无噪声、手感好、寿命长，但价格较贵。

（2）显示器。

显示器由监视器（Monitor）和装在主机内的显示控制适配器（Adapter）两部分组成。监视器所能显示的光点的最小直径（也称为点距）决定了它的物理显示分辨率，常见的有 0.33mm、0.28mm 和 0.20mm 等。显示控制适配器是监视器和主机的接口电路，也称显卡。监视器在显卡和显卡驱动软件的支持下可实现多种显示模式，如分辨率为 1024×768px、1280×720px、1600×900px 等，乘积越大分辨率越高，但不会超过监视器的最高物理分辨率。

液晶显示器（Liquid Crystal Display，LCD）以前只在笔记本计算机中使用，目前已全面替代了阴极射线管（Cathode Ray Tube，CRT）显示器。

（3）鼠标。

鼠标通过串行接口或通用串行总线（Universal Serial Bus，USB）接口和计算机相连。其上有 2 个或 3 个按键，这样的鼠标分别称为两键鼠标或三键鼠标。鼠标上的按键分别称为左键、右键和中键。鼠标的基本操作包括移动、单击、双击和拖曳等。

（4）打印机。

打印机经历了数次更新，虽然目前已进入了激光打印机（Laser Printer）的时代，但点阵打印机（Dot Matrix Printer）的应用仍然很广泛。点阵打印机工作噪声较大，速度较慢；激光打印机工作噪声小，普及型的输出速度为 6 页 /min，分辨率高达 600dpi。此外还有一种常见的打印机是喷墨打印机，它的各项指标处于前两种打印机之间。

（5）标准并行和串行接口。

为了方便外接设备，微机系统提供了用于连接打印机的 8 位并行接口和标准的 RS-232 串行接口。并行接口可用来直接连接外置硬盘、软件加密狗和数据采集 A/D 转换器（Analog-to-Digital Converter，模数转换器）等并行设备。串行接口可用来连接鼠标、绘图仪、调制解调器（Modem）等低速（小于 115kbit/s）串行设备。

（6）USB 接口。

目前微机系统还有 USB 接口，通过它可连接多达 256 个外围设备，传输速率可达 2Gbit/s。USB 接口自推出以来，已成功替代串行接口和并行接口，成为计算机和智能设备的标准扩展接口及必备接口之一。目前，带 USB 接口的设备有扫描仪、键盘、鼠标、声卡、调制解调器、摄像头及各种智能手机、平板计算机等。

1.2.2 计算机的软件

软件是为运行、管理和维护计算机而编写的各种程序、数据和文档的总称。

程序是为解决某一特定问题而设计的指令序列。

数据指的是程序在运行过程中需要处理的对象和必须使用的一些参数，如三角函数、英汉词典等。

文档是指与程序开发、维护及操作有关的一些资料，如设计报告、维护手册和使用指南等。

软件的含义比程序更宏观一些。手机中的微信、淘宝、联系人等都是软件。软件和程序本质上是相同的。因此，在不会发生混淆的场合下，软件和程序两个名称经常互换使用，并不严格加以区分。

软件是智力活动的成果。作为知识作品，它与书籍、论文、电影一样受到知识产权法的保护。购买了一款软件之后，用户仅仅得到了该软件的使用权，并没有获得它的版权，因此随意进行软件复制和在网上分发都是违法行为。

计算机软件分为系统软件（System Software）和应用软件（Application Software）两大类。

1. 系统软件

系统软件是指控制和协调计算机及外围设备，支持应用软件开发和运行的软件。系统软件的主要功能是调度、监控和维护计算机系统，负责管理计算机系统中各独立硬件，使得它们协调工作。系统软件主要分为以下几类。

（1）操作系统（Operating System，OS）。

系统软件中最重要且最基本的是操作系统，常用的操作系统有 Windows、Linux、DOS、UNIX、macOS 等。

（2）语言处理程序。

其包括汇编程序、编译程序和解释程序等。

（3）数据库管理系统（Database Management System，DBMS）。

常用的数据库管理系统有 SQL Server、Oracle、Access、FoxPro 等。

（4）系统辅助处理程序。

系统辅助处理程序主要是指一些为计算机系统提供服务的工具软件和支撑软件，如编辑程序、调试程序、系统诊断程序、磁盘整理工具程序、计算机监控管理程序、链接程序、调试程序、故障检查和诊断程序等，还有一些著名的工具软件，如 Norton Utilities。

2. 应用软件

应用软件是为了某种特定的用途而开发的软件。由于计算机应用已经渗透到社会生活的各个方面，因此计算机的应用软件也是多种多样的，常用的应用软件如下。

（1）办公软件套件。

常见的办公软件套件有微软公司的 Microsoft Office 和金山公司的 WPS 等。

（2）多媒体处理软件。

多媒体处理软件主要包括图形处理软件、图像处理软件、动画制作软件、音频 / 视频处理软件、桌面排版软件等，如 Illustrator、Photoshop、Flash 等。

（3）Internet 工具软件。

常用的 Internet 工具软件有 Web 服务器软件、Web 浏览器、文件传送工具、远程访问工具 Telnet、下载工具 Flash Get 等。

3. 操作系统

操作系统是计算机中最重要的系统软件之一，是许多程序模块的集合，是介于硬件和应用软件之间的系统软件，它直接运行在裸机上，是对计算机硬件系统的第一次扩充。

操作系统负责管理计算机中的各种软硬件资源并控制各类软件运行，它是人与计算机之间通信的桥梁，为用户提供了清晰、简洁、友好、易用的工作界面。用户通过使用操作系统提供的命令和交互功能实现对计算机的操作。

操作系统中的重要概念有进程和线程。

（1）进程是操作系统中的一个核心概念。处理器的分配和执行都是以进程为基本单位的。进程与程序有关，但又与程序不同。进程是程序的执行，属于动态的概念；程序是一组指令的集合，属于静态的概念。一个程序被加载到内存，系统就创建了一个进程，当程序执行结束后，该进程也就消亡了。换句话说，进程的存在是暂时的，而程序的存在是永久的。

（2）为了更好地实现并发处理和共享资源，提高 CPU 的利用率，目前许多操作系统把进程“细分”成线程（Thread）。线程是进程的一个实体，是 CPU 调度和分派的基本单位，它是比进程更小的能独立运行的基本单位。线程基本不拥有系统资源，只拥有在运行中必不可少的资源（如程序计数器、一组寄存器和栈），但是它可与同属一个进程的其他线程共享进程所拥有的全部资源。一个线程可以创建和撤销另一个线程，同一个进程中的多个线程可以并发执行。

操作系统的功能不仅体现在对系统资源进行管理上，而且体现在为用户提供的应用上。

操作系统的功能有处理器管理、存储管理、文件管理、设备管理和作业管理等。

1.3 位值制及计算思维

位值制是人们用一组规定的符号和规则来表示数的方法，在日常生活和计算机中采用的都是位值制。

1.3.1 位值制

我们在日常生活中能够接触到的位值制有十进制、十二进制、十六进制、二十四进制、六十进制等。在日常生活中最常用的是十进制，即按照逢 10 进 1 的原则进行记数。我们熟悉的进制还有：六十进制，计时中 60s 为 1min，60min 为 1h；二十四进制，24h 为 1 天；十二进制，12 只物品为 1 打；十六进制，古代计量时采用，16 两为 1 斤。计算机中一般采用二进制。

位值制中有数位、基数和位权 3 个要素。数位是指数码在一个数中所处的位置；基数是指在某种位值制中每个数位上所能使用的数码的个数；位权是指在某种位值制中每个数位的大小，一般是基数的若干次幂。以十进制数为例，如果用 a_i 表示某一位的不同数码，对任意一个十进制数 A，可用下式表示：

$$A=a_{n-1}\times10^{n-1}+\cdots+a_1\times10^1+a_0\times10^0+a_{-1}\times10^{-1}+\cdots+a_{-m}\times10^{-m} \quad (1.1)$$

其中，a_i 只能使用 0 ~ 9 这 10 个数码，所以十进制的基数是 10；而 10^{n-1} 是指该数位的大小，也就是位权，例如十进制数 312.43，用式（1.1）表示则是 $312.43=3\times10^2+1\times10^1+2\times10^0+4\times10^{-1}+3\times10^{-2}$，$10^2$ 就表示位权，与 3 相乘也就是表示数码 3 在百位上所代表的数值大小。

根据十进制数的数位、基数、位权之间的关系，可以得到十进制数的如下几个特点。

- 每一位可使用 10 个不同数码表示（0、1、2、3、4、5、6、7、8、9）。
- 低位与高位的关系是逢 10 进 1。
- 各位的权值是 10 的整数次幂（基数是 10）。
- 十进制数的标志是尾部加“D”或默认不写。

1.3.2　计算机中的常用进制

计算机中的常用进制包含二进制、八进制和十六进制。

1. 二进制

计算机的硬件基础是数字电路，所有的元器件只有两种状态，考虑经济、可靠、易实现、运算简便和节省元器件等因素，计算机中的数多用二进制表示。与十进制相似，二进制有如下特点。

- 每一位可使用两个不同数码表示（0、1）。
- 低位与高位的关系是逢 2 进 1。
- 各位的权值是 2 的整数次幂（基数是 2）。
- 二进制数的标志是尾部加“B”或直接在下标处注明。

例如，$(111.01)_B=1\times2^2+1\times2^1+1\times2^0+0\times2^{-1}+1\times2^{-2}=7.25$。

由于二进制数的阅读与书写很不方便，因此人们又常用八进制数或十六进制数来等价地表示二进制数。

2. 八进制

八进制的特点如下。

- 每一位可使用 8 个不同数码表示（0、1、2、3、4、5、6、7）。
- 低位与高位的关系是逢 8 进 1。
- 各位的权值是 8 的整数次幂（基数是 8）。
- 八进制数的标志是尾部加“Q”或直接在下标处注明。

例如，$(465.4)_Q=4\times8^2+6\times8^1+5\times8^0+4\times8^{-1}=309.5$。

3. 十六进制

十六进制的特点如下。

- 每一位可使用 16 个不同数码表示（0、1、2、3、4、5、6、7、8、9、A、B、C、D、E、F），其中 A 表示 10、B 表示 11、C 表示 12、D 表示 13、E 表示 14、F 表示 15，用这种方法主要是与十进制记数法区分。
- 低位与高位的关系是逢 16 进 1。
- 各位的权值是 16 的整数次幂（基数是 16）。
- 十六进制数的标志是尾部加“H”或直接在下标处注明。

例如，$(FE.4)_H=15\times16^1+14\times16^0+4\times16^{-1}=254.25$。

几种常用进制的对照如表 1-2 所示。

表 1-2

十进制	二进制	八进制	十六进制
0	0	0	0
1	1	1	1

续表

十进制	二进制	八进制	十六进制
2	10	2	2
3	11	3	3
4	100	4	4
5	101	5	5
6	110	6	6
7	111	7	7
8	1000	10	8
9	1001	11	9
10	1010	12	A
11	1011	13	B
12	1100	14	C
13	1101	15	D
14	1110	16	E
15	1111	17	F

1.3.3 计算思维概述

从“结绳记事”到机械计算机，计算工具在不同历史时期发挥着重要作用。图灵的思想是计算机科学中可计算性理论的基础。在计算工具不断演化的过程之中，人类的思维也在进化。

思维是人类具有的高级认识活动。按照信息论的观点，思维是对新输入信息与脑内储存知识、经验进行的一系列复杂的心智操作过程。计算思维并非现在才有，它早已萌芽，并随着计算工具的发展而发展。例如，算盘就是一种没有存储设备的计算机（人脑作为存储设备），提供了一种用计算方法来解决问题的思维和能力；图灵机是现代数字计算机的数学模型，是有存储设备和控制器的；现代计算机的出现强化了计算思维的意义和作用。计算工具的发展、计算环境的演变、计算科学的形成、计算文明的迭代中处处都蕴含着思维的火花。图灵奖得主艾兹格·迪杰斯特拉（Edsger Dijkstra）说过：“我们所使用的工具影响着我们的思维方式和思维习惯，从而也将深刻地影响我们的思维能力。”

2006 年，美国卡内基－梅隆大学的周以真（Jeannette M.Wing）教授提出：计算思维是运用计算机科学的基础概念进行问题求解、系统设计和人类行为理解等涵盖计算机科学之广度的一系列思维活动（智力工具、技能、手段）。当人们必须求解一个特定的问题时，首先会问：解决这个问题有多么困难？怎样才是最佳的解决方案？计算机科学根据坚实的理论基础来准确地回答这些问题，此外在解决问题的过程中必须考虑机器的指令系统、资源约束和操作环境等因素。

计算思维就是通过嵌入、转化和仿真等方法，把一个看起来困难的问题重新阐释成一个我们知道怎样解决的问题。计算思维是一种科学的思维方法，学习和培养计算思维在当今社会已成主流。但学习的内容和要求是相对的，对不同人群应该有不同的要求。计算思维不是悬空的、不可捉摸的抽象概念，而是体现在各个学科中的一种思维。正如学习数学的过程就是培养理论思维的过程，学习物理的过程就是培养实证思维的过程，学习程序设计，其中的算法思维就是计算思维。

第 02 章

龙芯计算机简介及系统使用

CPU 指令架构决定了其上可以运行的操作系统，2021 年新推出的龙芯 3A5000 桌面 CPU 采用自主 LoongArch 指令架构，搭载龙芯 CPU 的计算机可以运行基于开源 Linux 的多种商业操作系统。目前 Linux 操作系统应用生态已十分完善，能够满足日常办公、上网、设计、娱乐等要求。本章主要讲解龙芯计算机简介、银河麒麟操作系统（龙芯版）、桌面环境、系统配置、文件管理器、文件和目录管理、网络安全。

2.1 龙芯计算机简介

龙芯计算机是一款基于国产龙芯 CPU 的通用型计算机，具有办公、上网、媒体、娱乐等丰富的日常应用，本节介绍龙芯计算机的发展历史和产品情况。

2.1.1 龙芯的故事

龙芯计算机搭载我国自主设计的龙芯 CPU。CPU 是计算机中最重要的核心电路，是整个计算机的“神经中枢”，计算机中的其他部件都在 CPU 的指挥下工作。龙芯到现在为止已有 20 多年的历史。2001 年，中国科学院计算技术研究所开始研制龙芯处理器，其间得到了中国科学院知识创新工程、863、973、核高基（核心电子器件、高端通用芯片及基础软件产品的简称）等项目的大力支持，并完成了 10 年的技术积累。2010 年，在中国科学院和北京市政府共同牵头出资支持下，龙芯开始市场化运作，对龙芯处理器研发成果进行产业化并成立龙芯中科技术有限公司（现为龙芯中科技术股份有限公司，简称“龙芯中科”）。

龙芯 CPU 产品线包括“龙芯一号”“龙芯二号”“龙芯三号”3 个系列，分别面向专用设备、工业控制、通用信息化 3 个领域。目前的新款桌面 CPU 产品是龙芯 3A6000（见图 2-1），主频可达 2.3GHz ～ 2.5GHz，单个 CPU 包含 4 个处理器核，性能可满足日常应用的要求，在办公、上网、娱乐、游戏等方面都能应对自如。

图 2-1

2.1.2 龙芯计算机产品线

采用龙芯架构的计算机相关产品形态已较为完善、丰富，主要包括台式计算机（也简称为台式机）、笔记本计算机、服务器、专用设备、网络设备等，典型产品如图 2-2 所示。其中用于桌面应用的主要是台式机、笔记本计算机、一体机。一体机和台式机相比，省去了机箱的空间，在使用方法上和台式机基本相同。

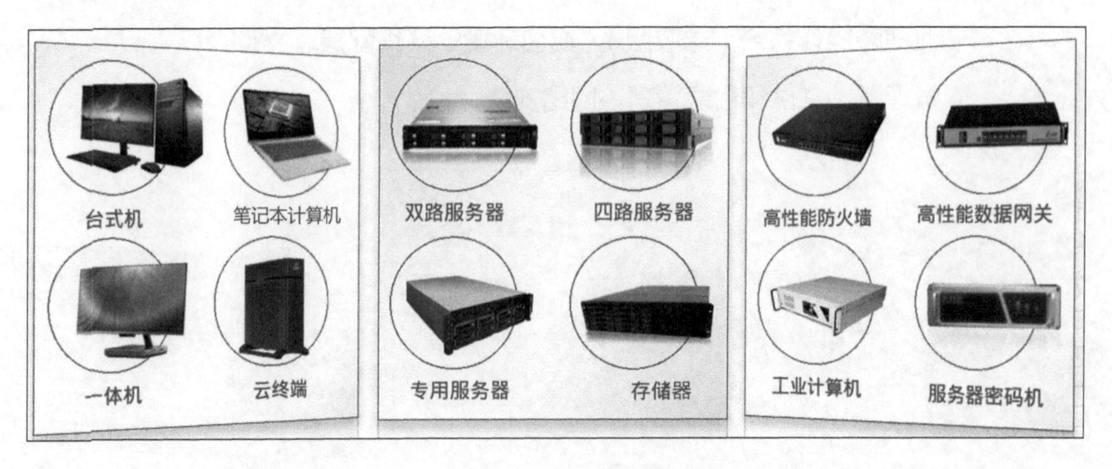

图 2-2

2.1.3 龙芯计算机的操作系统

龙芯计算机中可运行基于开源的 Linux 操作系统。Linux 是一种开源操作系统，任何人都可以基于 Linux 开发出自己的操作系统。

CPU 是软件生态的起点，一种 CPU 承载了一种软件生态。龙芯中科作为上游基础核心 CPU 的设计与研发厂商，承担着构建自主产业生态的重任。龙芯中科长期探索生态建设规律，注重构建芯片之外的软件生态。早在 2013 年，龙芯中科就在原有芯片研发团队之外成立系统软件研发团队，从事软件生态建设。作为与 CPU 架构联系紧密的系统软件，操作系统负责底层硬件资源管理及上层应用软件环境支撑，是用户使用计算机的操作接口。为更好地服务操作系统厂商，龙芯中科维护、开放了社区版操作系统——Loongnix，实现了大量开源软件在龙芯计算机上的移植、优化，并且免费发布。基于 Loongnix，操作系统厂商可开发其商业品牌操作系统，这些商业品牌操作系统在界面风格、服务支持方面各有特色，底层都可支持龙芯硬件架构。

龙芯计算机的用户既可以使用 Loongnix，也可以使用商业品牌操作系统。目前常用的国产商业品牌操作系统包括银河麒麟、统信 UOS、普华等，本书以银河麒麟为例进行讲解。读者在学完本书后很容易上手其他操作系统。

2.2 银河麒麟操作系统（龙芯版）

本节介绍银河麒麟操作系统的由来与发展，该系统中包含哪些功能，以及在龙芯计算机上获取并安装银河麒麟操作系统的方法。

2.2.1 银河麒麟操作系统简介

为顺应产业发展趋势，满足市场客户需求和国家网络空间安全战略需要，发挥中央企业在国家关键信息基础设施建设中的主力军作用，中国电子信息产业集团有限公司旗下两家操作系统公司，即中标软件有限公司和天津麒麟信息技术有限公司，进行强强整合，打造出中国操作系统新旗舰——麒麟软件有限公司（简称“麒麟软件”），如图 2-3 所示。

图 2-3

麒麟软件以安全可信操作系统技术为核心，旗下拥有“中标麒麟”“银河麒麟”两大品牌，既面向通用领域打造安全、创新操作系统和相应解决方案，又面向国防专用领域打造高安全、高可靠操作系统和解决方案，现已形成了服务器操作系统、桌面操作系统、嵌入式操作系统、麒麟云等产品，能够同时支持飞腾、龙芯、申威、兆芯、海光、鲲鹏、海思麒麟等国产 CPU。企业坚持以开放合作为理念打造产业生态，为客户提供完整的国产化解决方案。

麒麟软件注重核心技术创新，先后申请专利 799 项，其中获授权专利 378 项，登记软件著作权 619 余项，主持和参与起草国家、行业、联盟技术标准 70 余项，荣获包括国家科学技术进步奖一等奖在内的各类国家级、省部级和行业奖项 600 余个，并被授予“国家规划布局内重点软件企业”“国家高技术产业化示范工程”等称号，于 2022 年荣获“中国电力科学技术进步奖一等奖”。企业注重质量体系和创新能力打造，通过了能力成熟度模型集成（Capability Maturity Model Integration,CMMI）5 级评估[1]。

目前，麒麟软件产品已经在各行业得到深入应用，应用领域涉及我国信息化的各个方面。

银河麒麟操作系统已经在龙芯计算机上适配，并有多年的成功案例，它所包含的软件如表 2-1 所示。本书介绍银河麒麟桌面操作系统在龙芯台式机上的使用方法。

表 2-1

名称	注释
便签贴	用于随时记录信息
FTP 客户端	功能齐全、图形界面简单易用的客户端软件
工具箱	专为麒麟用户打造的“系统级管理与配置工具”
归档管理器	用于创建和修改文档，查看存档内容，提取文件
GIMP 图像处理工具	功能强大的照片与图像处理创作工具
计算器	基于 Qt 5 开发的轻量级计算器
截图	简单易用的截图工具
看图	方便易用的看图“神器”
刻录	支持用户自定义刻录光盘内容
龙芯浏览器 V3	基于 Chromium 内核开发的一款安全、高效的浏览器
录音	一款界面友好、操作简单的录音工具
扫描	使用 Qt 5 开发的界面友好的扫描软件
摄像头	用来打开摄像头，实现拍照和录像功能的软件
文本编辑器	更易操作的文本编辑工具
WPS Office	由金山软件有限公司自主研发的办公软件套装
音乐	简单易用、界面友好的音乐播放器
影音	麒麟团队开发的影音播放工具
邮件客户端	集成邮件、日历、任务列表和备忘工具的软件套装

2.2.2 银河麒麟操作系统的获取及安装

可通过麒麟软件公司官方网站下载操作系统安装镜像，完成系统安装，这里以在官网申请试用

1 数据来源麒麟软件公司官方网站。

版安装为例进行讲解，安装正式版的操作与安装试用版的操作类似。

1. 下载系统安装包

01. 登录麒麟软件公司官方网站，单击“服务支持”，单击“产品试用申请”，如图 2-4 所示。

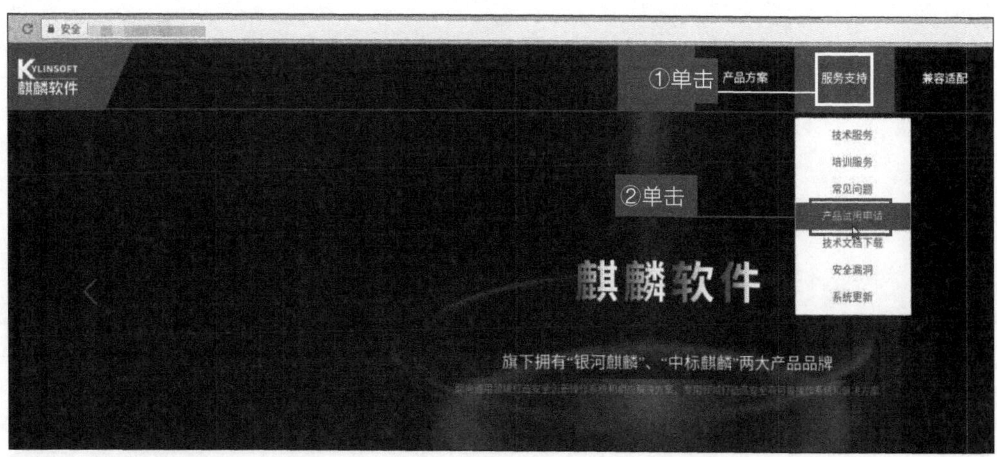

图 2-4

02. 在产品试用申请页面填写相关信息，然后单击“立即提交”按钮，如图 2-5 所示。

图 2-5

03. 单击“龙芯 3A5000 版”，如图 2-6 所示。

04. 获取安装包下载链接，进行下载即可。

图 2-6

2. 制作 U 盘启动盘并安装系统

将下载好的银河麒麟操作系统安装包（例如文件名为 Kylin-Desktop-V10-SP1-Release-2107-loongarch64.iso，具体文件名以实际下载的为准）制作成 U 盘启动盘。在 Linux 系统上可通过 dd 命令制作 U 盘启动盘。

使用 U 盘制作启动盘，需要先找到一个空的 U 盘（容量大于 4GB），或者将原 U 盘内容进行备份，完成后将 U 盘插入制作启动盘的机器。查看在系统中是否已经识别该 U 盘。在 Linux 系统中可以在插入 U 盘前后分别执行命令 cat /proc/partitions 查看 U 盘识别情况。

01. 插入 U 盘前，cat /proc/partitions 执行结果如图 2-7 所示。

02. 插入 U 盘后，执行 cat /proc/partitions，可以看到 U 盘识别信息为 sdb，如图 2-8 所示。

```
[root@localhost ~]# cat /proc/partitions
major minor  #blocks  name

   8        0  250059096 sda
   8        1     204800 sda1
   8        2     512000 sda2
   8        3  249340928 sda3
 254        0    8060928 dm-0
 254        1   52428800 dm-1
 254        2  188784640 dm-2
```

图 2-7

```
[root@localhost ~]# cat /proc/partitions
major minor  #blocks  name

   8        0  250059096 sda
   8        1     204800 sda1
   8        2     512000 sda2
   8        3  249340928 sda3
 254        0    8060928 dm-0
 254        1   52428800 dm-1
 254        2  188784640 dm-2
   8       16    7913472 sdb
```

图 2-8

03. 确认 U 盘可用后，即可通过 dd 命令制作启动盘。假如 ISO 文件存放在 /home/loongson 目录下（根据实际存放位置确定），则 dd 命令如下。等待命令执行完成，则启动盘制作完成。

```
dd  if=/home/loongson/Kylin-Desktop-V10-SP1-Release-2107-loongarch64.iso
of=/dev/sdb
```

其中 if 表示源文件，of 表示目标文件。

04. 在准备安装系统的设备上插入 U 盘启动盘，根据设备 BIOS 设置提示，设置从 U 盘启动，进入图 2-9 所示的系统安装界面，选择“Install Kylin-Desktop V10-SP1”。

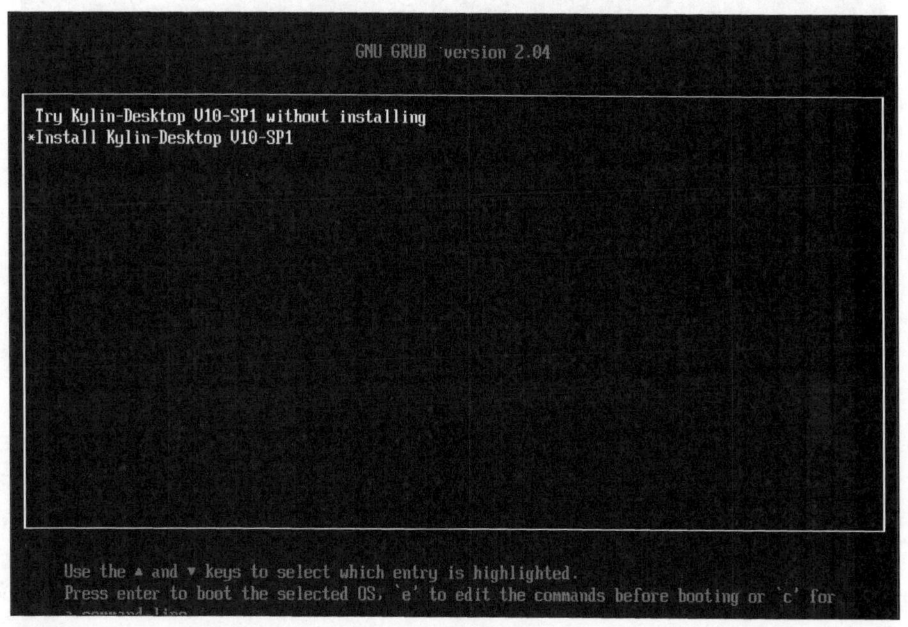

图 2-9

05. 选择“Install Kylin-Desktop V10-SP1”后，开始系统安装，进入图 2-10 所示界面。

06. 开始安装，首先选择语言，选择“中文(简体)”，然后单击“下一步”按钮，如图 2-11 所示。

图 2-10

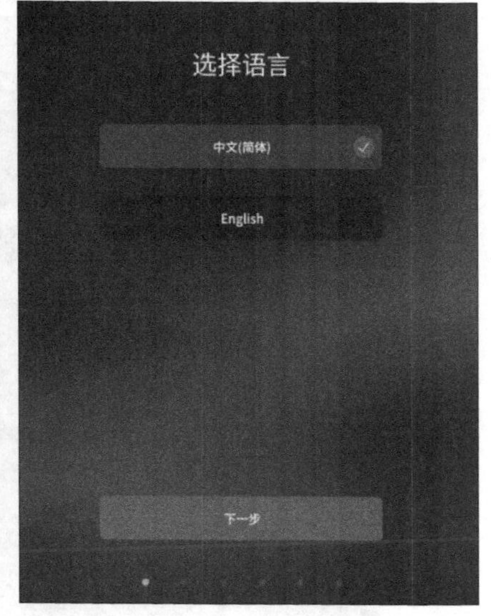

图 2-11

07. 进入阅读许可协议界面。阅读协议后，勾选“我已经阅读并同意协议条款”，然后单击“下一步”按钮，如图 2-12 所示。

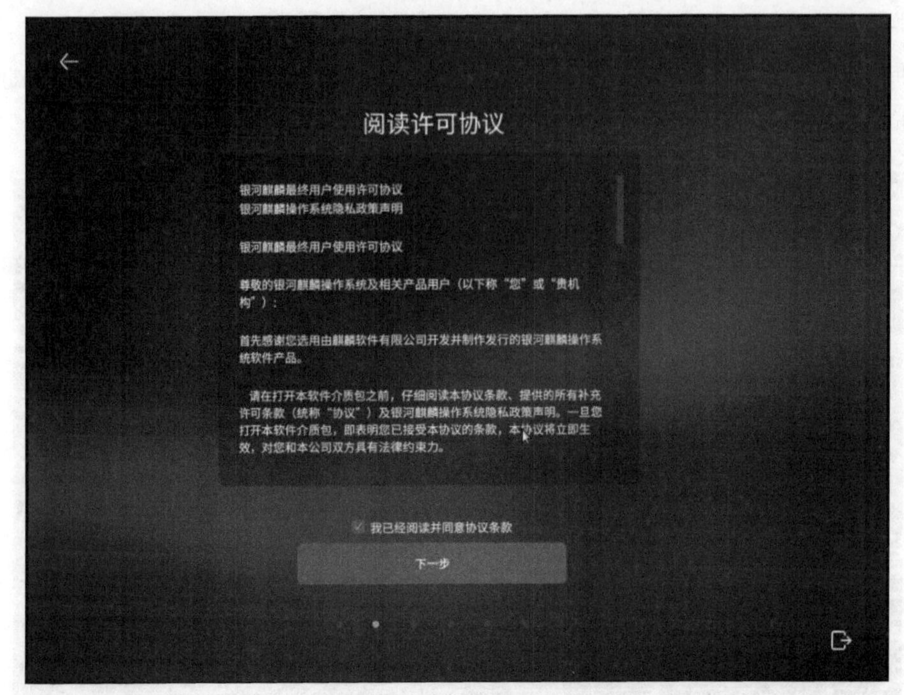

图 2-12

08. 选择安装途径。从启动盘安装，选择默认选项“从 Live 安装”即可，之后单击“下一步”按钮，如图 2-13 所示。

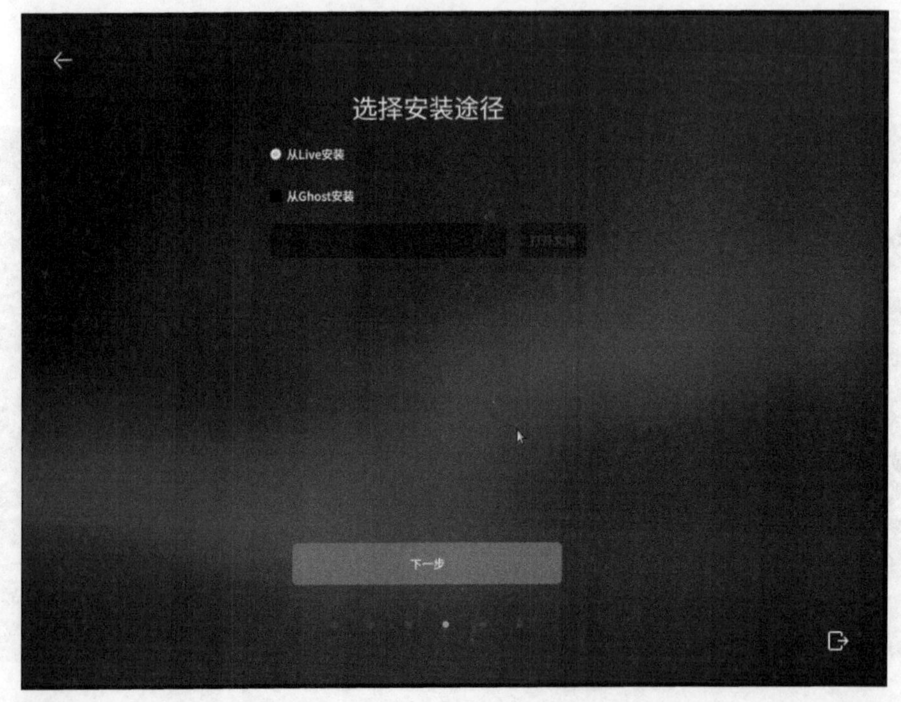

图 2-13

09. 进入创建用户界面。根据使用要求，创建用户并设置用户口令（密码），口令强度应满足设置提示中的要求。设置好后，单击“下一步”按钮，如图 2-14 所示。

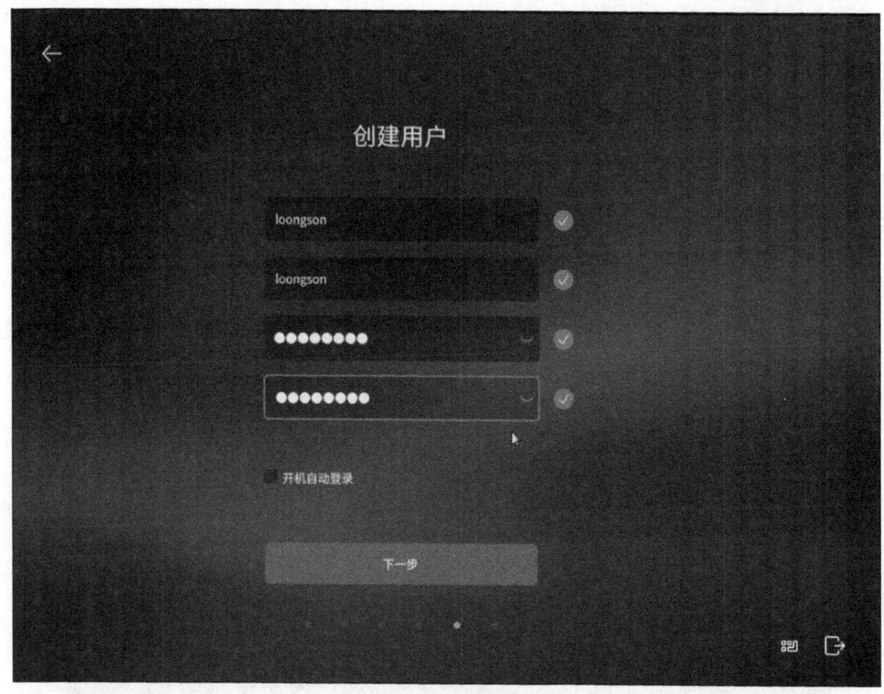

图 2-14

10. 进入选择安装方式界面。根据个人安装需要选择“全盘安装”或“自定义安装”，这里选择默认的“全盘安装”。选择安装盘，如图 2-15 所示，选择“/dev/vda”后，设备图标会高亮显示并出现钩形符号。设置好后，单击“下一步”按钮。

图 2-15

11. 进入确认全盘安装界面。查看分区情况，根据需要自行勾选“格式化整个磁盘”。之后单击“开始安装”按钮，如图 2-16 所示。

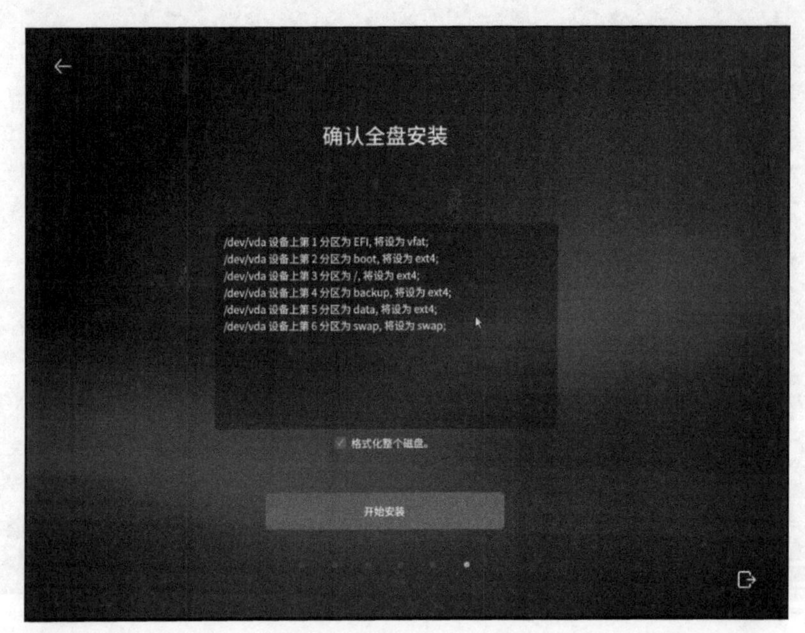

图 2-16

12. 进入系统安装界面。下方进度条可用于查看安装进度，界面上方显示银河麒麟操作系统的功能特点，如图 2-17 所示。安装需要一段时间，请等待安装结束。

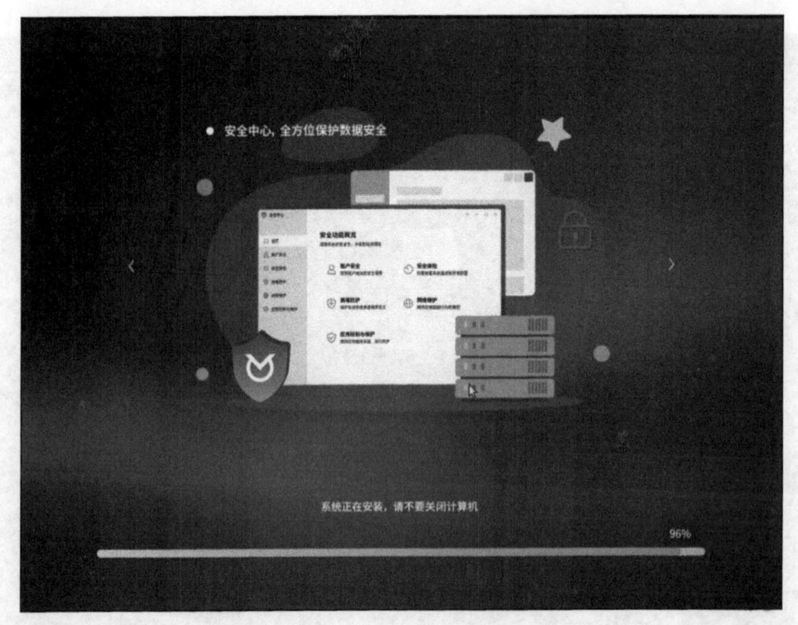

图 2-17

13. 安装结束。进入安装完成界面，单击“现在重启”按钮，如图 2-18 所示。

14. 根据界面提示，取出 U 盘启动盘，然后按“Enter”键，如图 2-19 所示。

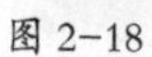
图 2-18

图 2-19

15. 系统启动前完成 Kysec 安全标记初始化设置，本界面无须操作，等待即可，如图 2-20 所示。

图 2-20

16. 系统启动，显示登录界面，如图 2-21 所示。

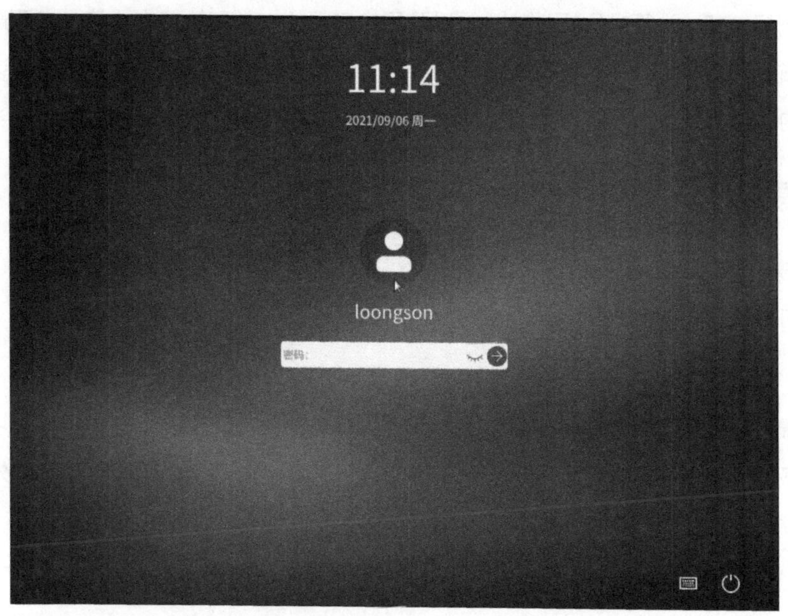

图 2-21

17. 输入正确的用户名和口令，进入系统，如图 2-22 所示。

图 2-22

2.3 桌面环境

桌面是用户进入系统后最先看到的界面，也是用户使用最频繁的区域。在桌面上，可以看到最常用的几个图标，如“计算机”“回收站”，以及用户自己的文件和快捷方式等。桌面最下方是任务栏，从左到右分别是开始菜单、任务栏快速启动区、运行中的窗口列表、通知区域，这些都是我们经常会用到的功能。桌面作为使用率较高的区域，可以通过设置来提高工作效率。

2.3.1 桌面布局

进入龙芯计算机后，用户首先看到的是桌面。桌面的组成元素主要包括桌面背景、桌面图标和任务栏等，如图 2-23 所示。

1. 桌面背景

桌面背景可以设置为个人收藏的数字图片或系统提供的图片，也可以是幻灯片图片。龙芯计算机自带了很多漂亮的背景图片，用户可以从中选择自己喜欢的图片作为桌面背景。此外，用户还可以把自己收藏的精美图片设置为桌面背景。

2. 桌面图标

在龙芯计算机中，所有的文件、文件夹和应用程序等都由相应的图标表示。桌面图标一般由文字和图片组成，文字是图标的名称，图片是它的标识符。

图 2-23

双击桌面上的“计算机”图标后，会出现相应的文件、文件夹的菜单窗口，如图 2-24 和图 2-25 所示，用户可根据个人需要进行相关操作。

图 2-24

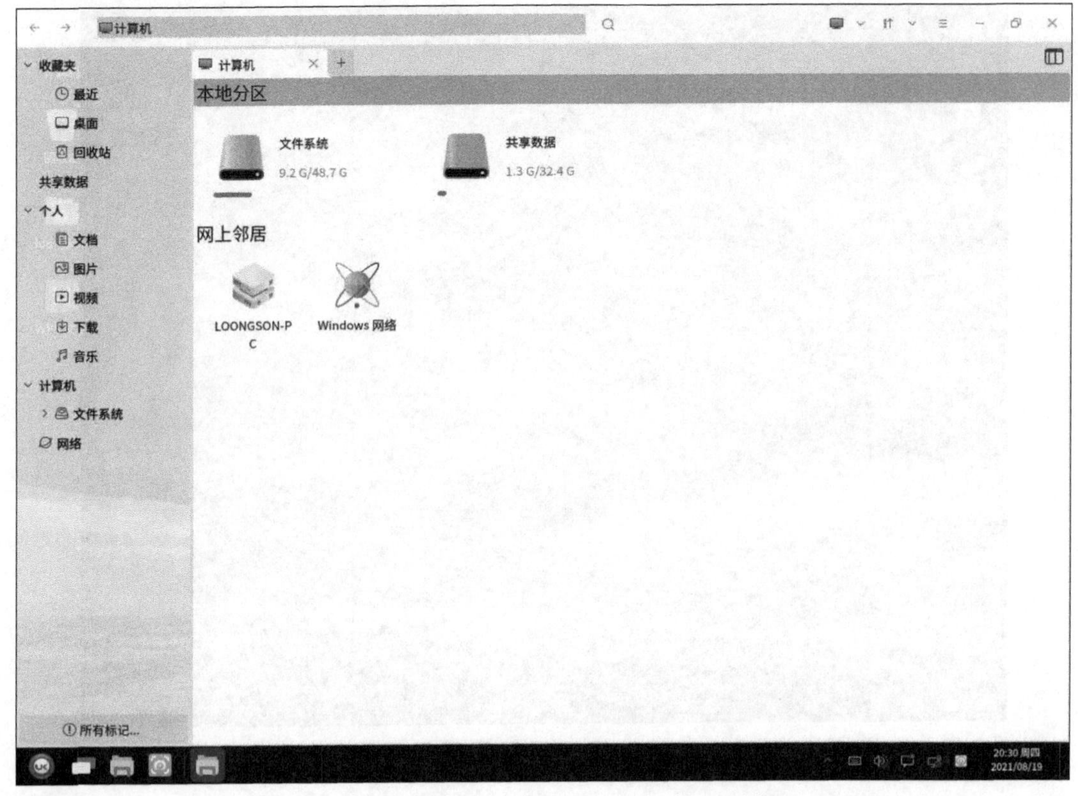

图 2-25

3．任务栏

任务栏是位于桌面最底部的“长条”，主要由开始菜单、任务栏快速启动区、运行中的窗口列表和通知区域组成，如图 2-26 所示。

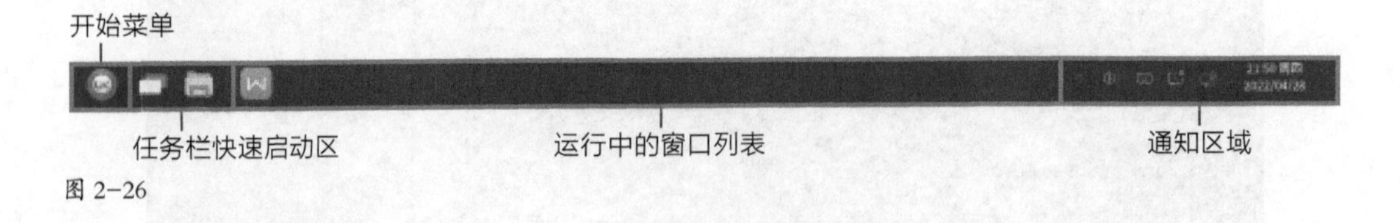

图 2-26

4．运行中的窗口列表

在龙芯计算机中，正在运行的文件、文件夹和应用程序等都会在任务栏中显示，用户可以按“Alt+Tab”组合键在不同的窗口之间切换。例如，此时打开的窗口为“龙芯浏览器 V3”，当按“Alt+Tab”组合键时，会出现小窗口，继续按“Tab”键，切换到的窗口会出现灰白框，找到我们需要的“计算机”窗口后，松开组合键，即可完成切换，如图 2-27 所示。

案例　如何将程序固定到任务栏

01. 单击“开始菜单”，找到需要固定到任务栏的程序，如“计算器”，如图 2-28 所示。
02. 右击选中此程序，选择“固定到任务栏”，此时，该程序在任务栏中显示，如图 2-29 所示。

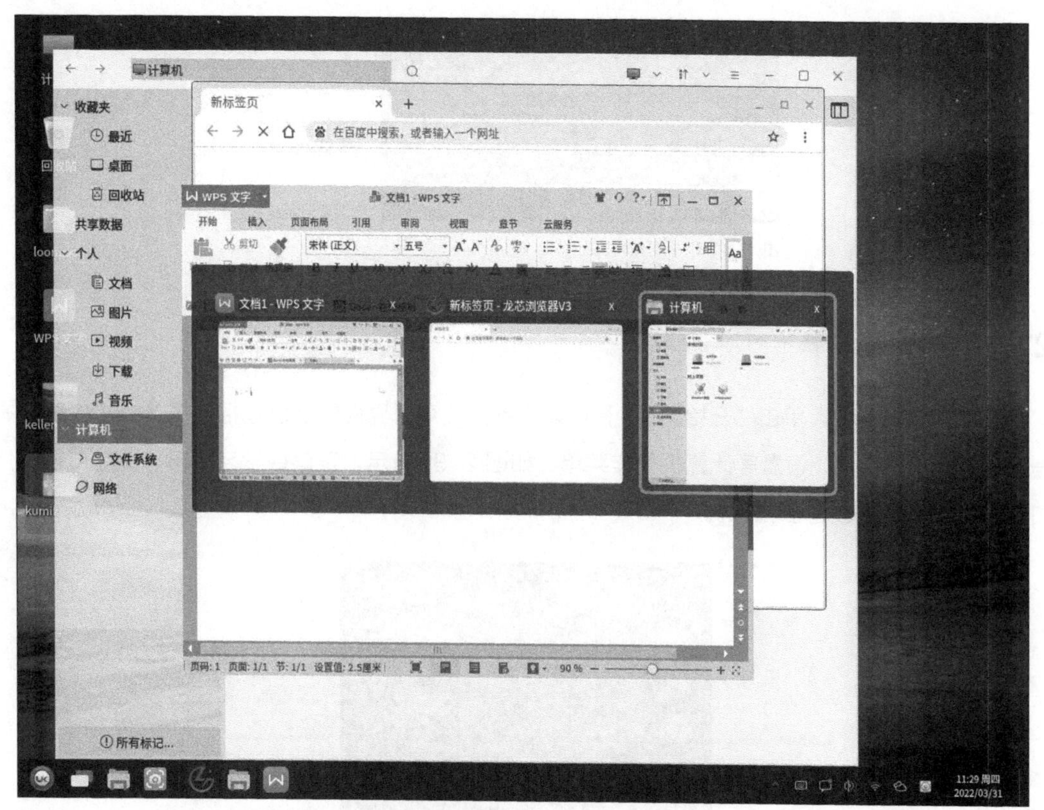

图 2-27

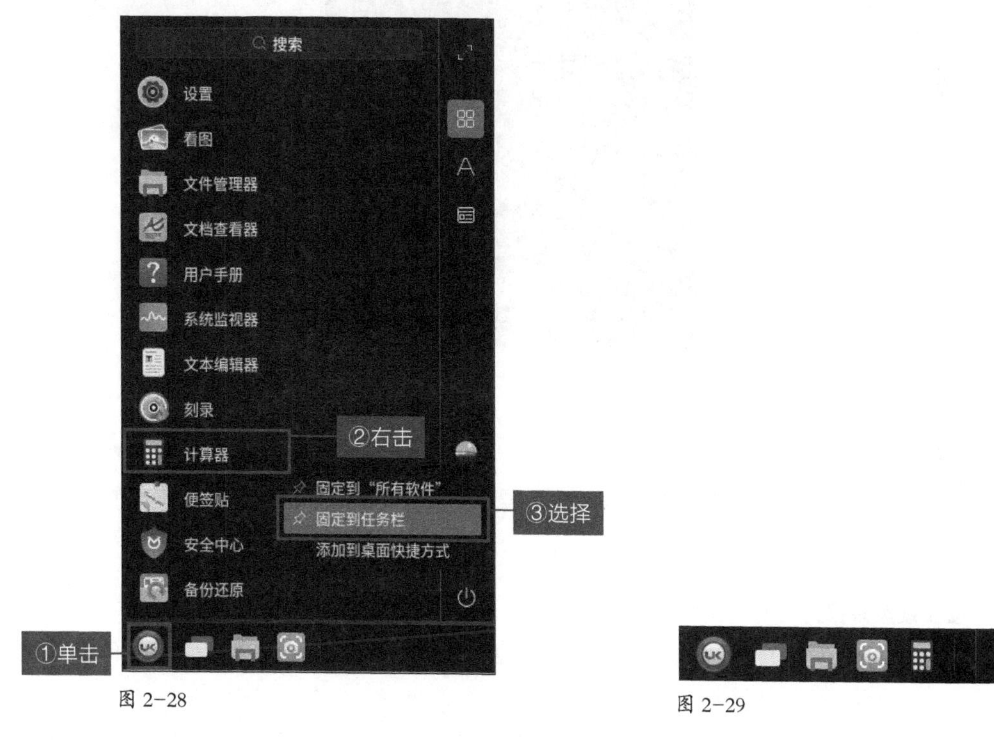

图 2-28

图 2-29

03. 当不需要任务栏的某个程序时，右击该程序图标，如图 2-30 所示，选择“从任务栏取消固定”，即可将该程序从任务栏中删除。

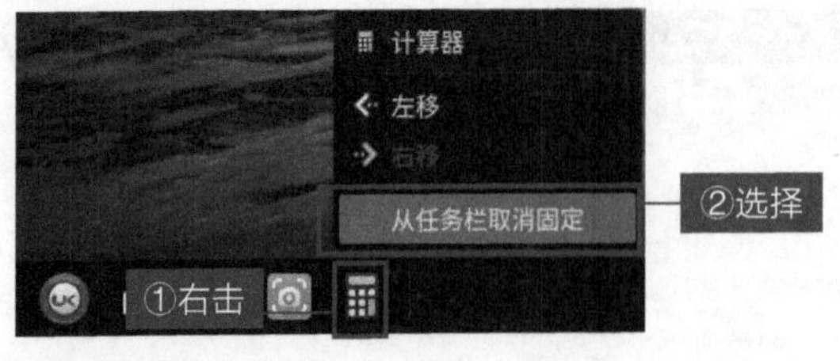

图 2-30

2.3.2　开始菜单

在龙芯计算机中，单击“开始菜单”，可以看到开始菜单界面的左侧包括龙芯计算机中的所有程序，右侧包括电源、设置等计算机操作菜单，如图 2-31 所示。正确地学习和操作该区域的程序和菜单，可以更好地使用计算机。

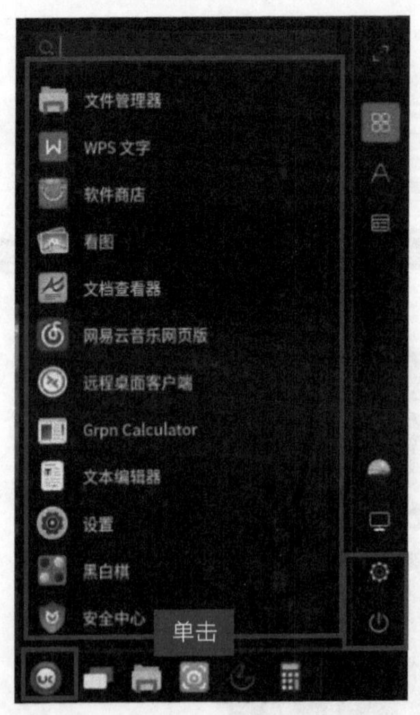

图 2-31

1. 搜索框

搜索框是我们快速找到文件、文件夹和应用程序的方式之一，因此，掌握搜索框的使用方法非常重要。

案例　搜索设置并打开

01. 单击“开始菜单”，即可看到最常用的应用程序列表。单击最上方的搜索框可快速查找应用程序。

02. 在搜索框中输入“设置”，在搜索结果中单击“设置”，如图 2-32 所示，即可进入设置界面。

2. 应用程序列表

“开始菜单”中的应用程序包括操作系统程序和用户安装的程序，银河麒麟操作系统支持 3 种查看模式，分别为“所有程序模式”“字母排序模式”“功能分类模式”，如图 2-33 所示。

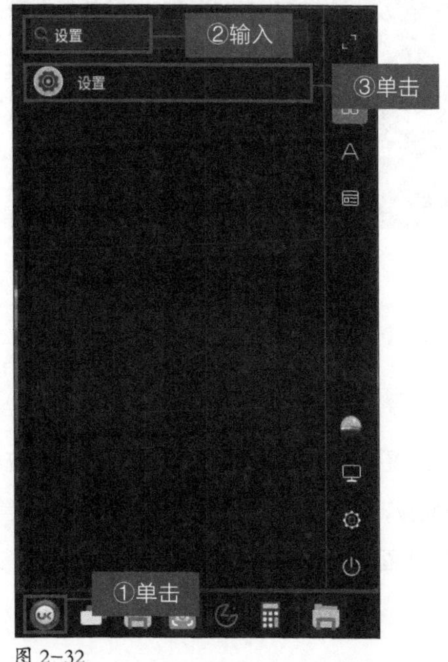

图 2-32

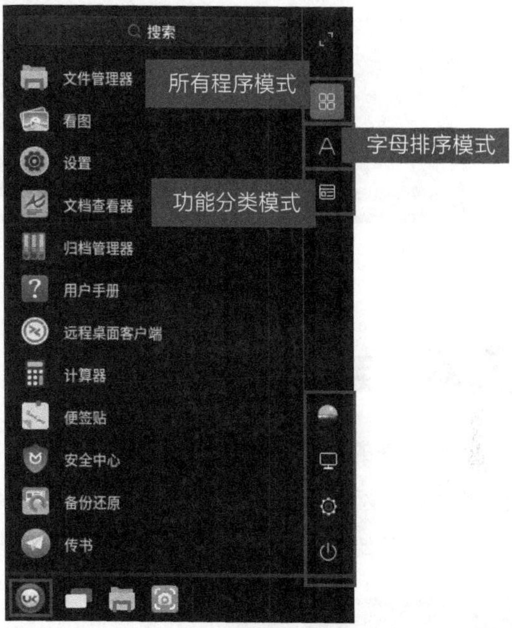

图 2-33

3. 系统设置项目列表

开始菜单界面的右侧功能区包括用户账户区域、系统设置区域和关机设置区域。单击此区域的按钮，可以设置系统的大多数命令，如图 2-33 所示。

- “用户账户区域”：显示当前用户的账户。单击账户图片，可修改密码、头像等。
- “计算机”：系统在开始菜单中设置了计算机的快捷方式。单击打开后，用户可对里面的内容进行修改。
- “设置”：显示设置面板，对设备、系统、个性化、网络、账户、时间语言等进行设置。
- “电源”：可以完成注销当前用户、锁屏或重启计算机、休眠、切换用户、睡眠等操作。

2.3.3 通知区域

默认情况下，通知区域位于任务栏的右侧，会显示网络连接、音量、日期等事项的状态和通知，如图 2-34 所示。

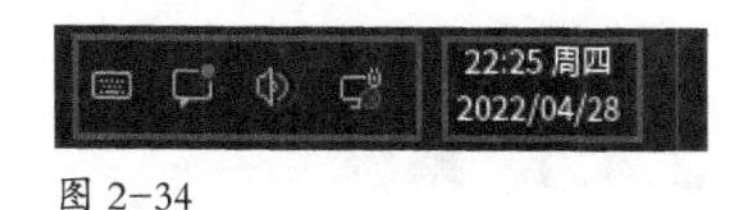

图 2-34

- “键盘”：可调整英文、中文输入法。
- “侧边栏”：是通知中心，重要的通知可在侧边栏中查看。
- “输出音量控制”：可调节播放音量的大小。
- “网络工具”：可以设置有线网络，使自己的计算机连上网络。
- “时间与日期”：可查看今天的日期和时间。

使用鼠标右击任务栏，弹出任务栏面板，可选择“调整大小”“调整位置”“隐藏任务栏”“锁定任务栏”等，如图 2-35 所示。

图 2-35

2.4 系统配置

系统配置的内容主要存在于设置与系统监视器中，设置有一个友好的图形界面，包括系统、设备、个性化、网络、账户、时间语言、安全更新等系统配置，用于对操作系统常用配置项进行管理。

单击“开始菜单”，找到“设置”并单击，出现设置界面，如图 2-36 和图 2-37 所示。

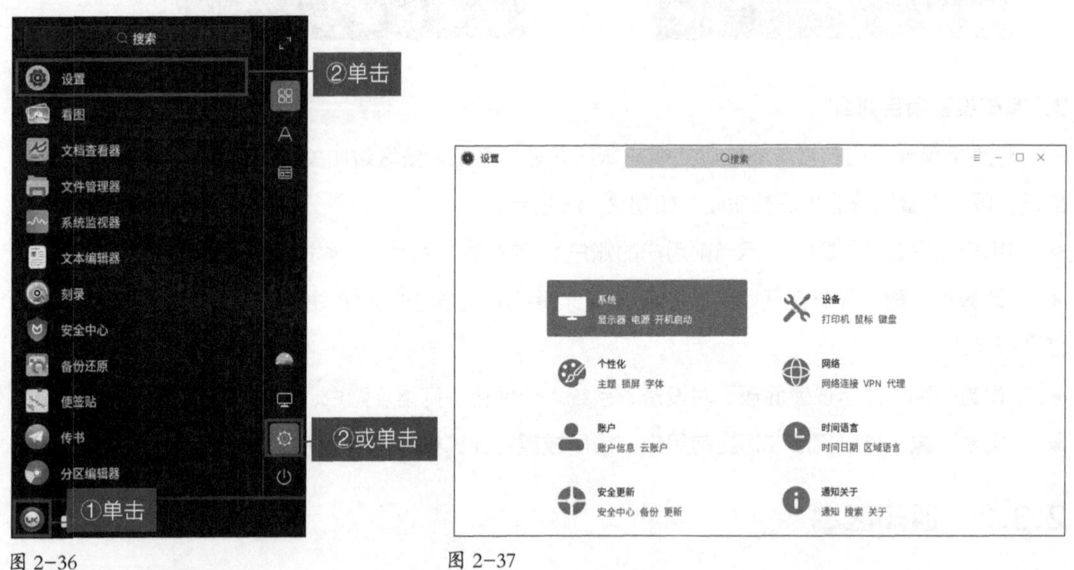

图 2-36　　　　图 2-37

2.4.1 系统

系统设置提供了显示器、默认应用、电源、开机启动 4 个模块。

1. 显示器

显示器可以配置显示相关的设置，上方矩形代表当前屏幕，中间文字为显示器名称及接口名，通过快捷键可以保存用户的显示配置，如图 2-38 所示。

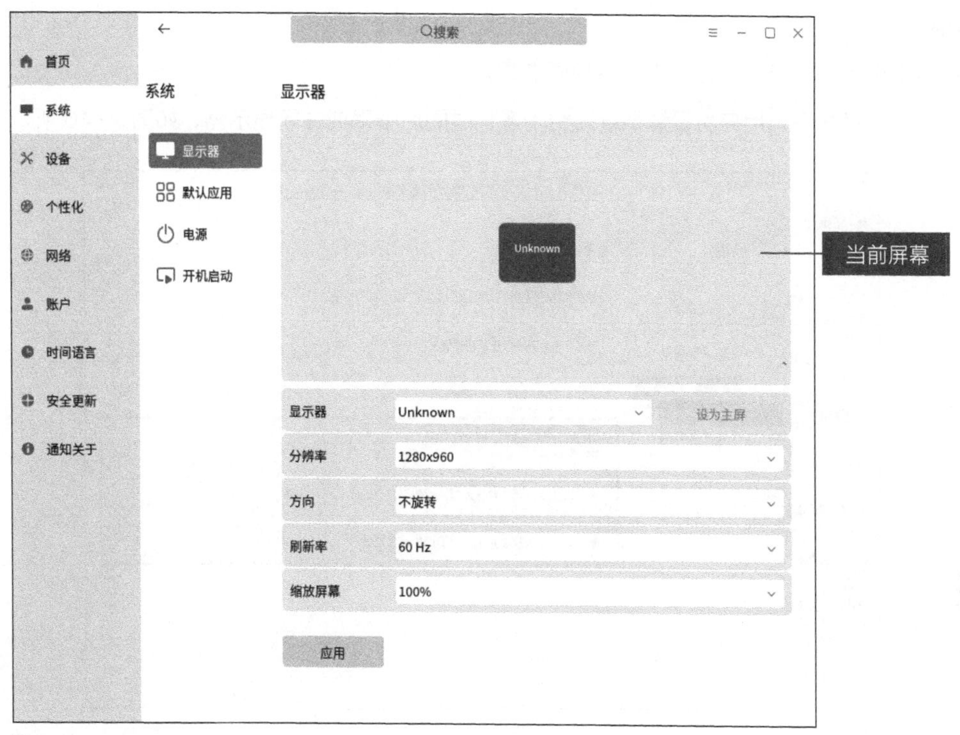

图 2-38

“显示器”选择当前显示器。“分辨率”“方向”“刷新率”“缩放屏幕”的修改都是针对当前活动显示器的。缩放屏幕为全局缩放。

2. 默认应用

默认应用可以修改为图 2-39 所示的几种类型的默认打开应用。

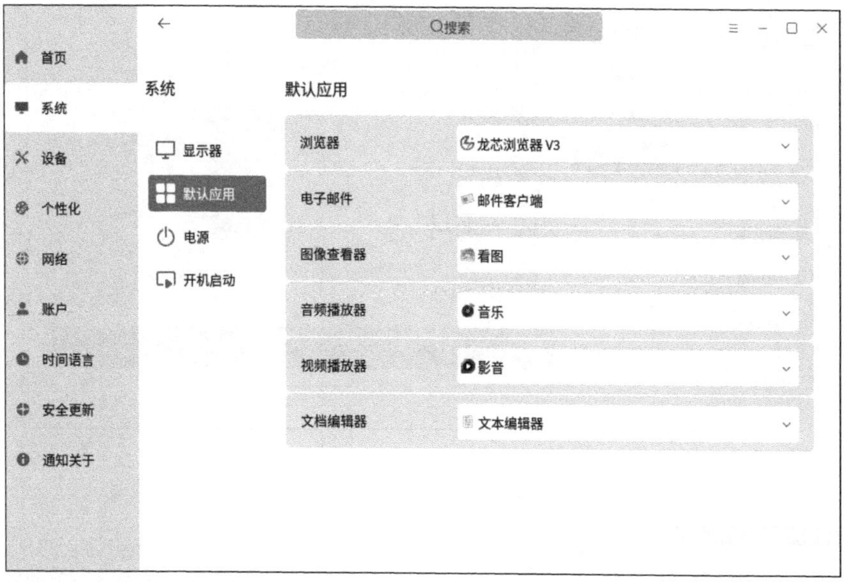

图 2-39

3. 电源

电源提供平衡、节能、自定义 3 种模式选择。

在自定义模式下，用户可设置系统在空闲多长时间后睡眠或关闭显示器，如图 2-40 所示。

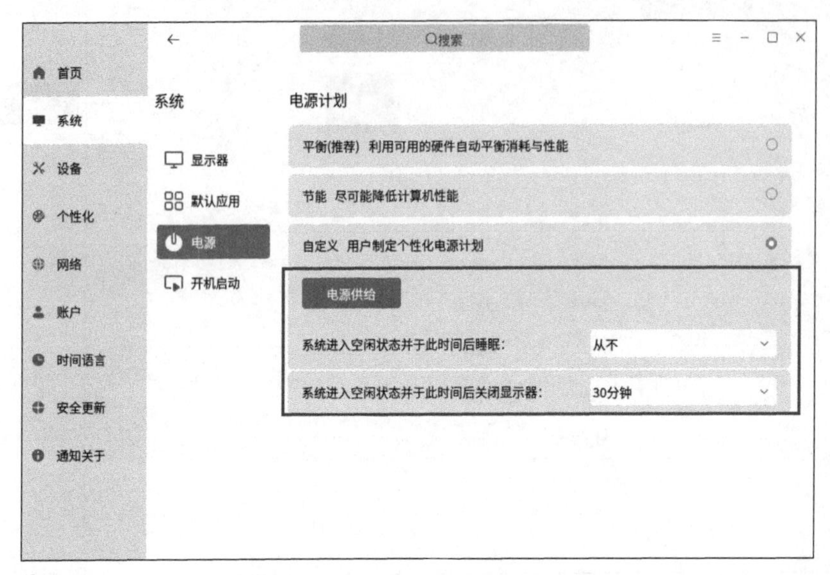

图 2-40

4. 开机启动

列表中显示当前系统已存在的开机启动软件，如图 2-41 所示。

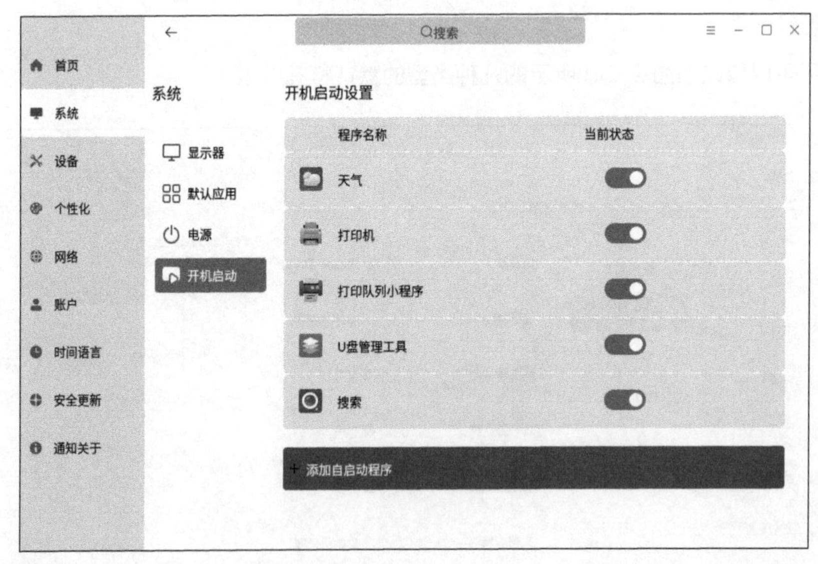

图 2-41

案例　如何添加自启动程序

01. 单击“添加自启动程序”，在弹出的对话框中，添加开机启动程序，如图 2-42 所示。

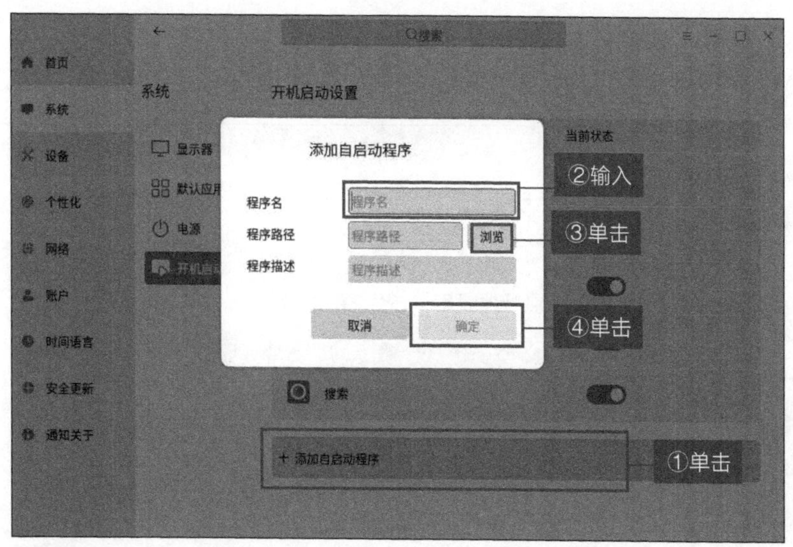

图 2-42

02. 输入“程序名”。

03. 输入“程序路径”，或通过单击“浏览”按钮，在弹出的文件选择界面，选择以 .desktop 为扩展名的文件。

04. “程序描述”作为可选项，选填即可。

05. 单击“确定”按钮，新的启动项被创建并显示在列表中。

2.4.2 设备

设备设置提供了打印机、鼠标、触摸板、键盘、快捷键、声音 6 个模块。

1. 打印机

打印机模块提供了打印机程序入口，界面如图 2-43 所示。

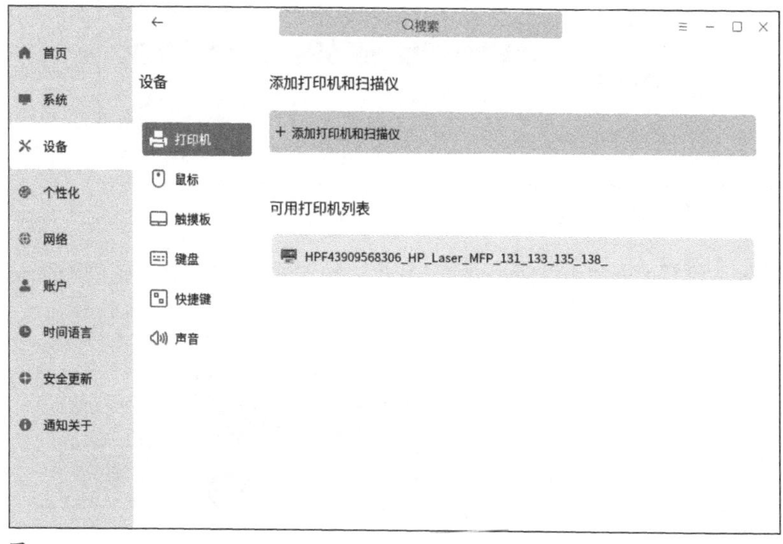

图 2-43

2. 鼠标

鼠标模块对鼠标键、指针、光标进行个性化设置，界面如图 2-44 所示。

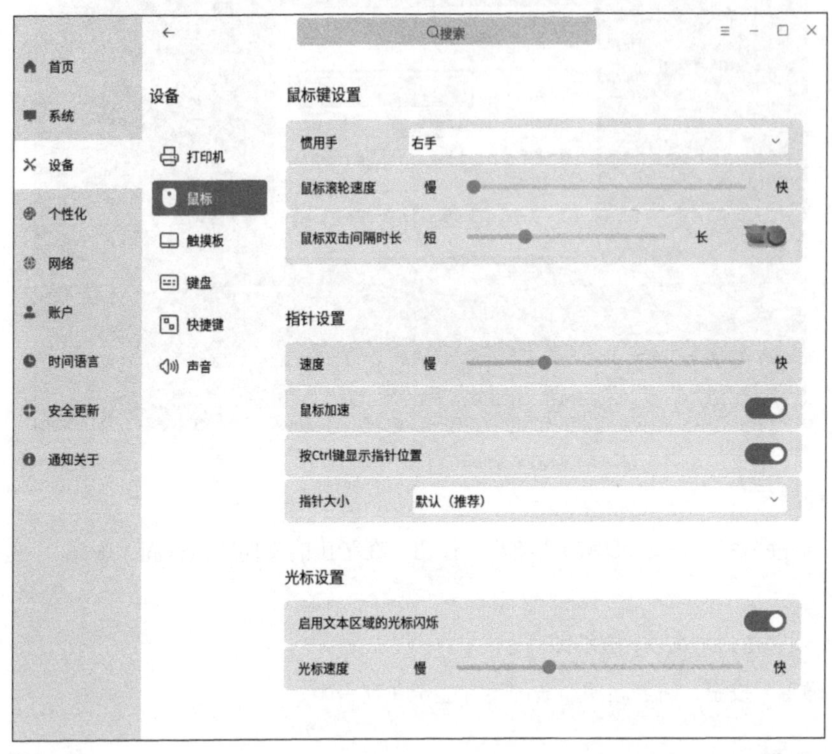

图 2-44

案例　如何设置鼠标键

01. 单击选项卡，选择“左手”或“右手”来设置“惯用手”，如图 2-45 所示。

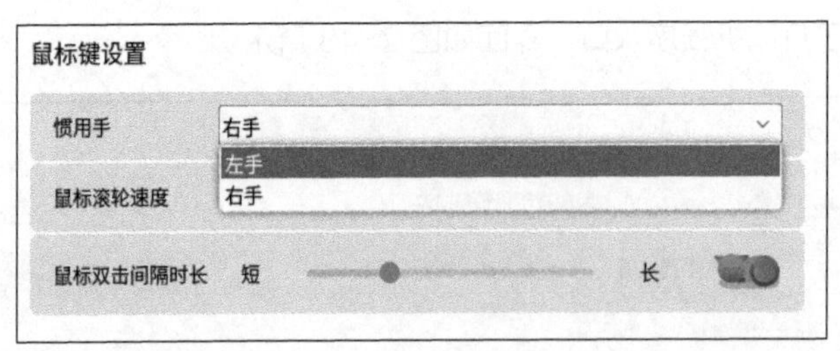

图 2-45

02. 直接单击需要的位置或拖曳进度条，调节“鼠标滚轮速度”及“鼠标双击间隔时长”，如图 2-46 所示，双击猫咪图案可进行双击测试。

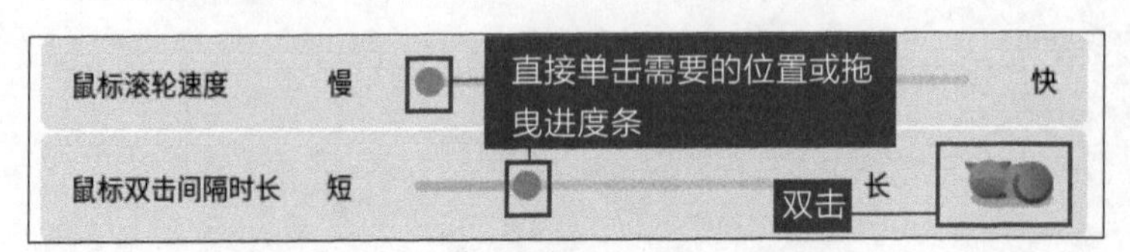

图 2-46

案例 如何设置指针

01. 直接单击需要的位置或拖曳进度条，调节指针“速度”。

02. 单击右侧开关按钮选择是否打开“鼠标加速”开关或“按Ctrl键显示指针位置”开关，如图2-47所示。

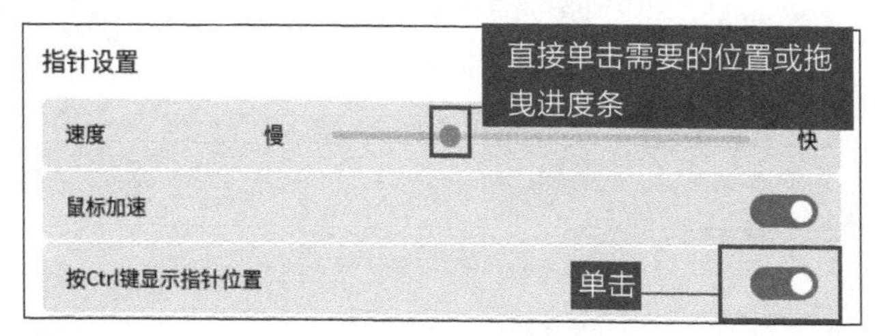

图 2-47

03. 调节“指针大小”，系统“默认（推荐）”选项为“小”，其次是“中等”选项和“较大”选项，如图 2-48 所示。

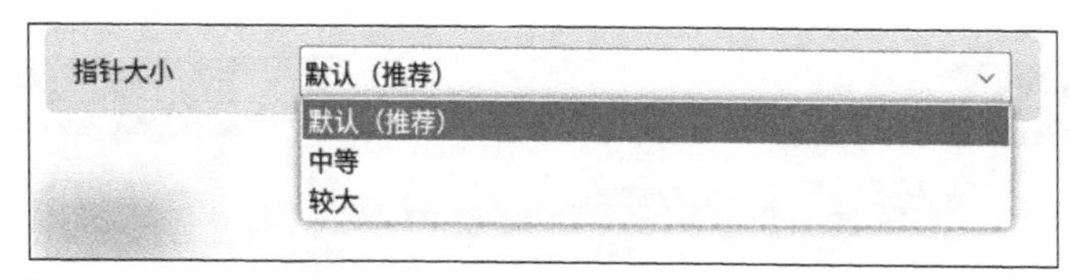

图 2-48

案例 如何设置光标

01. 单击右侧开关按钮选择是否打开“启用文本区域的光标闪烁”开关。

02. 直接单击需要的位置或拖曳进度条，调节“光标速度”，如图 2-49 所示。

图 2-49

3. 键盘

对键盘进行常规通用设置，根据个人喜好设置或添加输入法，界面如图 2-50 所示。

启用按键重复设置：按下某个键不放，系统会将该行为判断为重复的键盘输入。打开“启用按键重复设置”开关后，可对“延迟”“速度”两个选项进行设置。（延迟：按下键后，到系统开始接收键盘输入之间的间隔。速度：按下键后，重复输入之间的间隔；间隔越长，同样时间内，重复输入的次数越少。）

案例 如何设置输入法

01. 单击“输入法设置”按钮，在弹出的“输入法配置”窗口中，可以对选择的输入法进行置顶或置底调整，单击“添加”或“删除”按钮可增减输入法，如图 2-51 所示。

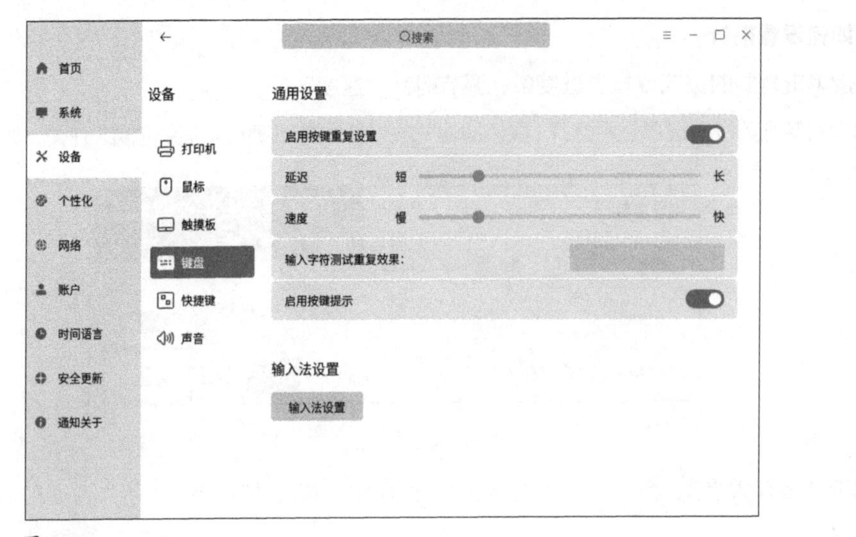

图 2-50

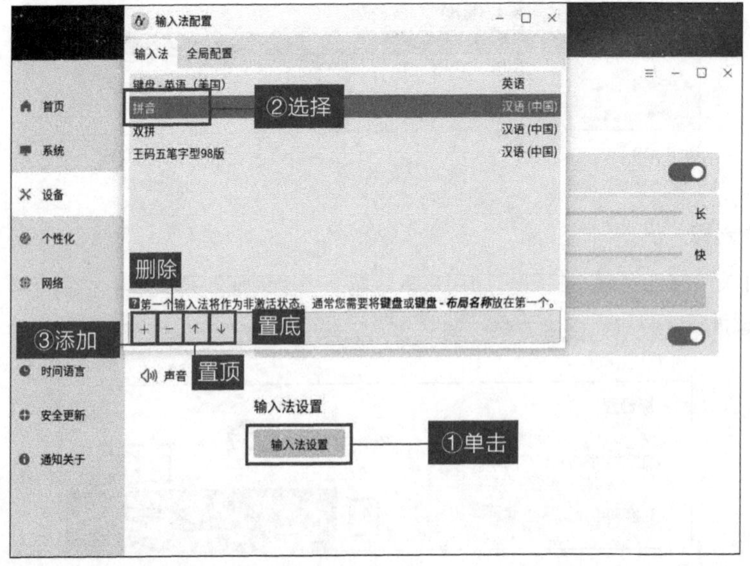

图 2-51

02. 单击“添加”按钮，弹出“添加输入法”窗口，滑动鼠标滚轮下拉，或将右侧进度条向下拖曳，选择想要添加的输入法，也可以在下方搜索框中输入名称进行搜索，如图 2-52 所示。

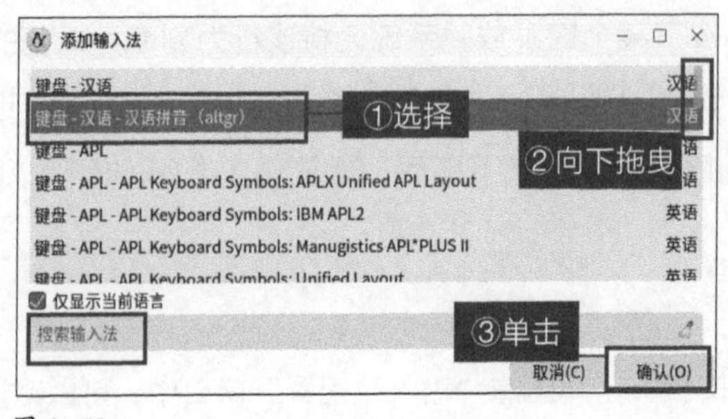

图 2-52

03. 选中后单击“确认”按钮，“输入法配置”窗口中即出现新添加的输入法，如图 2-53 所示。

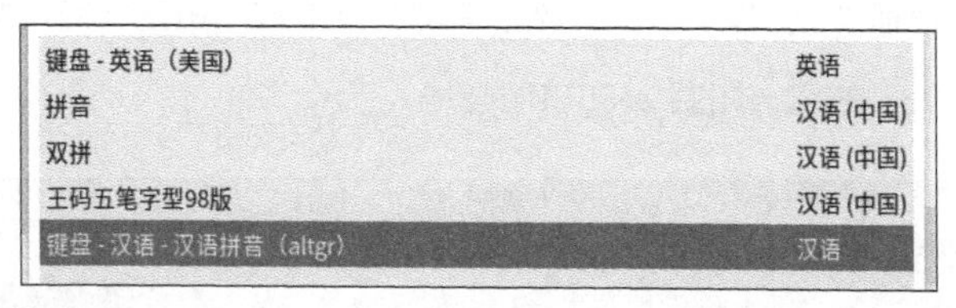

图 2-53

在“全局配置”选项卡中，用户可以按照个人习惯与喜好设置输入法相关快捷键，如图 2-54 所示。

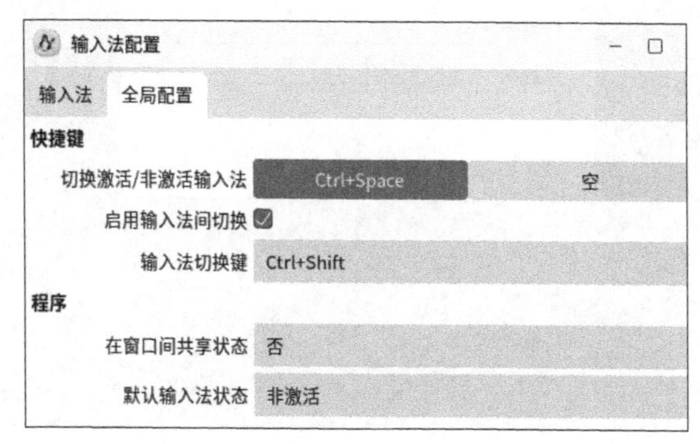

图 2-54

4. 快捷键

快捷键模块显示了系统的所有快捷键，在这里可以查看、修改以及自定义快捷键，界面如图 2-55 所示。系统快捷键不允许修改。

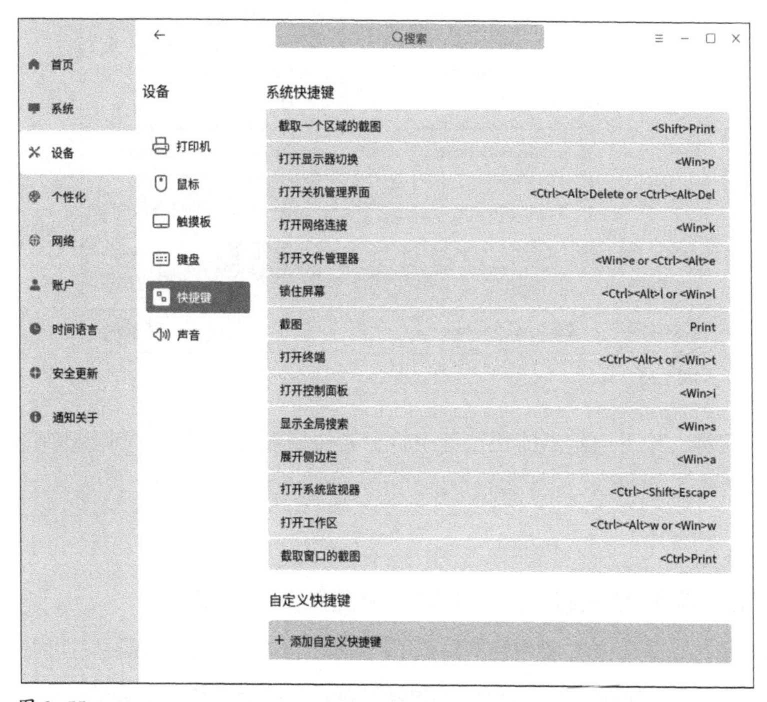

图 2-55

案例　如何添加自定义快捷键

01. 单击“添加自定义快捷键”，弹出“自定义快捷键”对话框。单击“浏览”按钮，选择快捷打开的目标程序，单击“打开”按钮，如图 2-56 和图 2-57 所示。

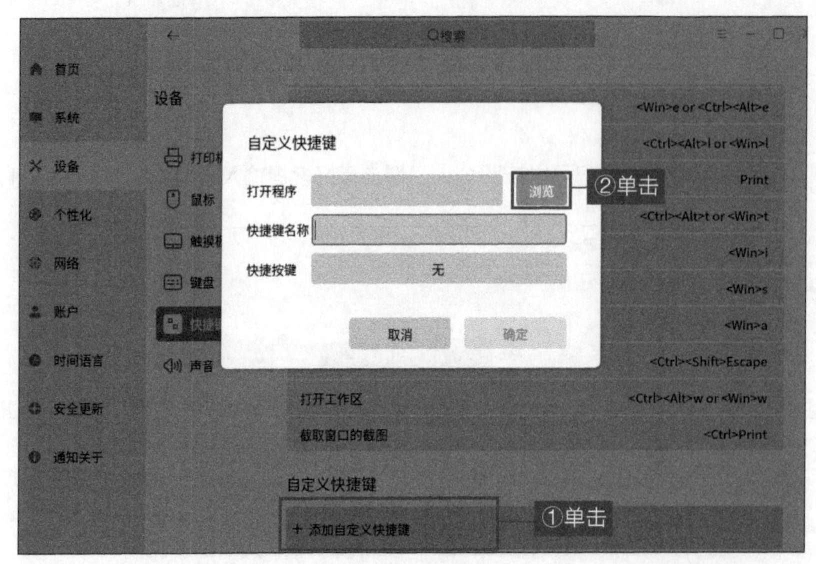

图 2-56

图 2-57

02. 输入快捷键名称，按下自定义的快捷键组合，若快捷键未被占用，则自动写入，否则会显示“无效快捷键”，如图 2-58 和图 2-59 所示。

5. 声音

对输入、输出和系统音效进行设置，如图 2-60 至图 2-62 所示。

- “选择输出设备”：在列表框中查看当前系统可用的输出设备，可根据需要切换对应的输出设备。
- “主音量大小”：调节当前的输出音量，通过移动滑动条控制系统输出音量大小。

● “选择输入设备”：在列表框中查看当前系统可用的输入设备，可根据需要切换对应的输入设备（输入设备主要用来进行录音、视频以及通话）。

● “音量大小”：调节当前的输入音量，通过移动滑动条来控制系统输入音量大小。

● “输入反馈”：调节音量时听到的音量大小。

● “系统音效”：控制系统开关机时是否播放开关机音乐。

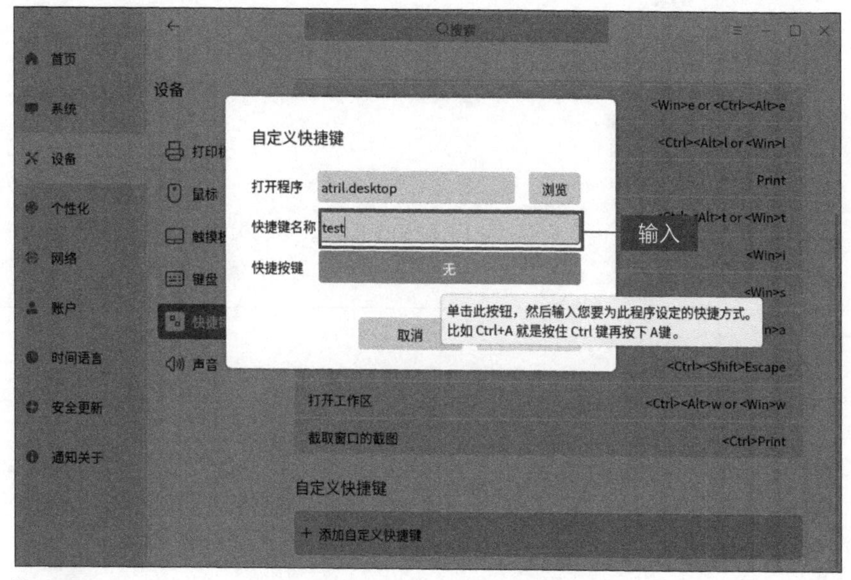

图 2-58

快捷按键　无

无效快捷键

图 2-59

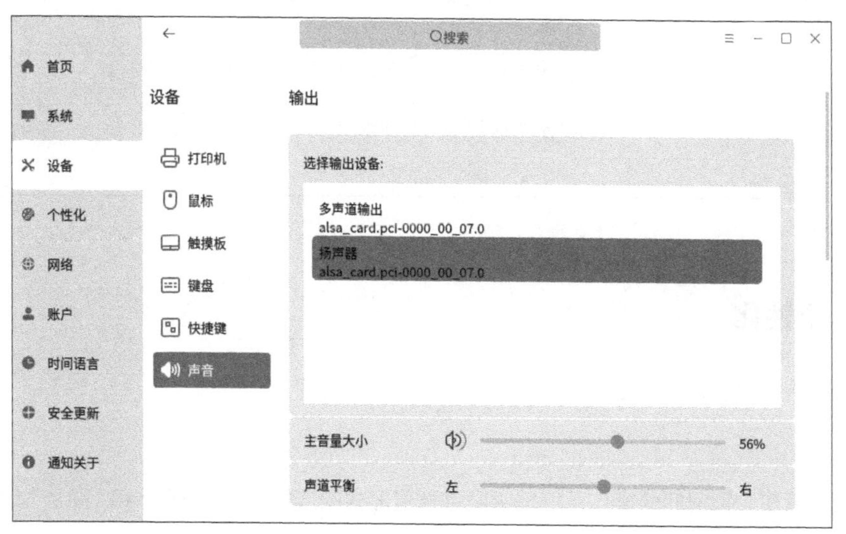

图 2-60

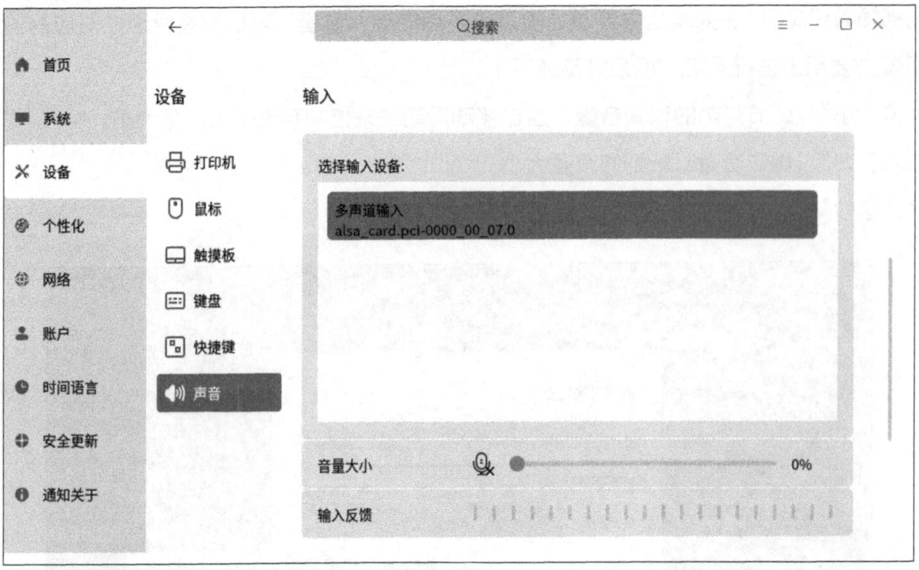

图 2-61

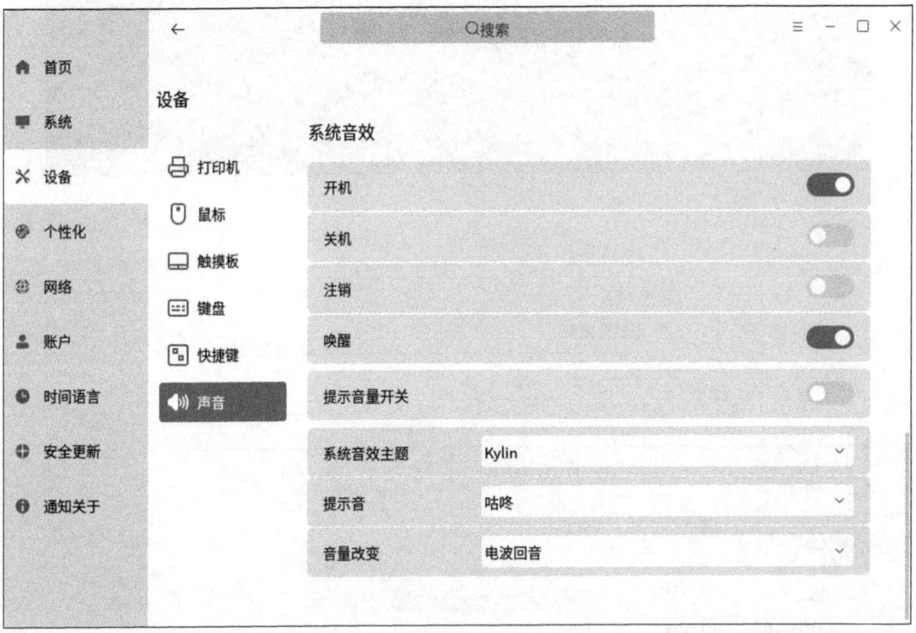

图 2-62

2.4.3　个性化

个性化设置提供了背景、主题、锁屏、字体、屏保、桌面 6 个模块。

1. 背景

针对桌面背景，银河麒麟操作系统提供两种背景形式的选择，即“颜色”和“图片”，如图2-63所示。

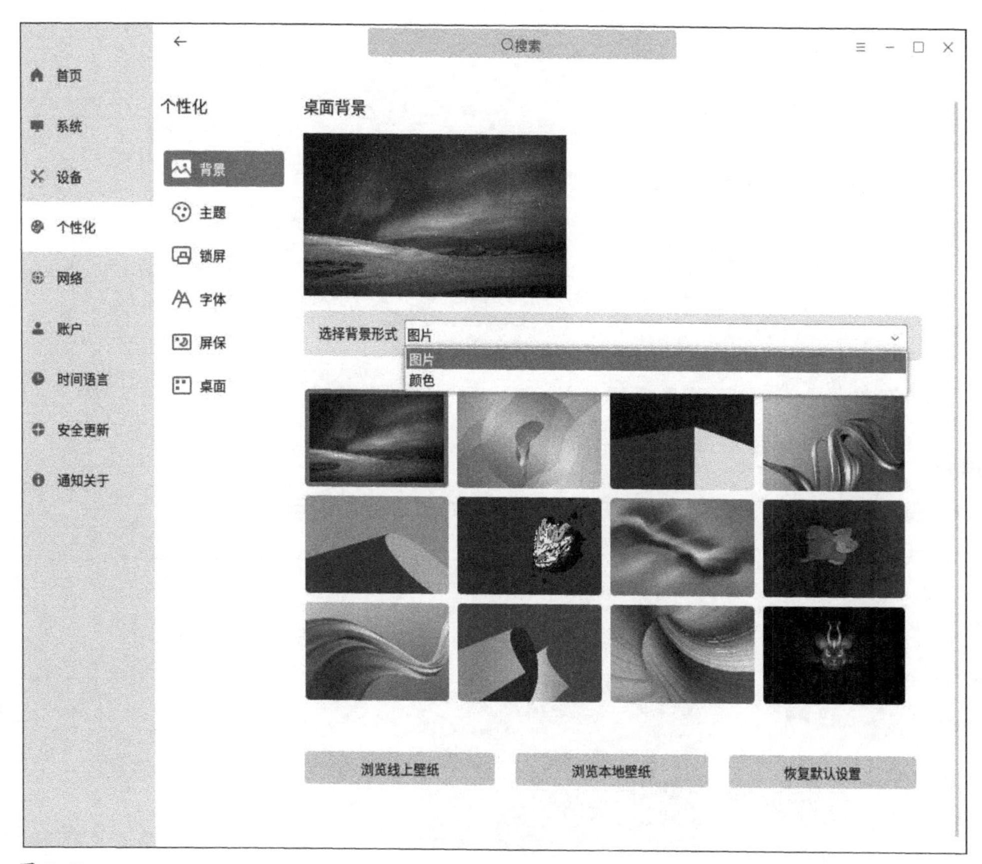

图 2-63

2. 主题

主题包括主题模式、图标主题、光标主题，如图 2-64 至图 2-66 所示。

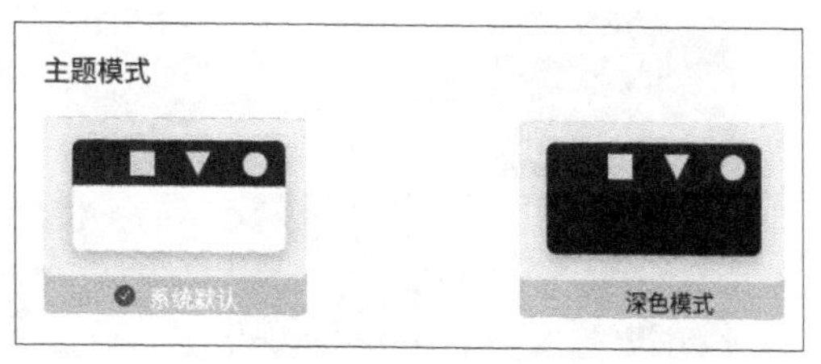

图 2-64

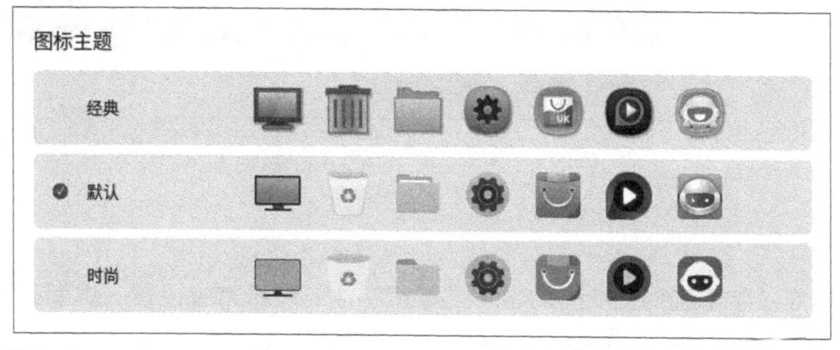

图 2-65

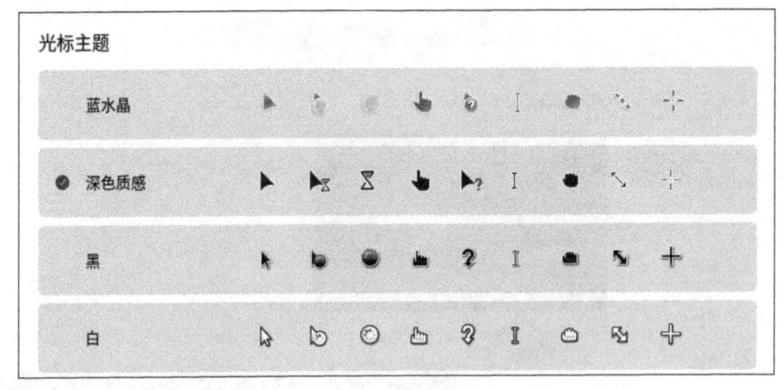

图 2-66

3. 锁屏

锁屏模块用于选择在登录界面显示的背景图片，如图 2-67 所示。

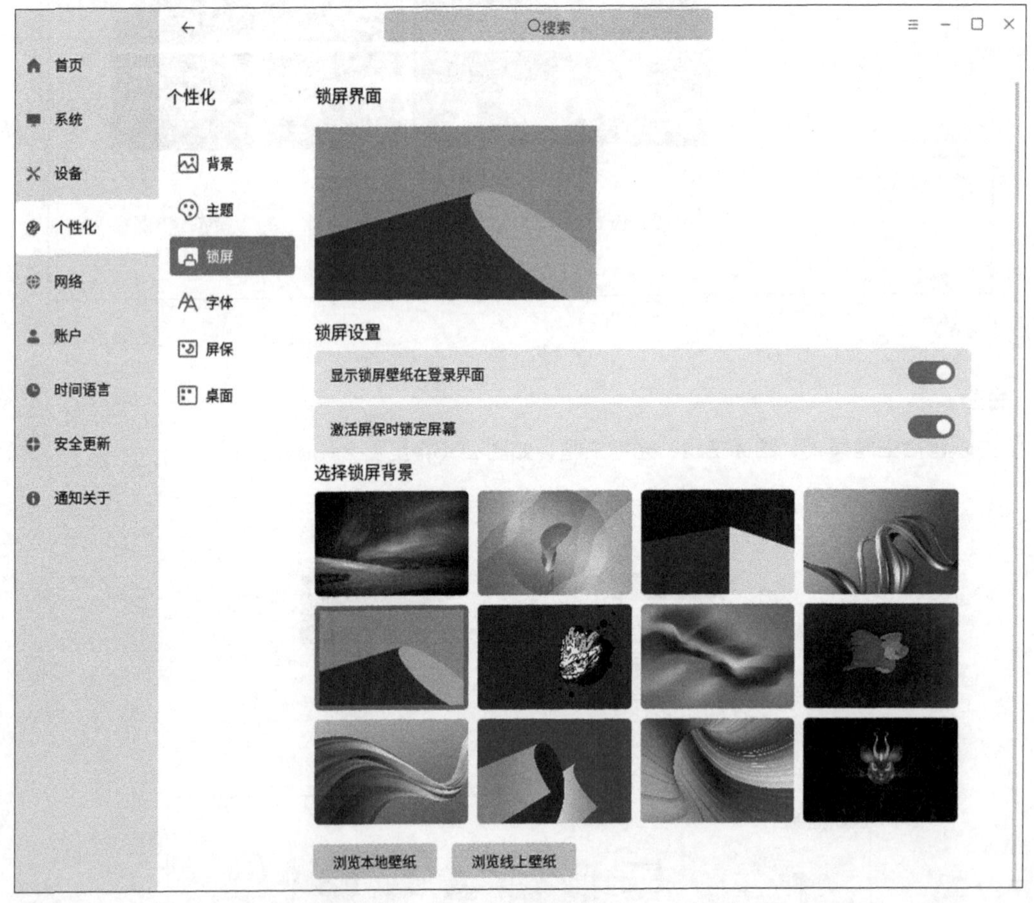

图 2-67

4. 字体

字体模块用于对“字体选择”“字体大小”“等宽字体”进行常规设置，界面如图 2-68 所示。单击“恢复默认设置”按钮可以将所有字体设置还原为系统默认状态。

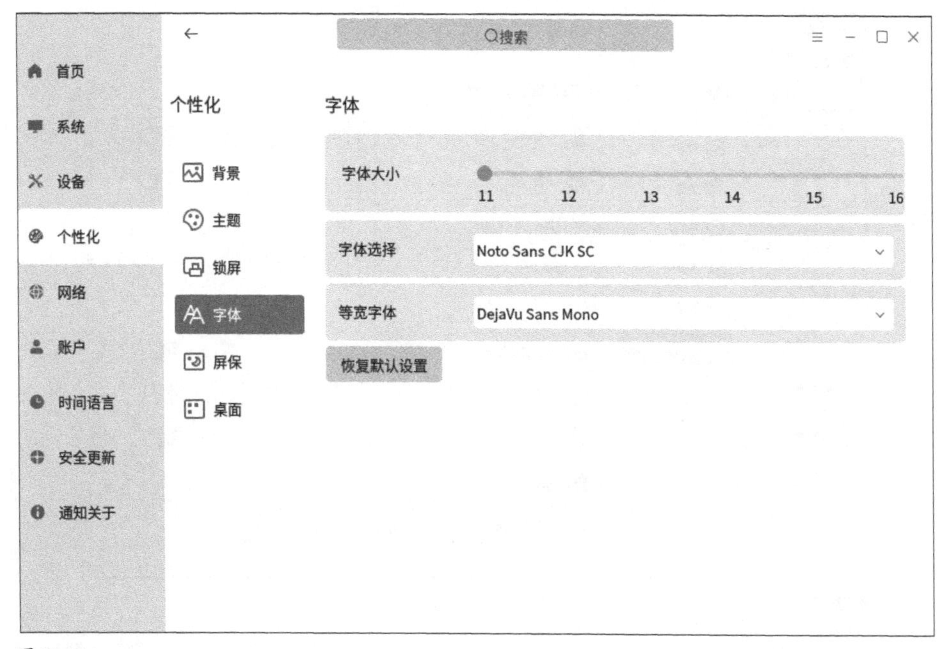

图 2-68

5. 屏保

屏保模块用于设置“屏幕保护程序”“等待时间”，如图 2-69 所示。“屏幕保护程序”可选择“默认屏保”或“黑屏”。

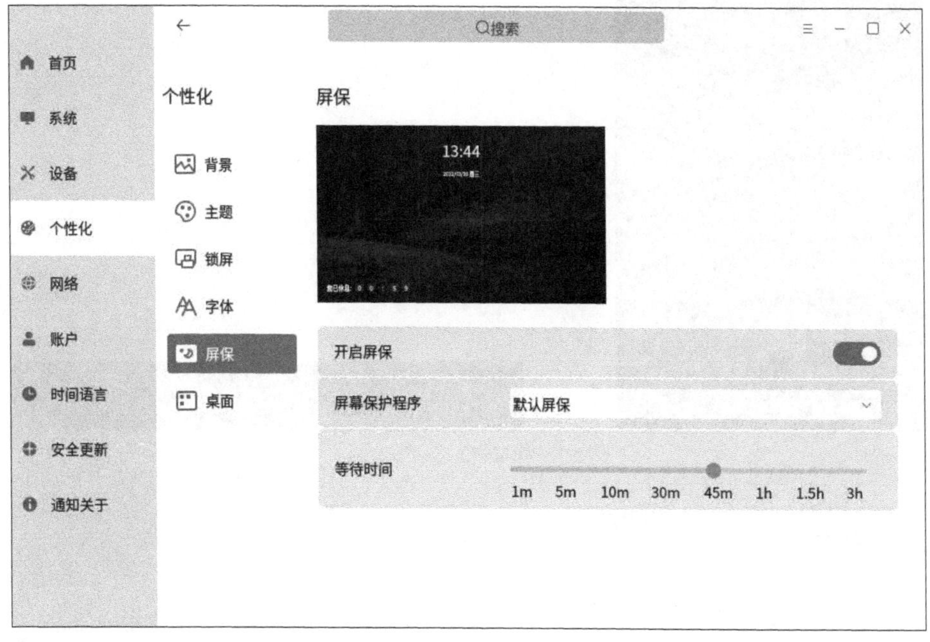

图 2-69

6. 桌面

桌面模块用于设置锁定在开始菜单和托盘上的图标，界面如图 2-70 所示。

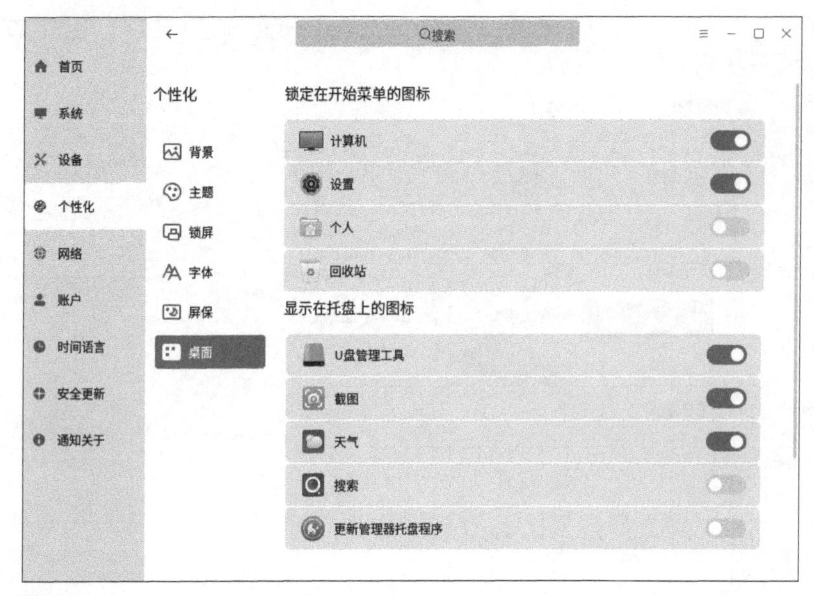

图 2-70

根据设置结果，对应位置界面如图 2-71 和图 2-72 所示，若有外接硬盘插入，托盘处将显示 U 盘管理工具图标。

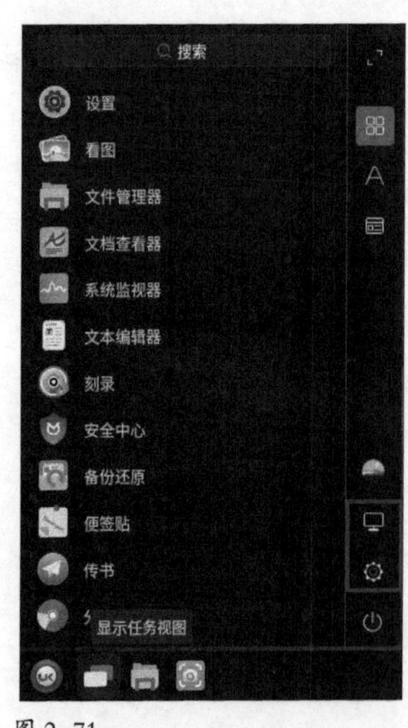

图 2-71

图 2-72

2.4.4　账户

账户设置对系统用户进行管理配置，允许管理员创建用户、删除用户、修改用户信息。

1. 账户信息

账户信息界面如图 2-73 所示，可对系统用户进行管理配置，允许管理员创建用户、删除用户、修改用户信息。

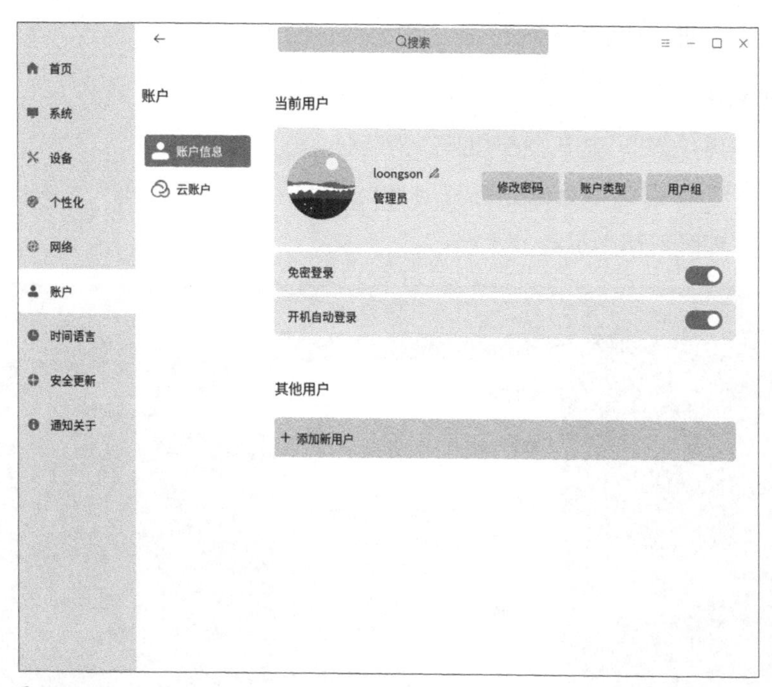

图 2-73

（1）当前用户。

用户可更改头像、修改密码，设置账户类型、用户组，选择是否免密登录及开机自动登录。

案例　如何更改用户头像

01. 单击用户头像，在弹出的“更改用户头像”对话框中选择图片进行修改，图片可从本机图片中选择，如图 2-74 所示。

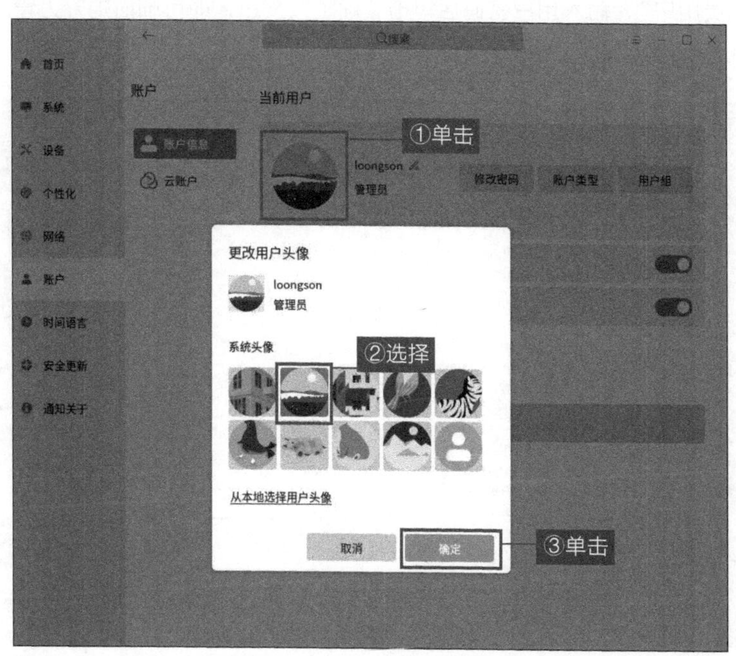

图 2-74

02. 单击“确定”按钮，即可完成修改。

案例　如何修改密码

01. 单击“修改密码”按钮，弹出“更改密码”对话框。

02. 在“更改密码”对话框中输入当前密码、新密码，并进行新密码确认输入，单击“确定”按钮，即完成密码修改，如图 2-75 所示。

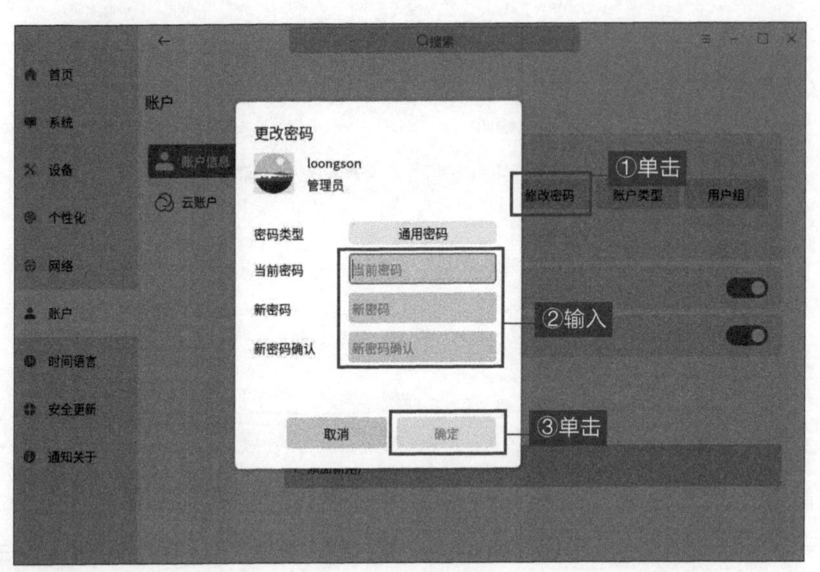

图 2-75

案例　如何更改账户类型

01. 单击“账户类型”按钮，弹出“更改用户类型”对话框。

02. 选择“管理员用户”，输入用户密码后单击“确定”按钮，即可临时提升为管理员用户权限并完成更改，如图 2-76 所示。

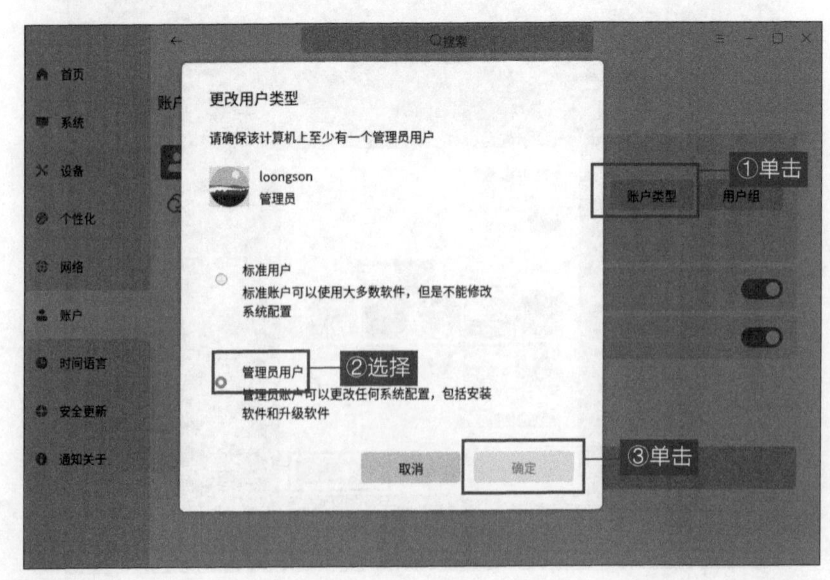

图 2-76

> **注意：**
> 系统至少需要存在一个管理员用户。标准用户无法提升权限。

（2）其他用户。

其他用户区域可编辑其他用户信息、添加新用户、删除用户等。

案例 如何添加新用户

01. 单击“添加新用户”，如图 2-77 所示。

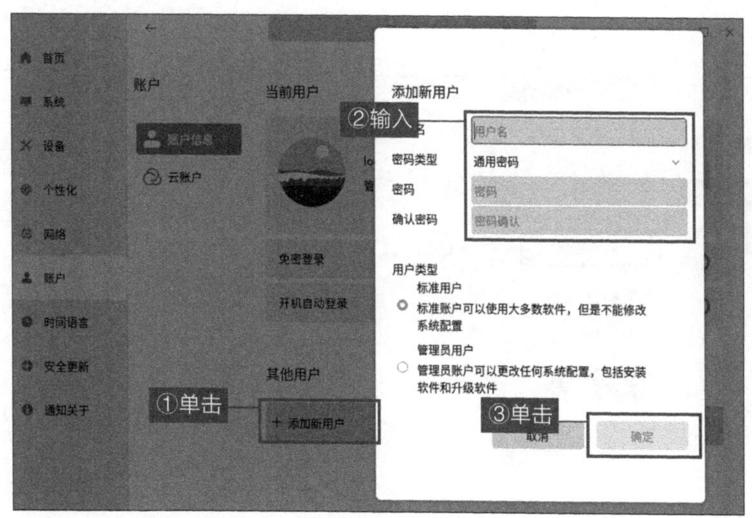

图 2-77

02. 在弹出的“添加新用户”对话框中，输入用户名及密码，选择用户类型，单击“确定”按钮即可完成新用户添加。

2. 云账户

云账户可用于同步设置的配置选项，需要注册、登录才能生效，如图 2-78 所示。

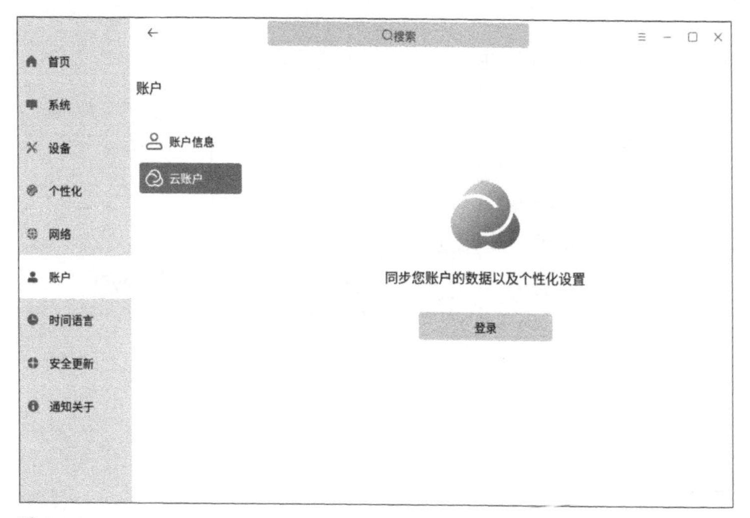

图 2-78

用户通过麒麟 ID 登录中心登录，使用云账户只需拥有麒麟 ID 即可。首次打开默认自动同步一次，用户可自行选择开启或关闭自动同步按钮。

2.4.5 时间语言

时间语言设置提供时间日期与区域语言的设置。

1. 时间日期

用户可选择是否同步网络时间，关闭该开关可进行手动更改时间设置，如图 2-79 和图 2-80 所示。

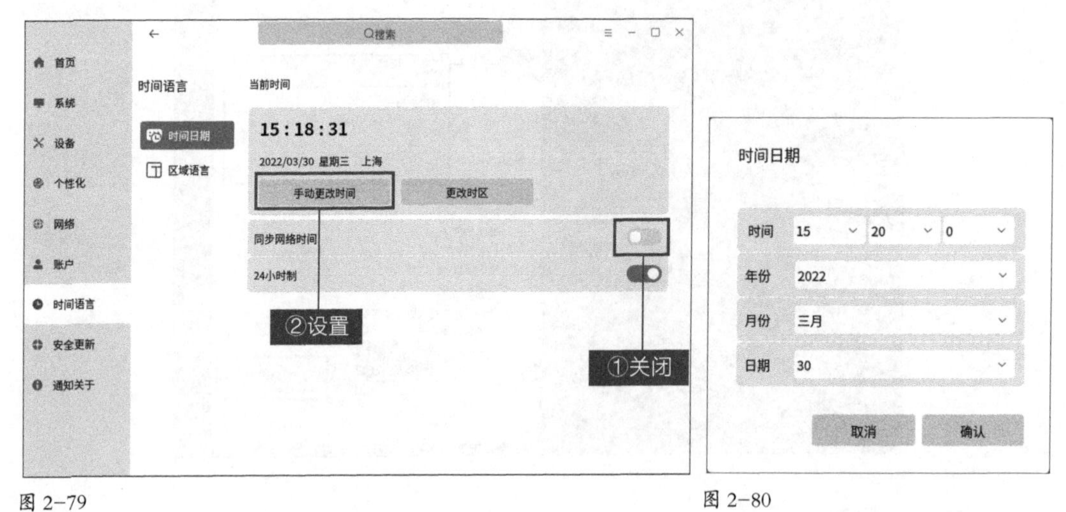

图 2-79　　　　图 2-80

时间格式分为“12 小时制”和“24 小时制”，单击右侧开关按钮进行调整，如图 2-81 所示。

图 2-81

单击“更改时区”按钮可自行调整时区，如图 2-82 所示。

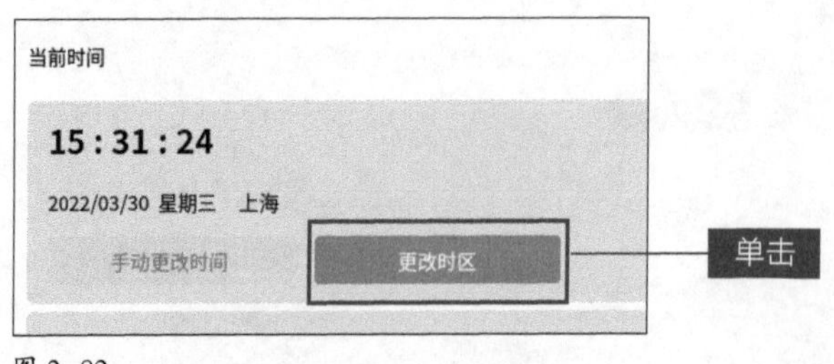

图 2-82

2. 区域语言

区域语言的主界面如图 2-83 所示。

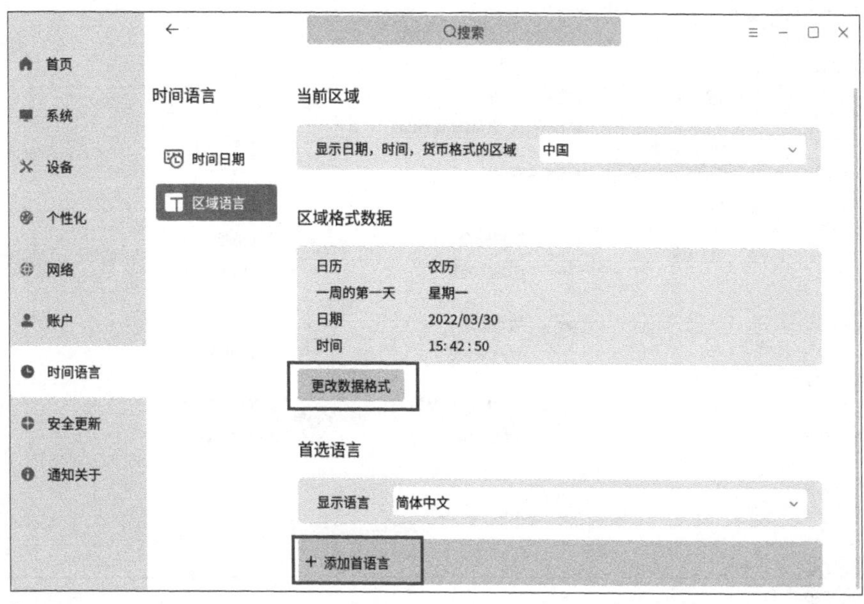

图 2-83

单击“更改数据格式”按钮可自定义“日历”“一周的第一天”“日期”“时间”，如图 2-84 所示。

更改数据格式

日历 农历

一周的第一天 星期一

日期 2022/03/30

时间 15:45:26

取消 确认

图 2-84

首选语言是系统窗口、菜单及网页的显示语言，推荐首选语言为“简体中文”。

单击“添加首语言”，可添加其他地区语言作为备选语言。

2.4.6 安全更新

通过安全更新，可以修补安全漏洞以及提供新功能，让系统更安全、稳定，防止被黑客或病毒攻击。

1. 安全中心

安全中心模块提供安全中心入口，包括“账户安全”“安全体检”“病毒防护”“网络保护”“应用控制与保护”“系统安全配置”等内容，界面如图 2-85 所示。

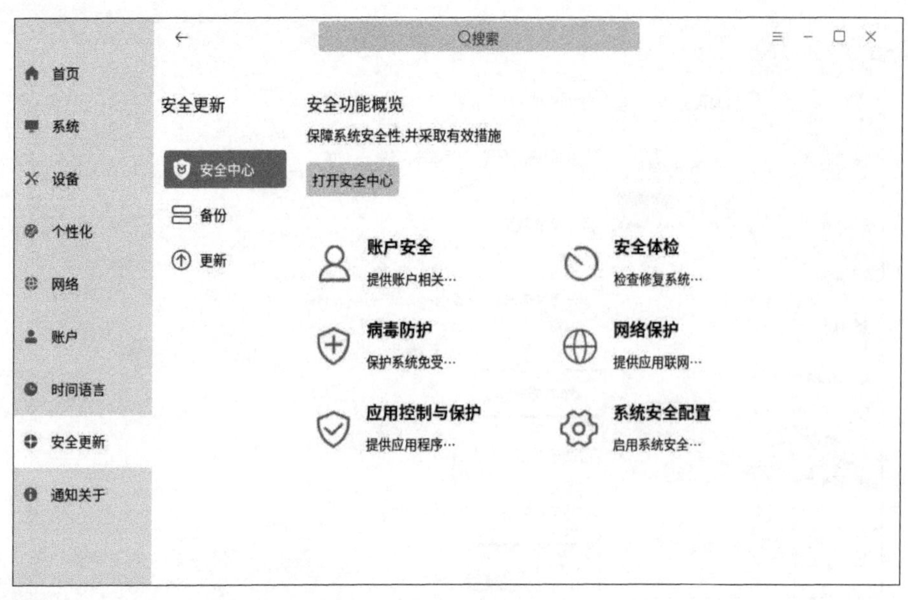

图 2-85

2. 备份

- “开始备份”：将文件备份到其他驱动器。
- “开始还原”：查看备份列表，并选择还原点进行恢复。

备份界面如图 2-86 所示。

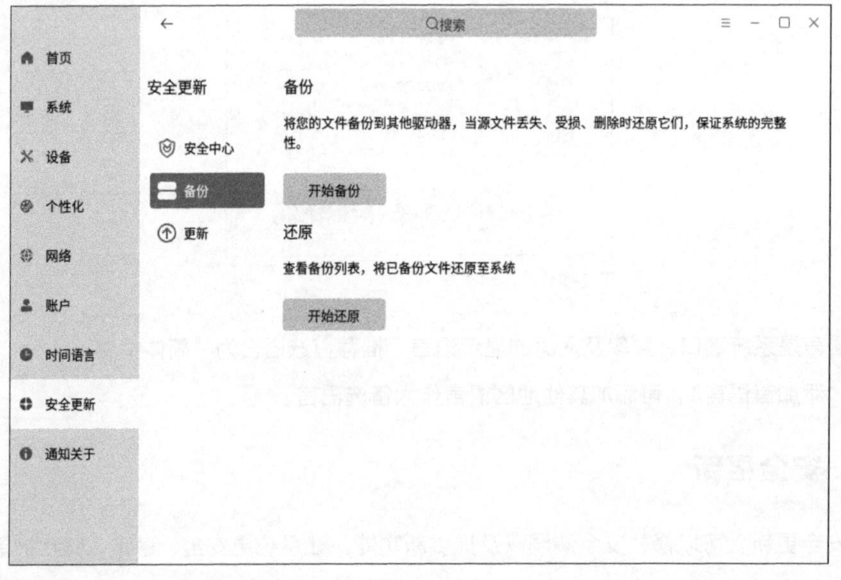

图 2-86

3. 更新

更新模块可以检测系统是否有可用更新，模块主界面有“安全更新”“查看更新历史”“更新设置”3 个部分，界面如图 2-87 所示。

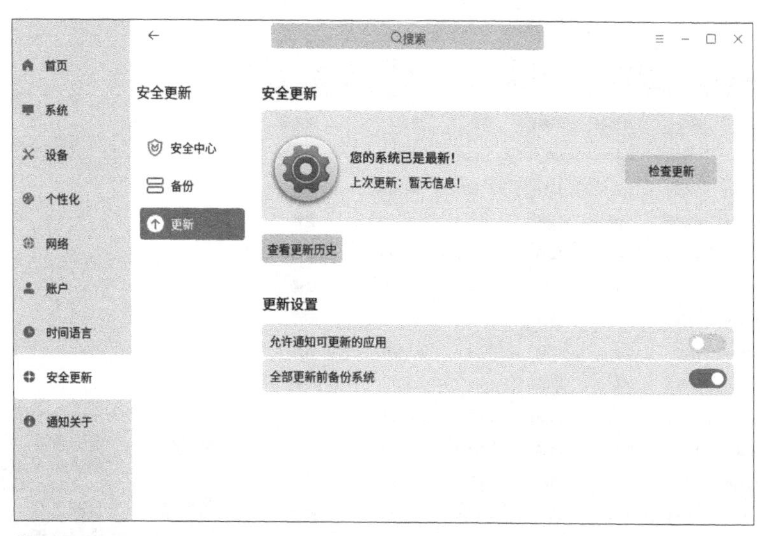

图 2-87

- “安全更新”：主要显示当前系统更新状态以及上次检测更新时间。
- “更新设置”：设置是否允许通知可更新的应用以及是否在全部更新之前自动备份。

更新完成后，可查看更新历史。

2.4.7 系统监视器

系统监视器是监控系统进程、系统资源和文件系统的专业应用，其简洁明了的界面可直观显示用户想要查找的系统相关信息。

在“开始菜单”中单击“系统监视器”并打开，如图 2-88 和图 2-89 所示。其中，标题栏提供界面切换、下拉按钮和搜索框功能，用户可以按需求切换进程、资源或文件系统界面。同时用户还可以选择进程，以及选择进程类别来对进程进行切换，如图 2-90 所示。

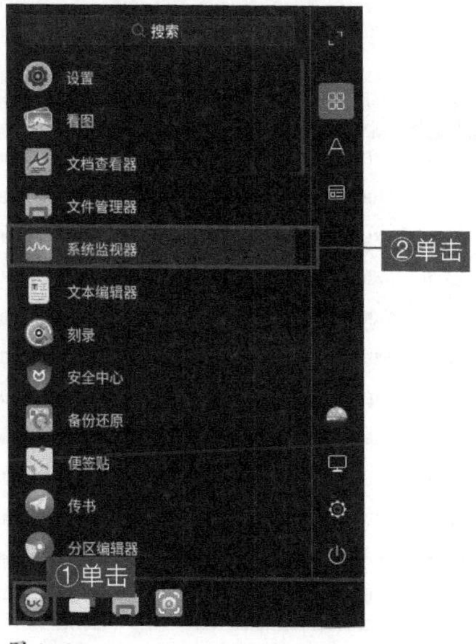

图 2-88

系统监视器

进程 | 资源 | 文件系统 | 我的进程 | 搜索

进程名称	用户名	磁盘	处理器	进程号	网络	内存	优先级
系统监视器	loongson	0 KB/s	7.4	57867	0 KB/s	21.4 MB	普通
任务栏	loongson	5 KB/s	5.7	1353	0 KB/s	40.5 MB	普通
设置	loongson	0 KB/s	2.0	22962	0 KB/s	201.1 MB	普通
UKUI-KWin	loongson	0 KB/s	0.7	1289	0 KB/s	26.0 MB	普通
ukui-screens…	loongson	0 KB/s	0.3	27987	0 KB/s	61.4 MB	普通
ukui-windo…	loongson	0 KB/s	0.3	1518	0 KB/s	6.3 MB	普通
pulseaudio	loongson	0 KB/s	0.3	1240	0 KB/s	5.2 MB	普通
dbus-daemon	loongson	0 KB/s	0.3	1199	0 KB/s	1.5 MB	普通
用户手册	loongson	0 KB/s	0.0	15173	0 KB/s	110.1 MB	普通
UKUI桌面	loongson	0 KB/s	0.0	1446	0 KB/s	105.8 MB	普通
个人目录	loongson	0 KB/s	0.0	5596	0 KB/s	85.2 MB	普通
start_remoter	loongson	0 KB/s	0.0	2188	0 KB/s	79.0 MB	普通
截图	loongson	0 KB/s	0.0	4722	0 KB/s	67.4 MB	普通
打印机	loongson	0 KB/s	0.0	1494	0 KB/s	46.8 MB	普通

图 2-89

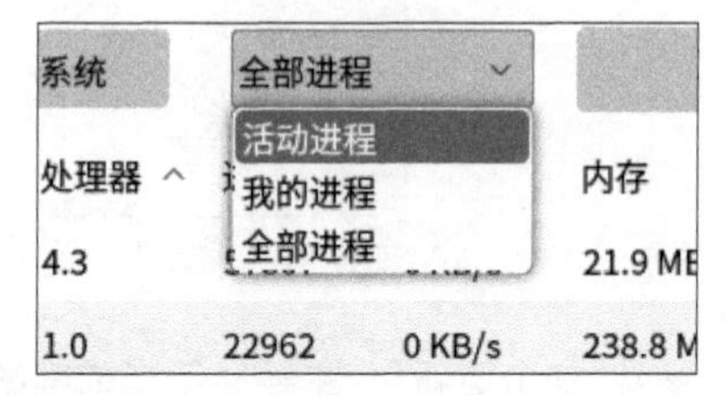

图 2-90

1. 进程

进程界面显示进程列表以及对进程进行指定操作。

进程界面统计显示所有启动了的进程，并显示它们的核心信息，如进程号、进程名称、用户名、处理器、内存、优先级、磁盘（I/O 速率）以及网络（流向消耗）等。

单击“进程”标签，使用鼠标右击一个进程，可以对进程进行停止、继续、结束、杀死等操作，如图 2-91 所示。

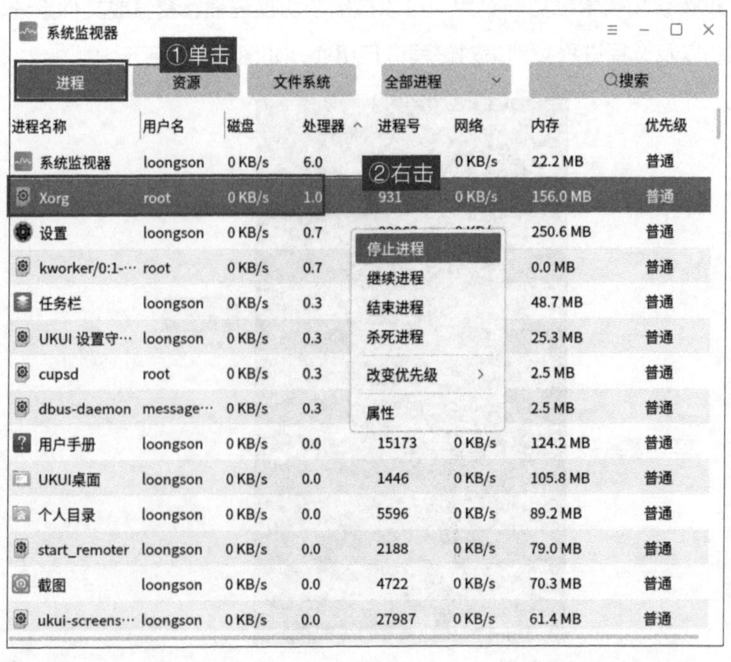

图 2-91

2．资源

资源界面通常会显示“处理器历史”“内存和交换空间历史”，如果连接网络，还可以查看“网络历史”，如图 2-92 所示。

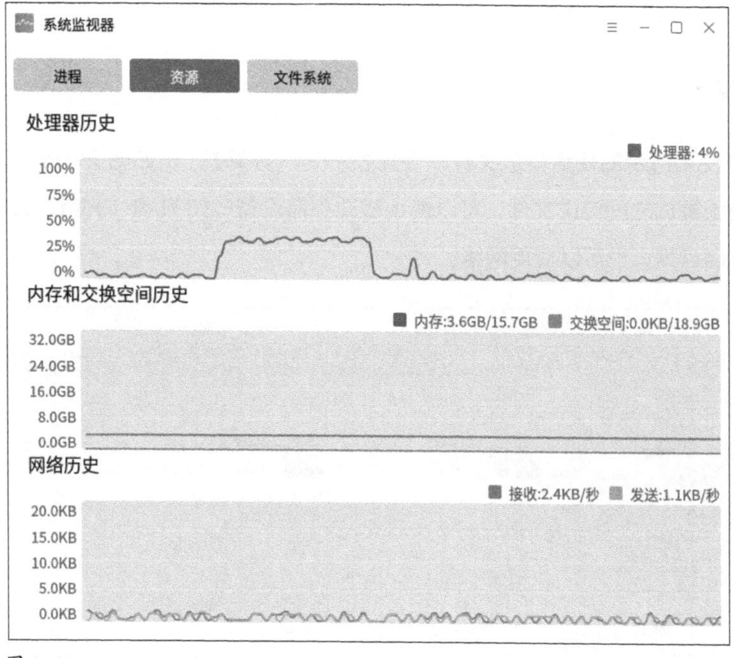

图 2-92

- “处理器历史”：用动态折线图统计处理器历史占用率，右上方标签显示实时处理器占用率数据。
- “内存和交换空间历史”：用动态折线图统计系统运行内存和交换空间历史占用总量，右上方标签显示实时占用量和总量。
- “网络历史”：用动态折线图统计系统接收和发送流量历史数据，右上方标签显示实时网络接收和网络发送流量速率。

3．文件系统

文件系统界面统计已挂载的系统分区列表以及每个分区的具体信息，如图 2-93 所示，实时监测挂载到系统的分区数量，显示挂载的分区、挂载路径、文件系统类型、文件系统总容量、文件系统可用空间以及已用空间等，并以列表形式显示出来。

系统监视器

进程　资源　文件系统

设备	路径	类型	总容量	空闲	可用	已用
/dev/sda5	/data	ext4	34.8 GB	32.9 GB	31.1 GB	1.9 GB
/dev/sda3	/	ext4	52.3 GB	42.8 GB	40.2 GB	9.4 GB
/dev/sda2	/boot	ext4	1.0 GB	733.8 MB	663.4 MB	289.5 MB
/dev/sda1	/boot/efi	vfat	535.8 MB	531.5 MB	531.5 MB	4.3 MB

图 2-93

2.5 文件管理器

文件管理器可以分类查看系统上的文件和文件夹，支持文件和文件夹的常用操作。文件管理器的界面包括标题栏、菜单栏、地址栏、窗口区等界面元素。

2.5.1 计算机

龙芯计算机使用自带的硬盘存放文件，硬盘名称是“计算机”，如图 2-94 所示。如果要在龙芯计算机与其他计算机之间传送文件，可以使用移动存储设备，如 U 盘、光盘、移动硬盘以及支持 U 盘功能的手机硬盘等，也可以使用网络。

图 2-94

1. 文件名

（1）系统文件名长度最大可以为 255 个字符，通常是由字母、数字、“.”（点号）、“_”（下画线）和“-”（短横线）组成的。

（2）“-”不能为文件名首字母。

（3）文件名不能含有符号“/”，因为“/”在操作系统目录树中，表示根目录或路径中的分隔符号。

2. 路径

（1）使用当前目录下的文件时，可以直接引用文件名；如果要使用其他目录下的文件，就必须指定该文件所在的目录。

（2）绝对路径是一定的，相对路径是随着用户工作目录改变而改变的。

绝对路径，即从根目录开始的路径，比如 /home/kylin/test。

相对路径，即从当前所在目录开始的路径，比如位于 /home 目录下时，test 文件的相对路径为 kylin/test。

（3）每个目录下都有代表当前目录的“.”文件，和代表当前目录上一级目录的“..”文件。当位于 /etc 目录下时，test 文件的相对路径表示为 ../home/kylin/test。

3. 文件类型

系统支持表 2-2 所示的文件类型。

表 2-2

文件类型	说明
普通文件	包括文本文件、数据文件、可执行的二进制程序等
目录文件（目录）	系统把目录看成一种特殊的文件，利用它构成文件系统的分层树形结构
设备文件（字符设备文件 / 块设备文件）	系统用它来识别各个设备驱动器，内核使用它与硬件设备通信
符号链接文件	存放的数据是文件系统中通向某个文件的路径；当调用符号链接文件时，系统将自动访问保存在文件中的路径

2.5.2 文件管理器界面布局

文件管理器界面可划分为工具栏和地址栏、文件夹标签预览区、导航栏窗口区、状态栏、预览窗口 6 个部分。

1. 工具栏和地址栏

工具栏和地址栏位于界面最上方，如图 2-95 所示，工具栏各图标的说明如表 2-3 所示。

图 2-95

表 2-3

图标	说明	图标	说明
←	返回上一级（后退）	→	前进
Q	搜索文件夹、文件等，提供高级搜索功能	88	选择视图模式（图标视图、列表视图）
↓↑	选择排序方式（名称、修改日期等）	≡	高级功能
−	最小化	□	最大化
×	关闭	—	—

地址栏主要反映文件的路径，如图 2-95 所示，当前文件的路径为“文件系统 /home/loongson”。

2．文件夹标签预览区

用户可通过文件夹标签预览区查看已打开的文件夹，单击+图标添加其他文件夹，如图 2-96 所示。

图 2-96

3．导航栏

导航栏列出了所有文件的目录层次结构，提供对操作系统中不同类型文件夹目录的浏览。外接的移动设备、远程连接的共享设备也会在此处显示，如图 2-97 所示。

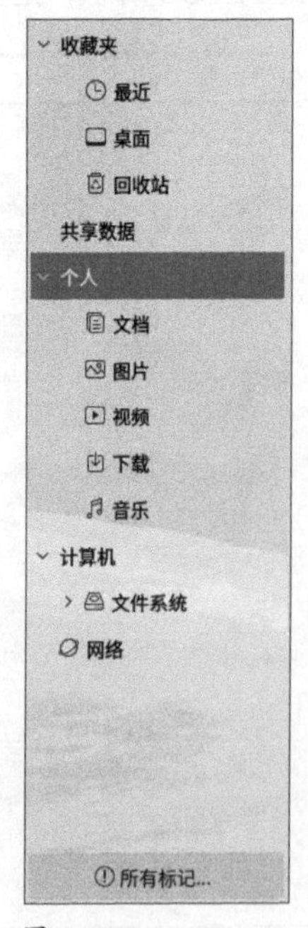

图 2-97

4. 窗口区

窗口区列出了当前目录节点下的子目录、文件。在导航栏列表中单击一个目录，其中的内容就会显示在此处，文件图标高亮表示该文件被选中，如图 2-98 所示。

图 2-98

5. 状态栏

状态栏中有如下 4 种标记。

- 如果只选中文件夹，会显示选中的文件夹个数。
- 如果选中的是文件，会计算选中文件的总大小。
- 计算机视图中显示选中的项目数（包括分区或移动设备等）。
- 右下角的滑动条为缩放条，可对文件大小进行拖曳调节。

上述所描述的标记如图 2-99 所示。

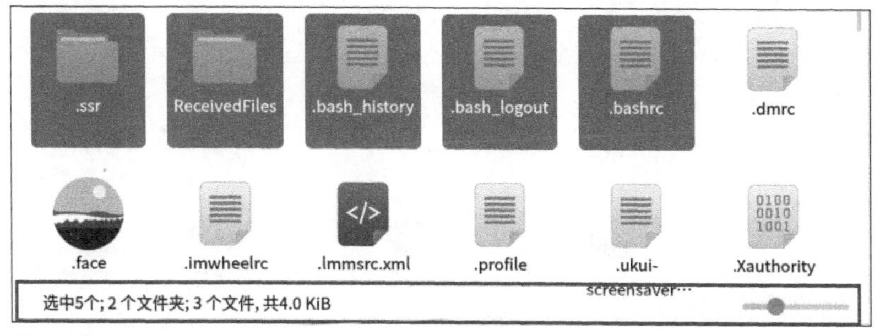

图 2-99

6. 预览窗口

单击预览窗口右上角的预览图标即可预览文件详情，以图片文件为例，在预览窗口可查看图片名称、类型、大小、修改时间、图片尺寸等信息，如图 2-100 所示。

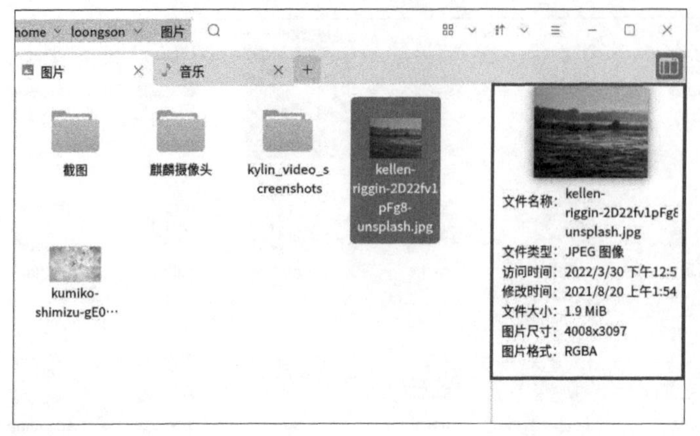

图 2-100

2.5.3 文件列表显示模式

在银河麒麟操作系统中，文件列表的显示模式有两种，分别是图标视图和列表视图，不同模式对应不同的文件显示状态，用户可通过单击工具栏中的“视图”图标，选择文件列表显示模式，可选择“图标视图”或“列表视图”，如图 2-101 所示。计算机目录下还可设置计算机视图。

图 2-101

在图标视图中，文件管理器中的文件以“大图标 + 文件名”的模式显示，如图 2-102 所示。

图 2-102

在列表视图中，文件管理器中的文件以“小图标 + 文件名 + 文件信息”的形式显示，如图 2-103 所示。

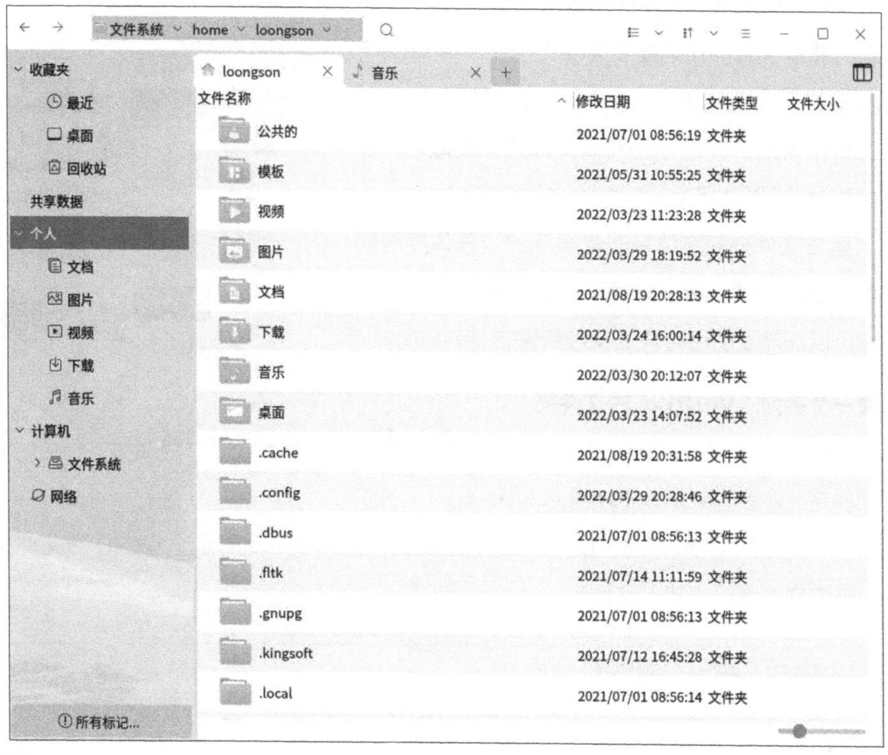

图 2-103

2.6 文件和目录管理

用户可以使用文件管理器查看和管理本机文件、本地存储设备（如外置硬盘）、文件服务器和网络共享的文件。

2.6.1 新建、复制和移动文件或文件夹

当计算机上存储的文件较多时，可以使用文件夹对这些文件进行分类保存，这样不仅可以使计算机上的文件保持整洁有序，而且有利于用户快速地查找文件。有时需要备份一些文件或文件夹，也就是创建文件或文件夹的副本或改变位置，就会用到复制和移动两种操作。

1. 新建文件夹

常见的建立文件夹的方法有以下 3 种。

方法一：根据文件类型建立文件夹。

例如，建立一个名称为“电影”的文件夹，专门存储电影文件。类似地，还可以建立“音乐”“照片”等文件夹。

方法二：根据文件的内容和主题建立文件夹。

例如，建立一个名称为“工作周报”的文件夹，专门存储工作周报的相关内容。还可以建立名称为“下载文件”的文件夹，保存所有从网络下载的文件。

方法三：根据文件的日期建立文件夹。

例如，建立一个名称为“2022 年 4 月存档”的文件夹，把该月份编写的文件都存放到该文件夹。类似地，还可以建立名称为“2022 年上半年”的文件夹等。

总之，建立文件夹的方法是非常灵活的，总体原则就是分类清晰、及时整理、便于检索。借助文件夹，对文件进行分类，可以在需要使用时快速找到所需文件。

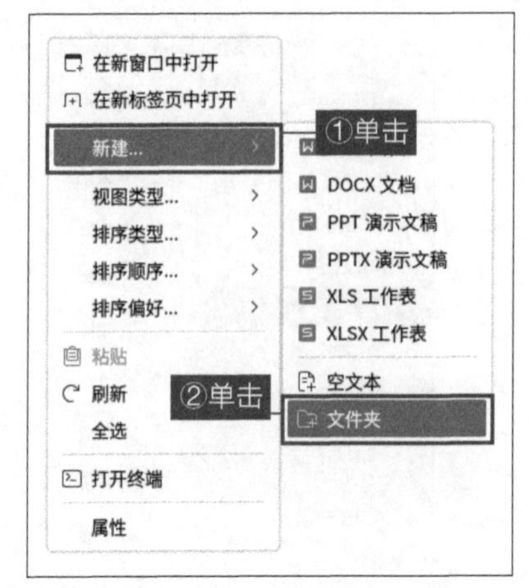

图 2-104

案例　新建一个名为“youth”的文件夹

01. 在需要新建文件夹的区域右击，然后单击“新建”→“文件夹”命令，如图 2-104 所示。

02. 输入文件夹的名称“youth”，按“Enter”键确认，如图 2-105 所示。双击打开文件夹，将需要放入文件夹的文件或程序拖入文件夹。

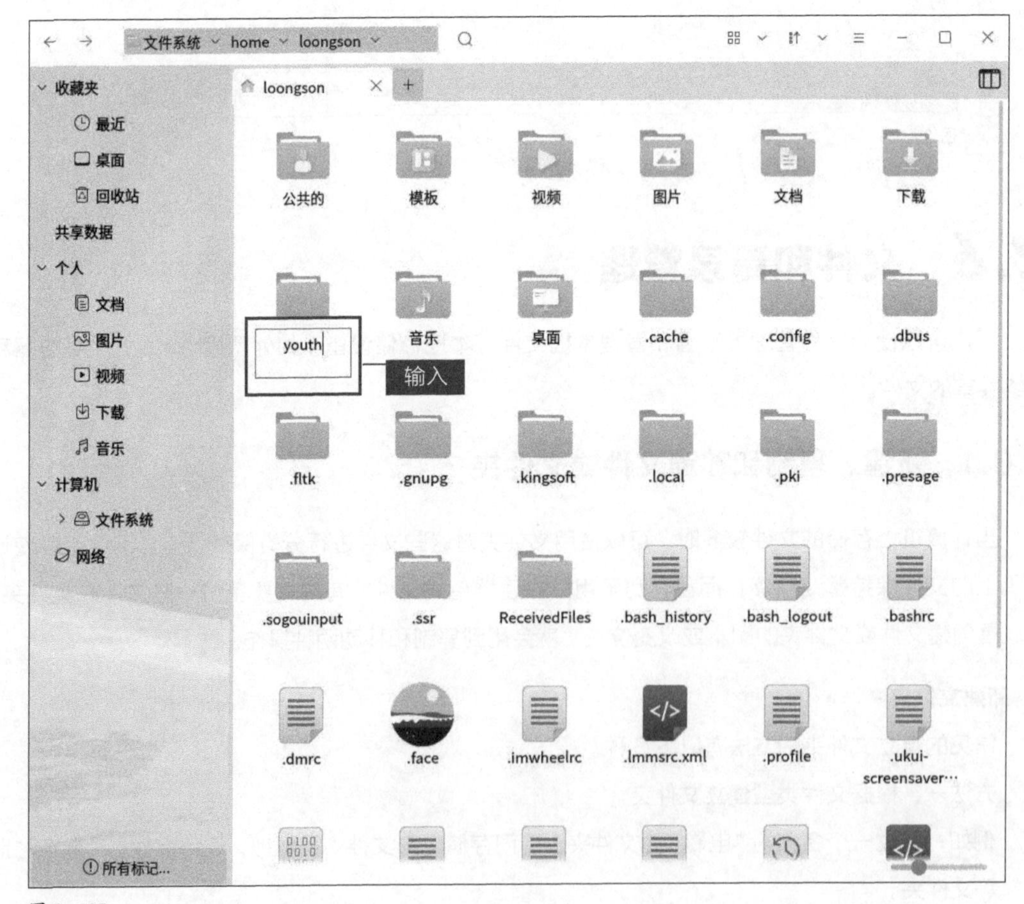

图 2-105

2．复制文件或文件夹

在工作或学习的过程中，有时需要备份文件，这时就需要复制文件或文件夹。复制文件或文件夹的方法有以下 3 种，用户可以根据需要选择合适的操作方法。

方法一：直接拖曳复制。

选中要复制的文件或文件夹，按住鼠标左键直接将其拖曳到目标存储位置，即可完成文件或文件夹的复制操作，这是最简单的一种操作方法。

> **注意：**
>
> 如果被拖曳的文件或文件夹与目标存储位置在计算机的同一硬盘设备上，被拖曳的文件或文件夹将直接被移动；如果是从 U 盘拖曳到系统文件夹中，因为这是从一个设备拖曳到另一个设备，所以被拖曳的文件或文件夹将被复制。

要在同一设备上进行拖曳复制，需要在拖曳的同时按住“Ctrl”键，如图 2-106 和图 2-107 所示。

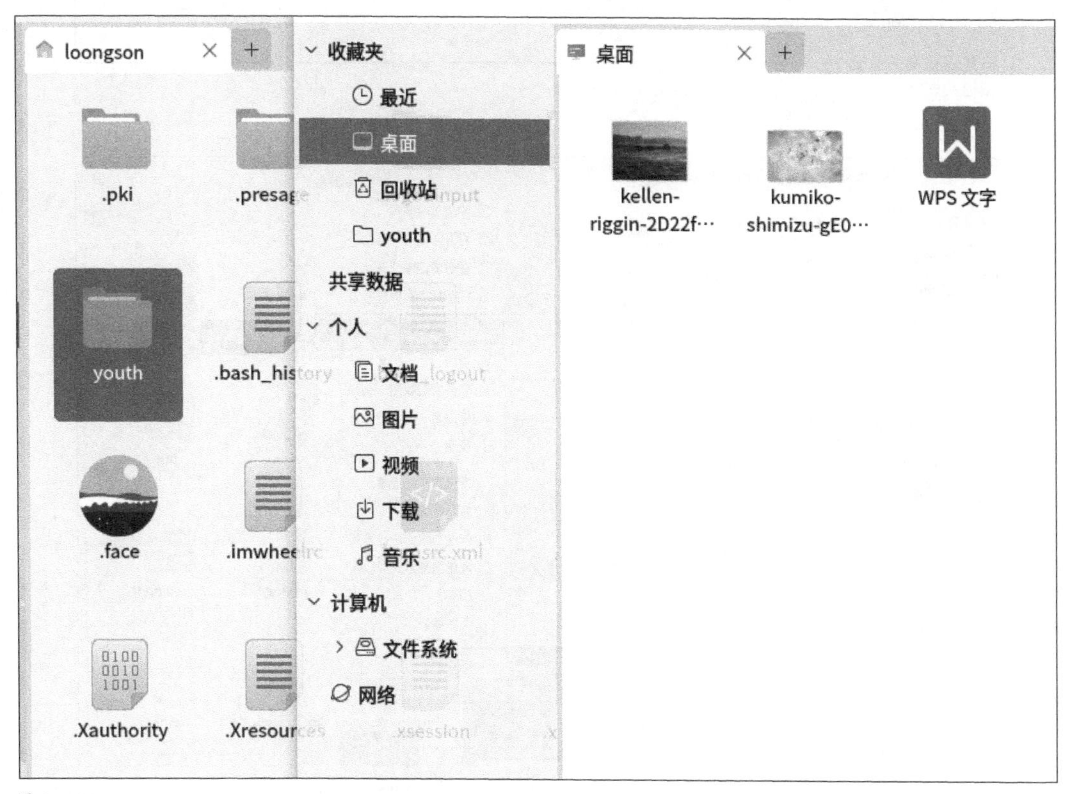

图 2-106

方法二：鼠标右键复制。

在需要复制的文件或文件夹上右击，在弹出的快捷菜单中单击“复制”命令，选择目标存储位置，右击，在弹出的快捷菜单中单击“粘贴”命令，如图 2-108 和图 2-109 所示。

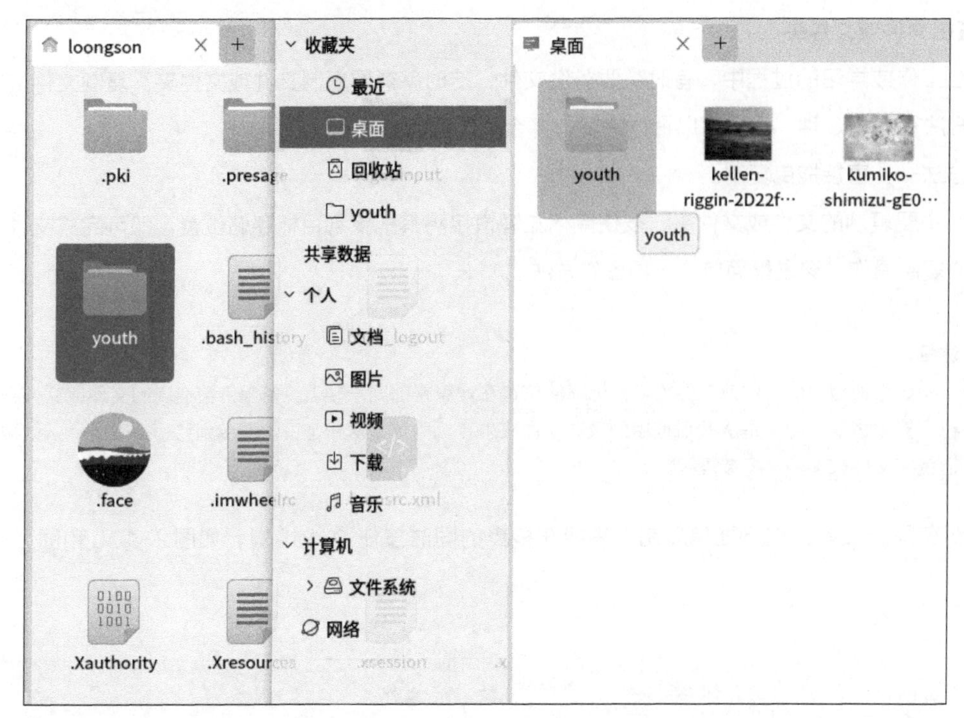
loongson
收藏夹
最近
桌面
回收站
youth
共享数据
个人
文档
图片
视频
下载
音乐
计算机
文件系统
网络
.pki
.presage
youth
.bash_history
.face
.imwheelrc
.Xauthority
.Xresources
youth
kellen-riggin-2D22f…
kumiko-shimizu-gE0…
youth

图 2-107

文件系统
home
loongson
收藏夹
最近
桌面
回收站
共享数据
个人
文档
图片
视频
下载
音乐
计算机
文件系统
网络
所有标记...
添加到收藏夹
打开
在新窗口中打开
在新标签页中打开
复制
剪切
删除到回收站
重命名
反选
发送到移动设备
打开终端
发送到桌面快捷方式
发送快捷方式到...
压缩...
添加标记...
属性
②单击
①右击
公共的
模板
下载
音乐
桌面
.dbus
.fltk
.gnupg
.kingsoft
.presage
.sogouinput
.ssr
ReceivedFiles
youth
.bash_history
.bash_logout
.bashrc
.dmrc
.face
.imwheelrc
.lmmsrc.xml
.profile
.ukui-screensaver…
选中1个, youth

图 2-108

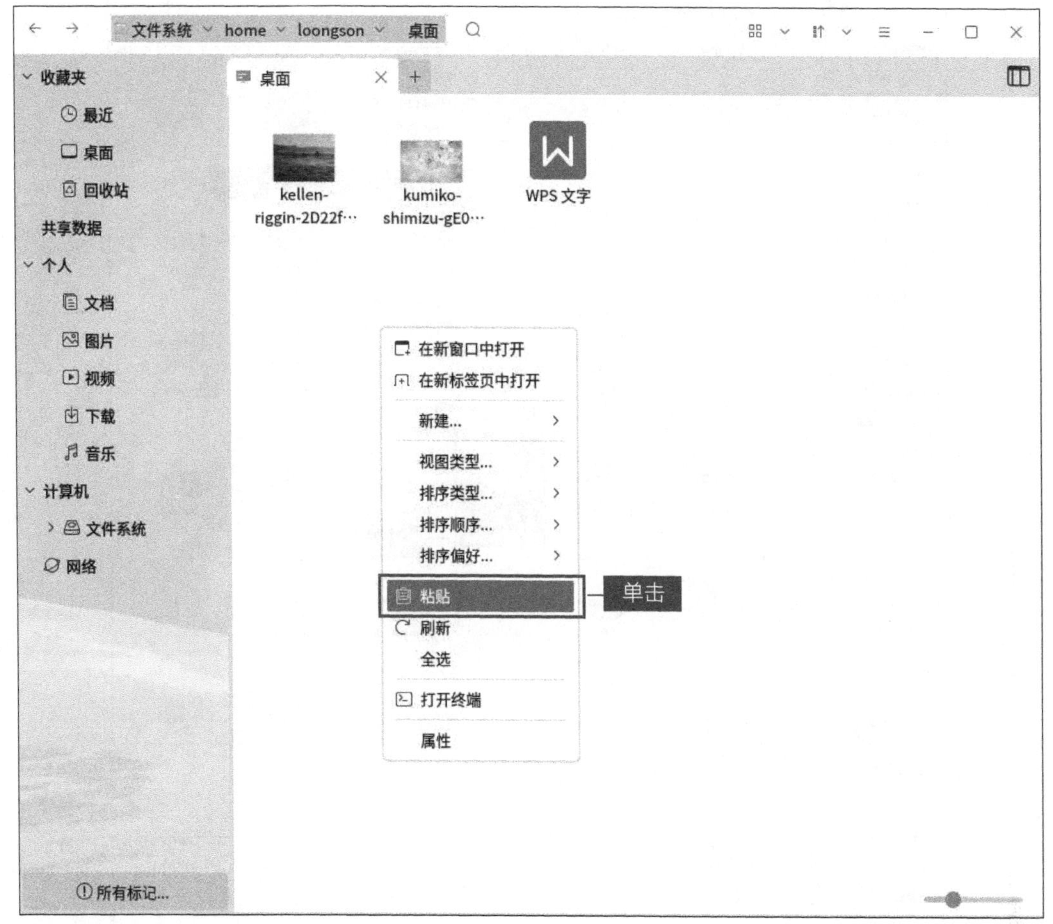

图 2-109

方法三：组合键复制。

选中要复制的文件或文件夹，按“Ctrl+C”组合键，选择目标存储位置，按“Ctrl+V”组合键即可完成复制。

3. 移动文件或文件夹

在工作中或学习的过程中，有时需要传输文件，这时就需要移动文件或文件夹。主要操作方法有以下 3 种。

方法一：鼠标右键移动。

在需要移动的文件或文件夹上右击，在弹出的快捷菜单中单击“剪切”命令，选择目标存储位置，右击，在弹出的快捷菜单中单击“粘贴”命令，如图 2-110 和图 2-111 所示。

方法二：组合键移动。

选中要移动的文件或文件夹，按“Ctrl+X”组合键，选择目标存储位置，按“Ctrl+V”组合键即可完成移动。

文件系统
home
loongson
收藏夹
最近
桌面
回收站
共享数据
个人
文档
图片
视频
下载
音乐
计算机
文件系统
网络
添加到收藏夹
打开
在新窗口中打开
在新标签页中打开
复制
剪切
删除到回收站
重命名
反选
发送到移动设备
打开终端
发送到桌面快捷方式
发送快捷方式到...
压缩...
添加标记...
属性
②单击
①右击
公共的
模板
文档
下载
音乐
桌面
.dbus
.fltk
.gnupg
.kingsoft
.presage
.sogouinput
.ssr
ReceivedFiles
youth
.bash_history
.bash_logout
.bashrc
.dmrc
.face
.imwheelrc
.lmmsrc.xml
.profile
.ukui-screensaver…
所有标记...
选中1个, youth

图 2-110

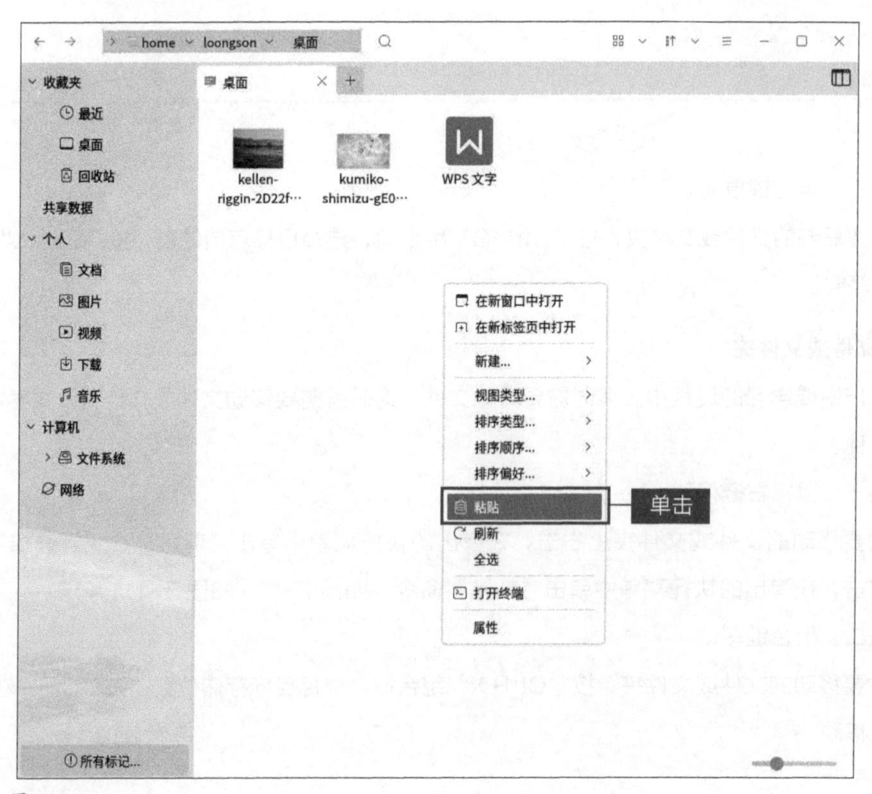
home
loongson
桌面
收藏夹
最近
桌面
回收站
共享数据
个人
文档
图片
视频
下载
音乐
计算机
文件系统
网络
kellen-riggin-2D22f…
kumiko-shimizu-gE0…
WPS 文字
在新窗口中打开
在新标签页中打开
新建...
视图类型...
排序类型...
排序顺序...
排序偏好...
粘贴
刷新
全选
打开终端
属性
单击
所有标记...

图 2-111

方法三："Shift"键移动

选择要复制的文件或文件夹，如图 2-112 所示，按住"Shift"键的同时将其拖曳到目标存储位置，然后松手完成操作，如图 2-113 所示。

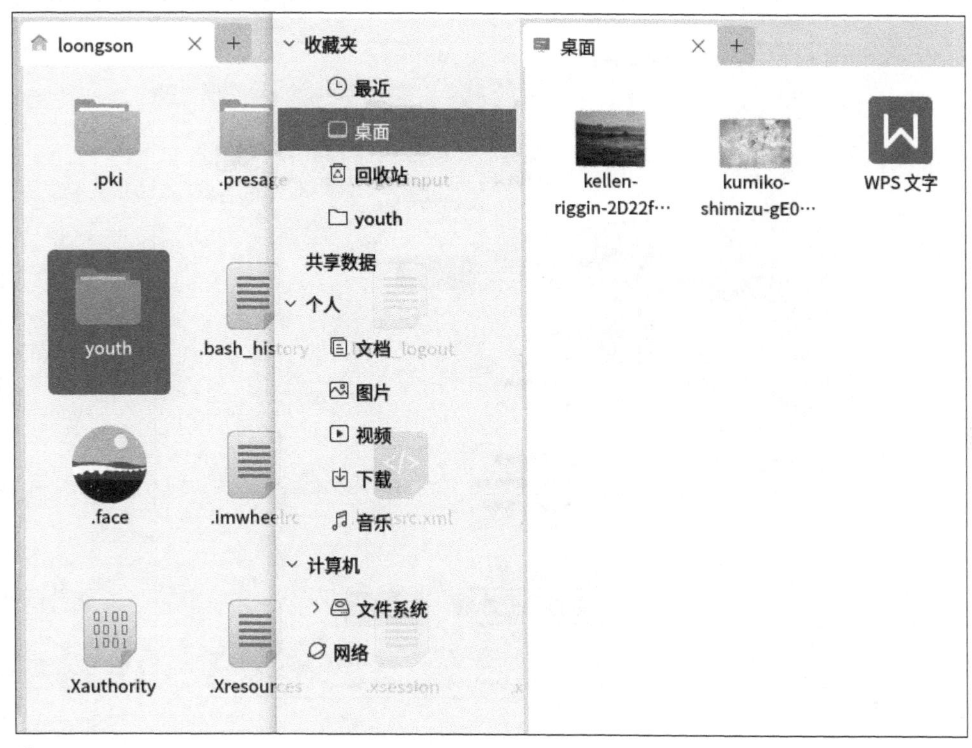

图 2-112

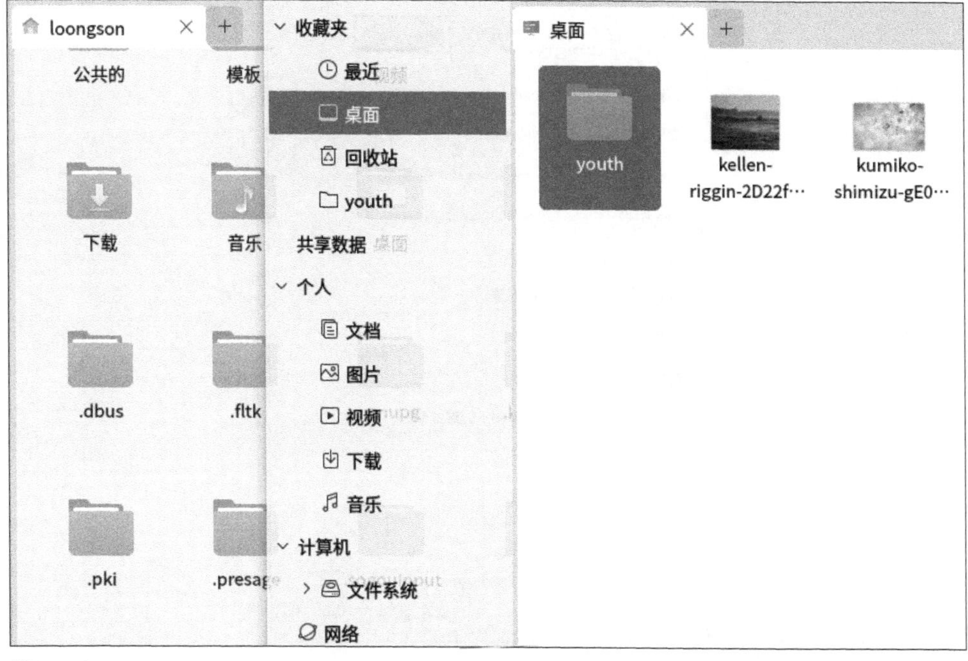

图 2-113

2.6.2　查看文件属性

选中要查看属性的文件或文件夹，使用鼠标右击所选对象，在弹出的快捷菜单中单击“属性”命令，在弹出的对话框中可以查看文件的名称、类型、大小、路径等属性，如图 2-114 和图 2-115 所示。

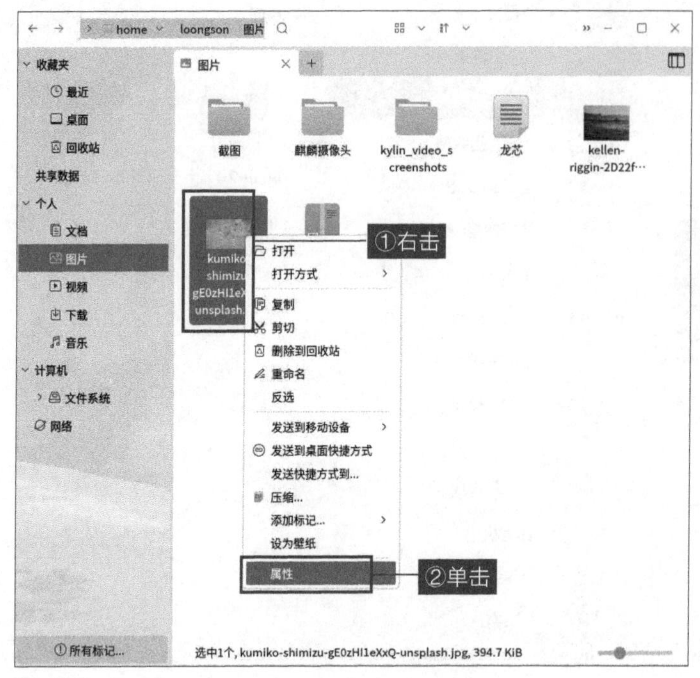

图 2-114

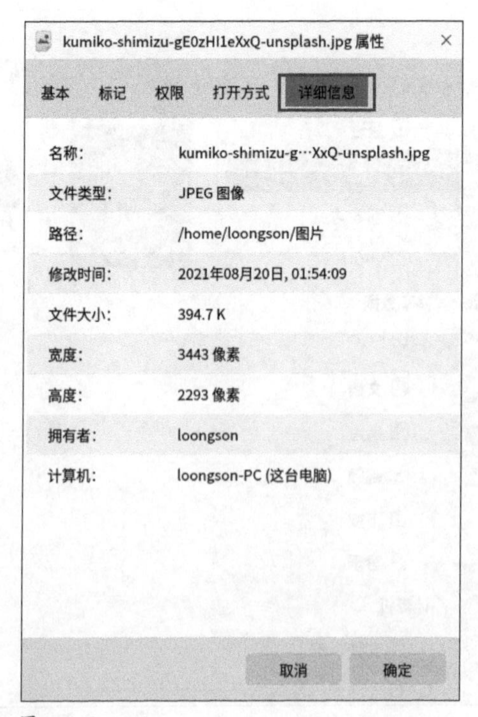

图 2-115

2.6.3 删除文件及回收站

在使用计算机时，用户有时需要保存大量的文件。但是磁盘空间有限，保存过多、过大的文件会让计算机的运行速度变慢，因此适当地删除一些不需要的文件就显得尤为重要。用户删除的文件或程序，一般都会出现在回收站，回收站的好处在于万一误删文件或程序，可以将其恢复，这让系统的管理和维护更加简单方便。

1. 删除文件

当文件使用完毕后，可以选择删除文件，防止文件信息泄露，同时也可以节省磁盘空间。

删除文件的方法有很多，主要有以下 3 种，用户可以根据需要选择合适的方法。

方法一：鼠标右键删除。

选中需要删除的文件，右击，在弹出的快捷菜单中单击“删除到回收站”命令，在弹出的对话框中单击“是”按钮，如图 2-116 和图 2-117 所示。

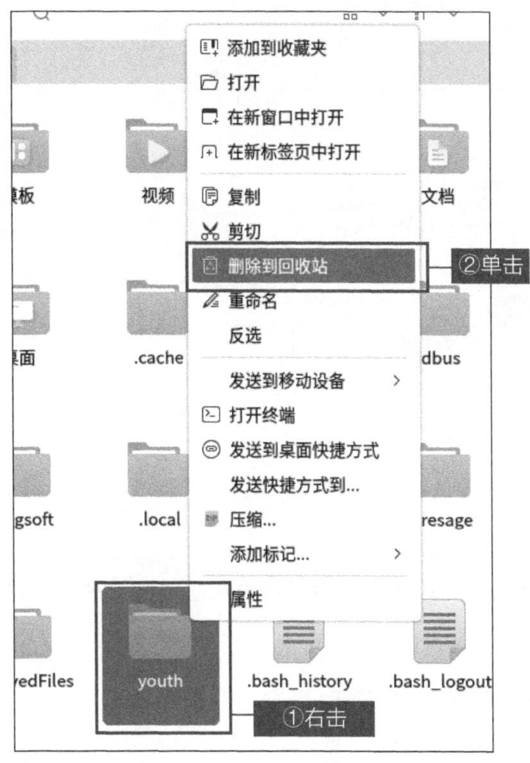

图 2-116

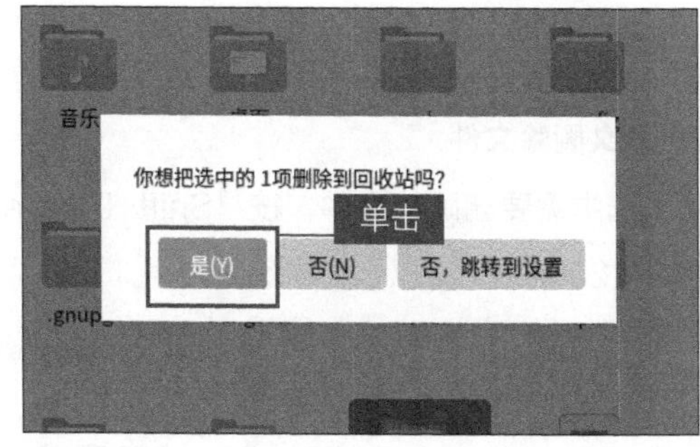

图 2-117

方法二：拖曳至回收站删除。

选中需要删除的文件，直接用鼠标按住将其拖曳至回收站，在弹出的对话框中单击“是”按钮，如图 2-118 和图 2-119 所示。

方法三：“Delete”键删除。

选中需要删除的文件，按“Delete”键，在弹出的对话框中单击“是”按钮。

图 2-118

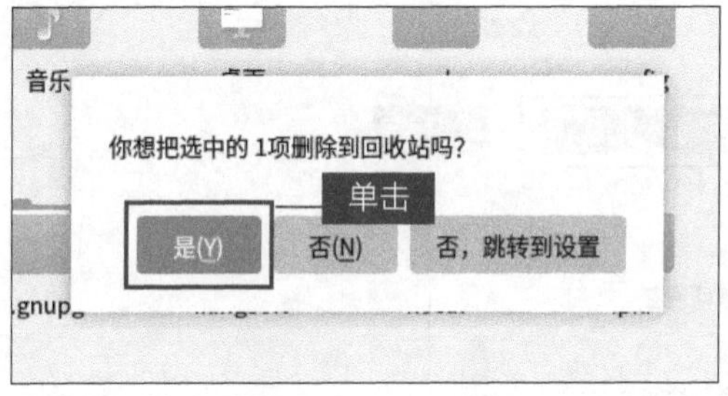

图 2-119

2．永久删除文件

选中需要删除的文件，按“Shift+Delete”组合键，在弹出的对话框中单击“是”按钮，如图 2-120 所示，可以永久删除该文件。

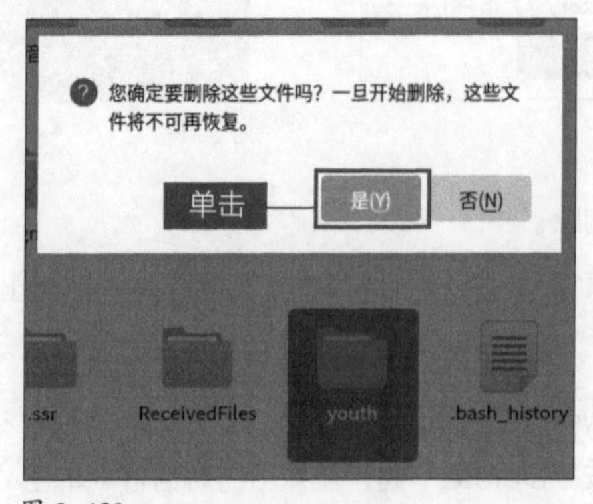

图 2-120

3. 回收站

回收站具有多项功能，用户可以在其中更改文件的预览方式、按照关键词搜索并删除文件、清空回收站等。

案例 将删除文件恢复

01. 双击打开“回收站”，可以看到所有删除文件，单击工具栏中的排列方式图标，单击“修改日期”，让删除文件按修改日期排序，如图 2-121 和图 2-122 所示。

02. 单击“修改日期”选项后，最近删除的文件会显示在最前面，选中需要恢复的文件，如选中“图片”，右击，在弹出的快捷菜单里单击“还原”命令，如图 2-123 所示。

图 2-121

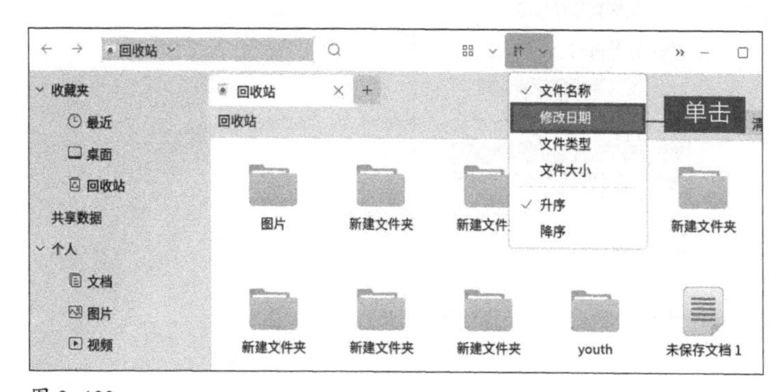

图 2-122

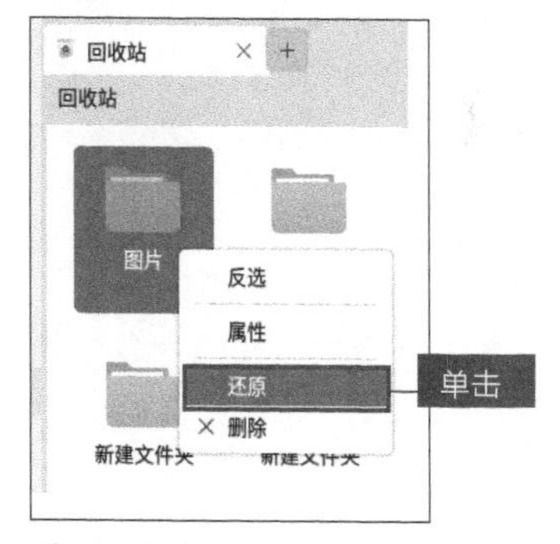

图 2-123

03. 回到删除文件时的原路径，可以查看从回收站恢复的文件，如图 2-124 所示。

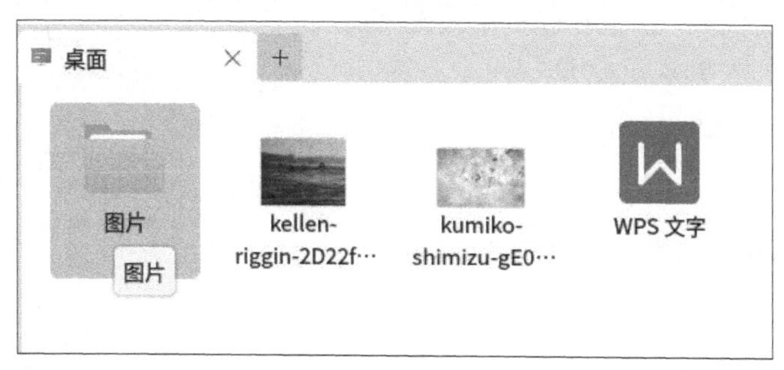

图 2-124

2.6.4　压缩和解压缩文件

银河麒麟操作系统提供了压缩文件的功能，用户可以在不安装专门的压缩软件的情况下压缩和解压缩文件。

1. 压缩文件

在需要压缩的文件或文件夹上右击，在弹出的快捷菜单中单击“压缩”命令，在“压缩”对话框中输入文件名（若需修改），选择压缩包格式及保存位置，单击“创建”按钮，如图 2-125 和图 2-126 所示。

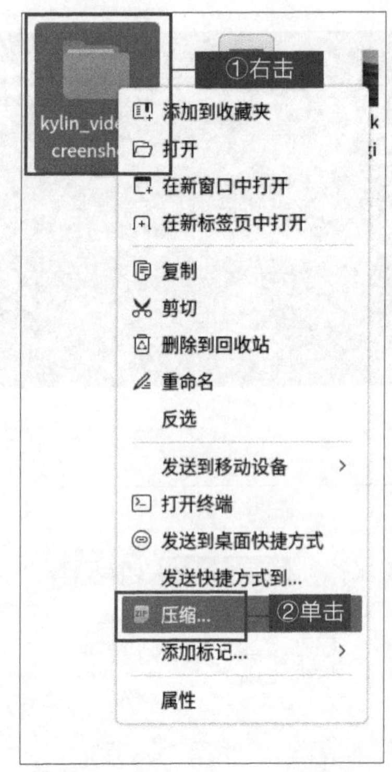

图 2-125

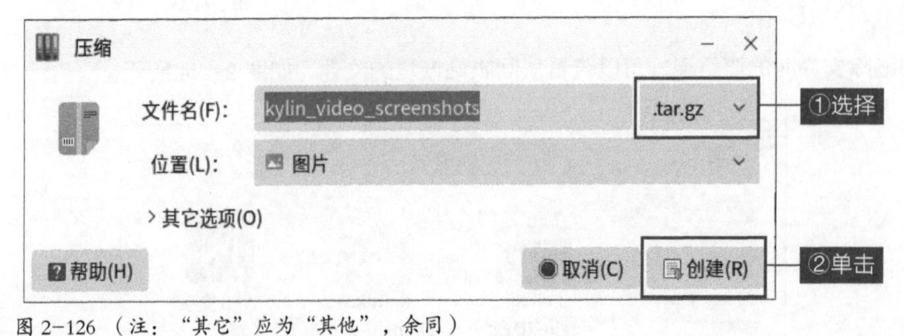

图 2-126（注：“其它”应为“其他”，余同）

2. 解压缩文件

在需要解压缩的文件或文件夹上右击，在弹出的快捷菜单中单击“解压缩到”命令，如

图 2-127 所示。在弹出的“解压缩”窗口中选择解压位置，单击“解压缩”按钮，系统会自动解压缩文件，解压缩文件的名称与所压缩文件的名称相同，如图 2-128 和图 2-129 所示。

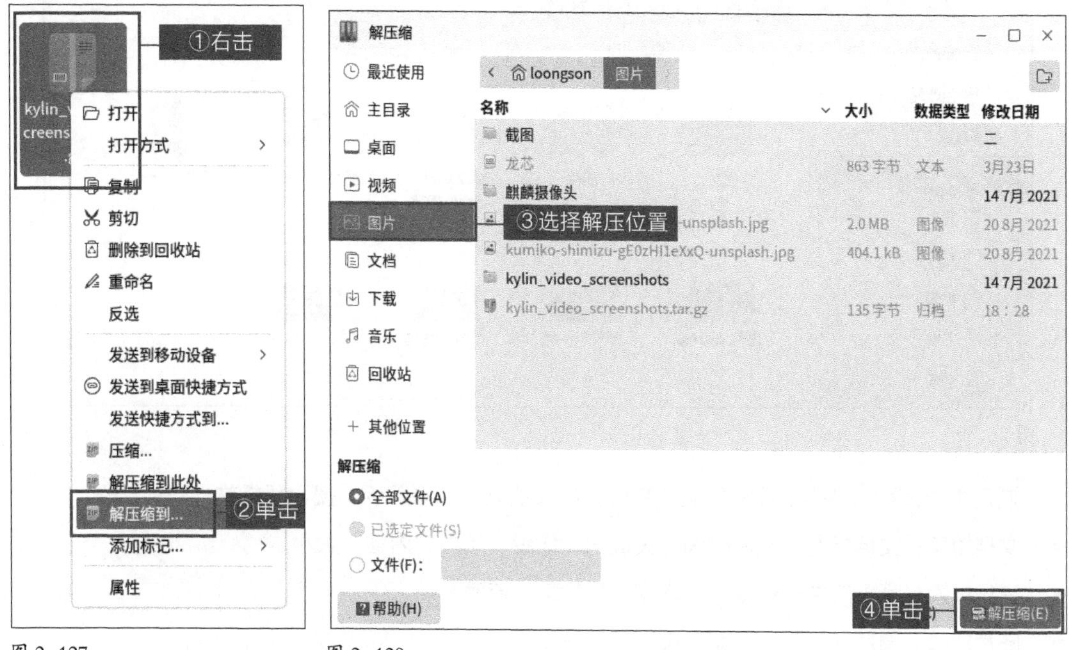

图 2-127　　图 2-128

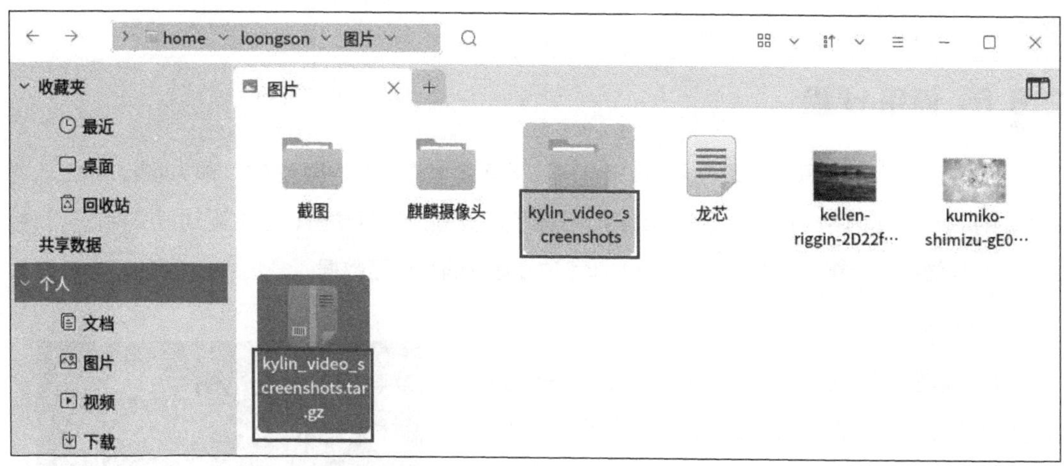

图 2-129

2.6.5 查找文件

当计算机硬盘里的文件存放得非常乱，或者忘记想要的文件的存储位置时，用户想要找到自己需要的文件十分困难，这时需要掌握查找文件的方法。

在“开始菜单”中单击“文件管理器”，在打开后的界面中找到工具栏，输入需要查找的文件的关键词并搜索，如图 2-130 所示。

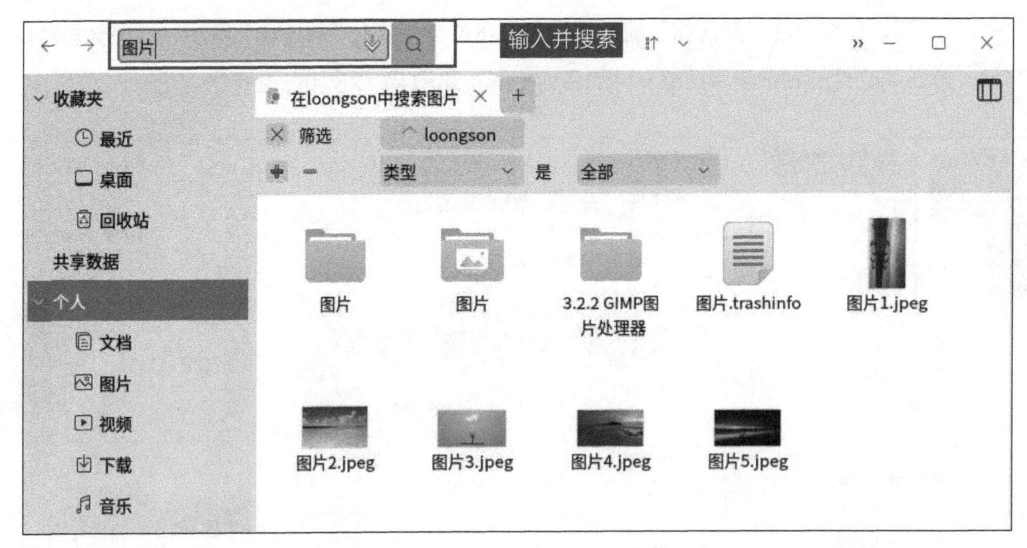

图 2-130

利用关键词可以精确地搜索到某个文件，建议从以下元素入手，搜索所需文件。

- 文档搜索：文档标题、创建时间、关键词、作者、摘要、内容、大小。
- 音乐搜索：音乐文件的标题、艺术家、唱片集、流派。
- 图片搜索：图片的标题、日期、类型、备注。

因此，在创建文件或文件夹时，用户应尽可能完善文件或文件夹属性相关的信息，方便日后查找。

2.6.6 使用 U 盘

U 盘就是闪存盘，是一种采用 USB 接口的不需要物理驱动器的微型高容量移动存储产品，它采用的存储介质是闪存（Flash Memory）。U 盘不需要额外的驱动器，它将驱动器及存储介质合二为一，只要接入计算机上的 USB 接口，即可独立地存储和读写数据。

1. 插入 U 盘

将 U 盘插入计算机后，屏幕右下角会弹出一个窗口，任务栏也会显示出 U 盘图标，如图 2-131 所示。用户可以单击弹窗中的 U 盘名称直接打开 U 盘；也可以打开文件管理器，在侧边栏中选择插入的 U 盘，如图 2-132 所示。

图 2-131

案例　将计算机里的图片复制至 U 盘

01. 将 U 盘插入计算机 USB 接口，计算机识别后，打开文件管理器，找到需要复制的图片，如图 2-133 所示。

02. 选中需要复制的两张图片，右击，在弹出的快捷菜单中单击“复制”命令，如图 2-134 所示。

03. 找到图片在 U 盘中存放的路径，在空白区域右击，在弹出的快捷菜单中单击“粘贴”命令，完成操作，如图 2-135 和图 2-136 所示，完成后单击“关闭”按钮。

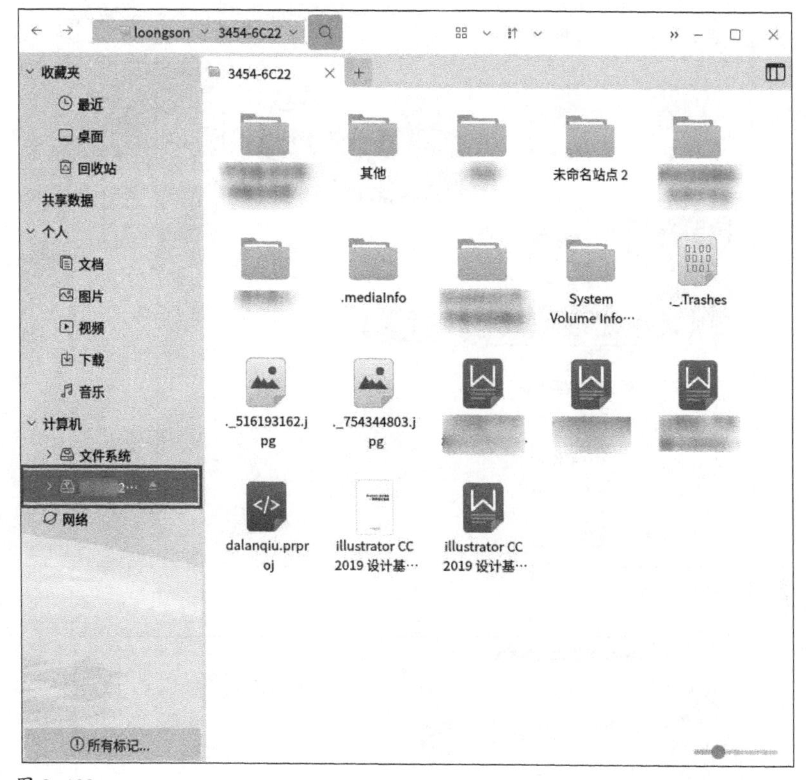
loongson
3454-6C22
收藏夹
最近
桌面
回收站
共享数据
个人
文档
图片
视频
下载
音乐
计算机
文件系统
网络
所有标记...
其他
未命名站点 2
.mediaInfo
System Volume Info…
._Trashes
._516193162.jpg
._754344803.jpg
dalanqiu.prproj
illustrator CC 2019 设计基…
illustrator CC 2019 设计基…

图 2-132

home
loongson
图片
收藏夹
最近
桌面
回收站
共享数据
个人
文档
图片
视频
下载
音乐
计算机
文件系统
网络
所有标记...
截图
麒麟摄像头
kylin_video_screenshots
龙芯
kellen-riggin-2D22f…
kumiko-shimizu-gE0…
kylin_video_screenshots.t…

图 2-133

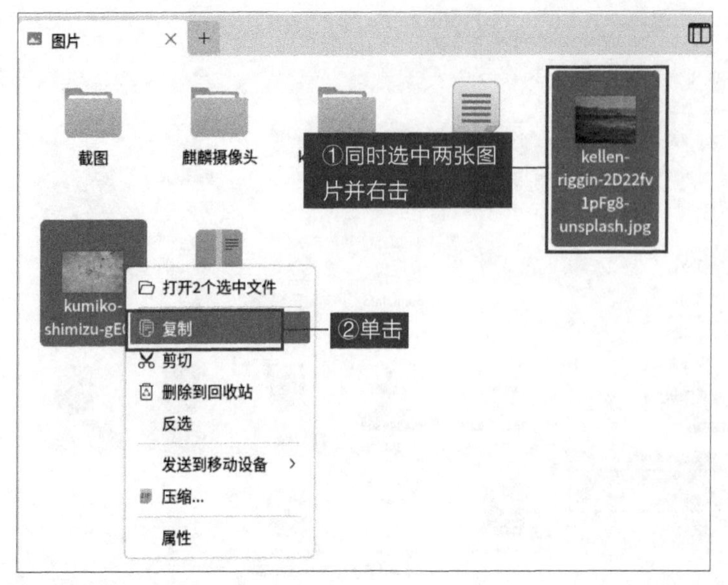

图 2-134

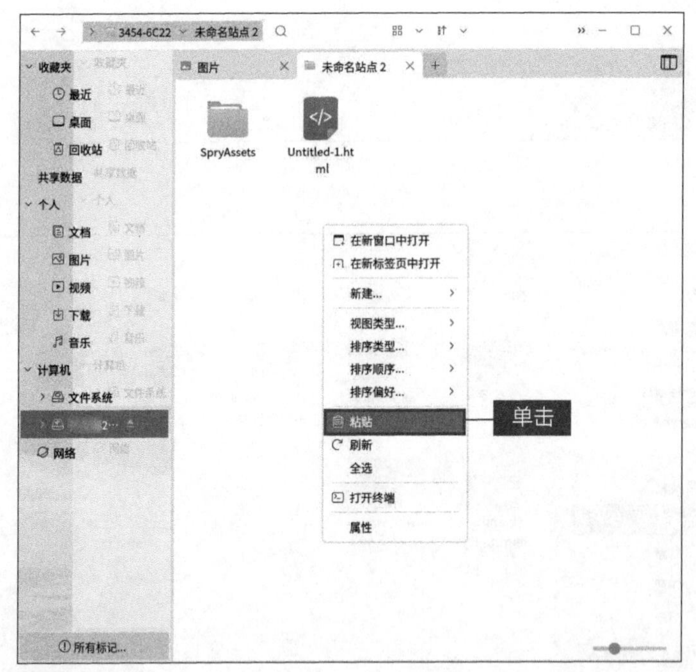

图 2-135

图 2-136

2. 弹出 U 盘

U 盘使用完毕后，选中 U 盘，右击，单击“弹出”命令，接着拔出 U 盘，如图 2-137 所示。

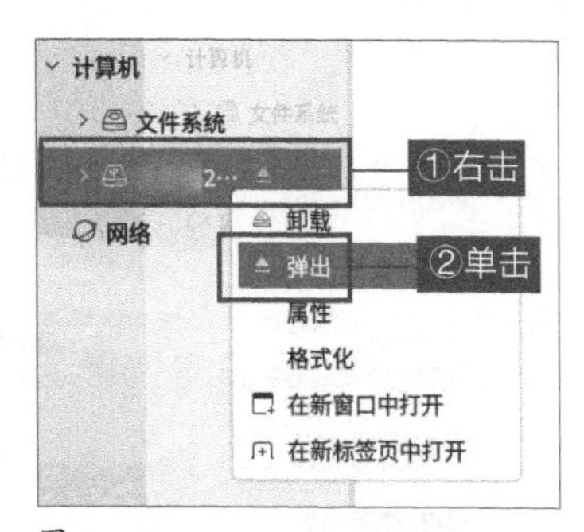

图 2-137

> **注意：**
>
> U 盘使用完毕后，如果不单击“弹出”命令直接拔出 U 盘，可能会导致后台正在运行的数据丢失或损坏。U 盘插入计算机后，一直有电流在进行工作，部分质量不好的 U 盘在直接拔出的时候，电流会冲击 U 盘，这也会对 U 盘造成损伤。

2.7 网络安全

安全中心是由麒麟团队开发的一款系统安全管理程序，其首页包含账户安全、安全体检、网络保护、应用控制与保护等安全配置模块，系统默认安装。

2.7.1 账户安全

在“开始菜单”中找到“安全中心”，单击打开，如图 2-138 和图 2-139 所示。

图 2-138

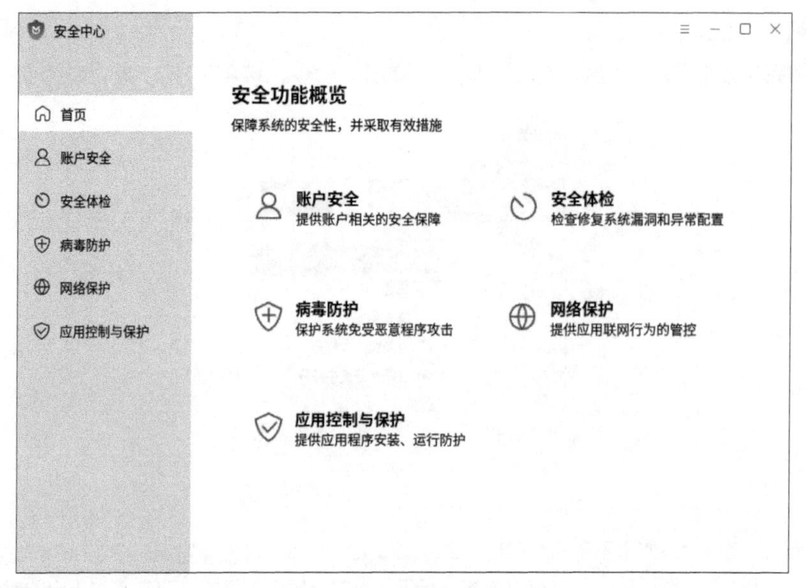

图 2-139

账户安全提供系统账户密码安全检查策略配置、账户锁定及登录信息显示配置功能。其中“自定义”选择可以激活“密码强度设置”页面。

单击首页“账户安全”，或左侧列表中“账户安全”标签，进入账户安全界面，如图 2-140 所示。

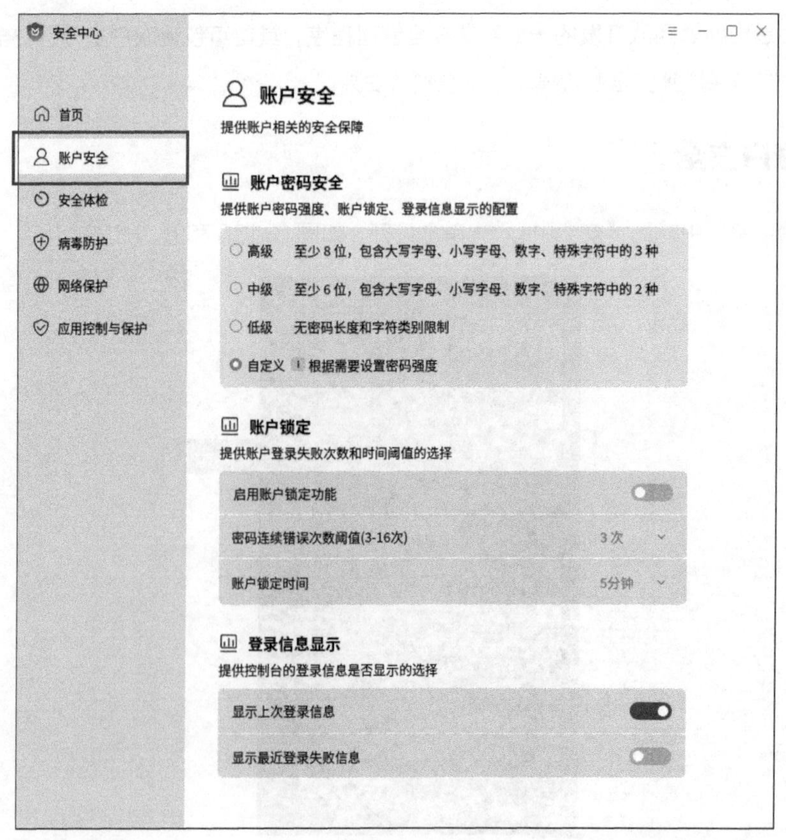

图 2-140

1. 账户密码安全

密码强度分为高级、中级、低级、自定义 4 种模式。

- 高级：至少 8 位，包含大写字母、小写字母、数字、特殊字符中的 3 种。
- 中级：至少 6 位，包含大写字母、小写字母、数字、特殊字符中的 2 种。
- 低级：不对账户密码进行限制。
- 自定义：根据需求自定义相应的密码强度策略，如图 2-141 所示。若设置的策略与高级、中级或低级相同，再次打开账户安全时，将自动切换到对应模式。

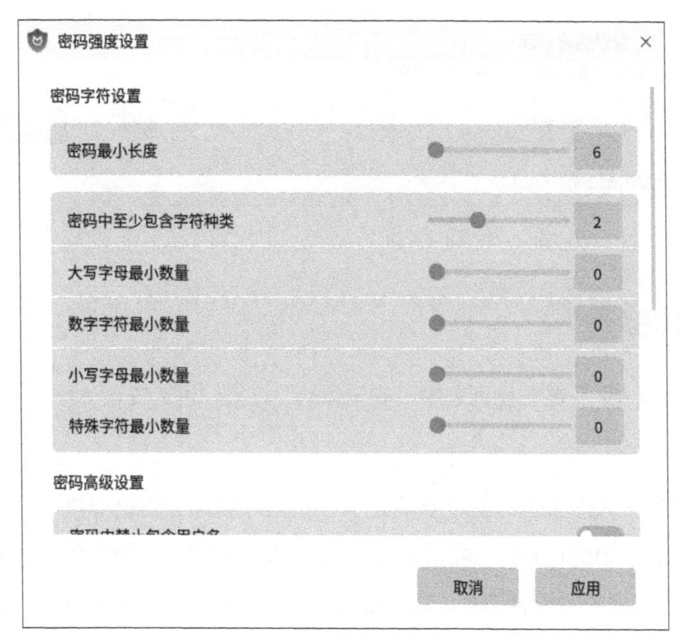

图 2-141

自定义密码强度设置界面中，提供以下 3 个维度的设置。

（1）提供密码字符设置，包括密码长度、字符种类和字符最小数量的设置，若用户配置内容与自定义密码设置出现冲突时，会给出相应提示。

（2）提供密码高级设置，包括密码中禁止包含用户名、启用回文检查、启用相似性检查、启用密码字典和密码有效期的设置。

（3）提供密码连续字符控制，包括同一字符连续出现最大次数、同类型字符序列连续出现最大次数和同类型字符连续出现最大次数的设置。

2. 账户锁定

账户锁定设置功能中，用户可以配置是否启用账户锁定功能。启用后，用户可以设置密码连续错误次数阈值与账户锁定时间，如图 2-142 所示。

3. 登录信息显示

登录信息显示设置仅对控制台有效，可以单击右侧开关按钮，设置是否显示上次登录信息和最近登录失败信息，如图 2-143 所示。

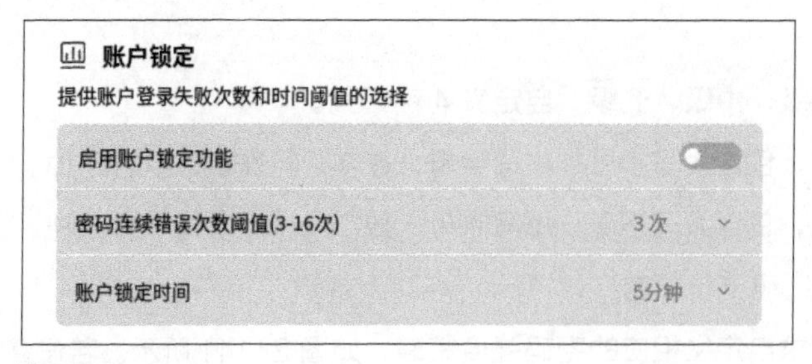

图 2-142

图 2-143

2.7.2 安全体检

单击首页“安全体检”，或左侧列表中“安全体检”标签，进入安全体检界面。

1. 安全体检

安全体检是对系统进行加固的重要手段之一，包含基线项（安全标准）和 CVE（Common Vulnerabilities and Exposures）漏洞的扫描修复功能。每次体检前都能对上一次的体检情况进行查看，集中展示一些相关的重要信息，如扫描项目、扫描耗时、发现和修复风险项、修复失败项以及体检日期，如图 2-144 所示。如果系统扫描出 CVE 漏洞，则无法取消勾选，必须一键修复，否则将影响系统安全。

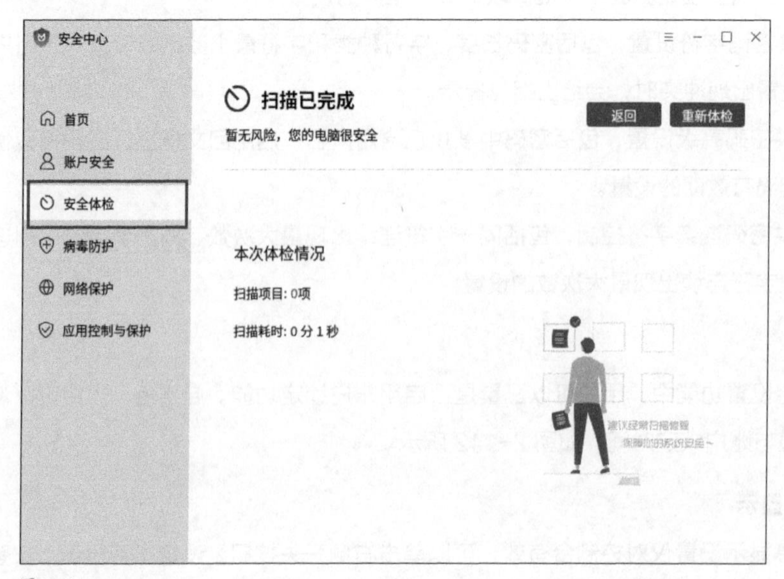

图 2-144

如果系统扫描无问题，如图 2-145 所示，可以查看本次体检情况。

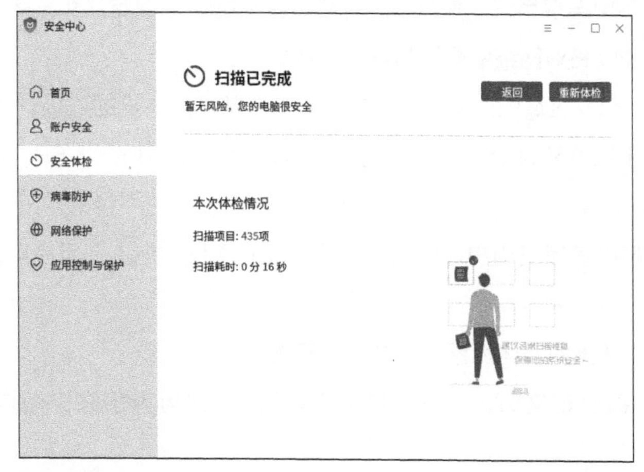

图 2-145

2. 修复示意

打开“体检情况”弹窗，若包括“无风险”“未修复”“修复成功”“修复失败”的扫描项将全部列举。修复失败的 CVE 漏洞将有失败原因提示，包括“网络异常”“下载失败”“安装失败”。

2.7.3 网络保护

单击首页“网络保护”，或左侧列表中“网络保护”标签，进入网络保护界面。安全中心提供默认的网络防护策略和应用联网管控功能，来维护网络环境安全，如图 2-146 所示。

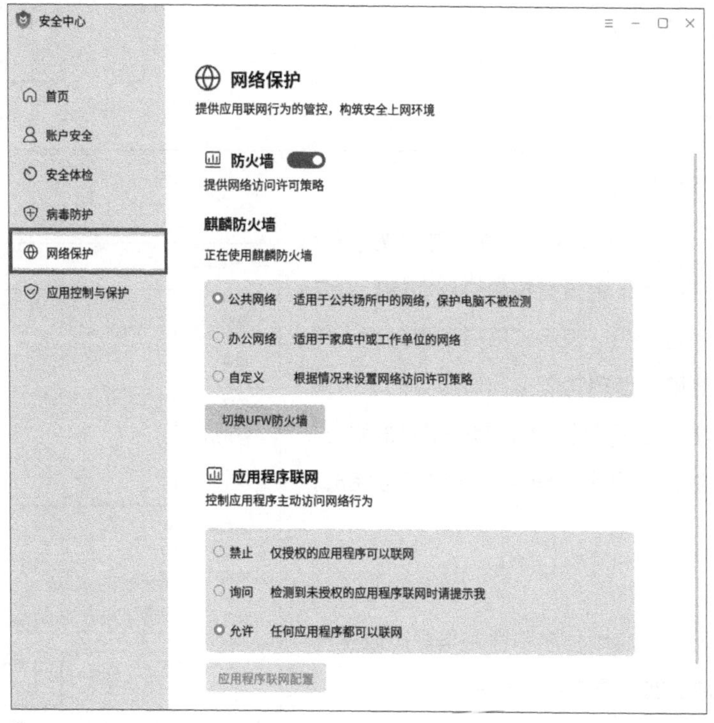

图 2-146

1. 防火墙

防火墙防护外界应用连接系统，提供公共网络、办公网络、自定义和关闭 4 种策略。默认使用麒麟防火墙。上述 4 种策略对网络的限制与默认状态如下。

- 公共网络：适用于公共区域的网络配置，拒绝所有外部发向本机的连接。
- 办公网络：适用于家庭和办公工作区的网络配置；除 ssh、dhcp v6-client、icmp 之外，拒绝所有外部发向本机的连接。
- 自定义：适用于高级管理员用户；拒绝所有外部发向本机的连接，用户可根据需要自己添加需要放行的服务、端口、协议等。
- 关闭：适用于可靠环境的网络配置，允许所有网络连接。

当防火墙状态选择自定义时，单击“自定义配置”，即可弹出防火墙自定义设置界面，如图 2-147 所示。

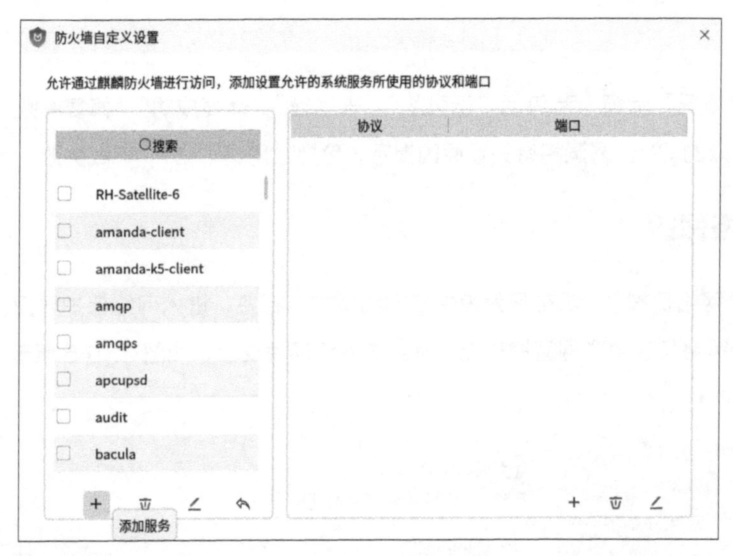

图 2-147

左侧服务列表显示当前系统配置的防火墙服务；右侧列表显示当前服务下配置管控的协议和端口。勾选左侧列表的服务选项后，表示该服务配置启用。用户可通过添加、删除、编辑功能按钮对服务列表、端口、协议进行修改。需要新增设置，单击“添加服务”按钮，输入对应数据，单击“确定”按钮即可完成，弹窗如图 2-148 所示。

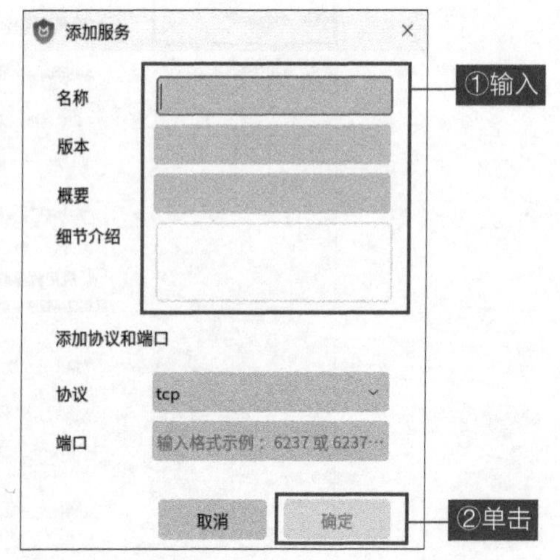

图 2-148

2. 应用程序联网

应用程序联网控制应用程序和服务是否可以主动联网，有以下 3 种状态供操作用户选择。

- 禁止：禁止未授权应用程序和服务联网。

- 询问：若应用程序已添加至管控列表，将根据应用程序所配置的网络访问策略进行管控；若应用程序未添加至管控列表，将显示认证对话框，由用户选择应用程序是否可以联网。
- 关闭：关闭应用程序联网控制功能，所有应用程序和服务均能主动联网。

上述 3 种状态中，禁止状态和询问状态可触发“应用程序联网配置”按钮，单击此按钮，可进入应用程序联网配置自定义界面，如图 2-149 所示。

图 2-149

用户可以在应用程序联网配置自定义界面内选中列表中的应用后，通过下拉列表框选择应用的联网策略。

2.7.4 应用控制与保护

单击首页“应用控制与保护”，或左侧列表中“应用控制与保护”标签，进入应用控制与保护界面，如图 2-150 所示。

应用控制与保护提供应用程序执行控制运行模式设置、系统白名单、进程保护、内核保护等防护机制。

1. 检查应用程序完整性

麒麟安全机制检查应用程序的完整性，保护系统运行环境的完整性。应用程序完整性检查有以下 3 种状态。

- 阻止：未认证或完整性被破坏的应用程序将不能被执行。
- 警告：由用户来选择是否执行未认证或完整性被破坏的应用程序。
- 关闭：不进行检查，所有应用程序均可执行。

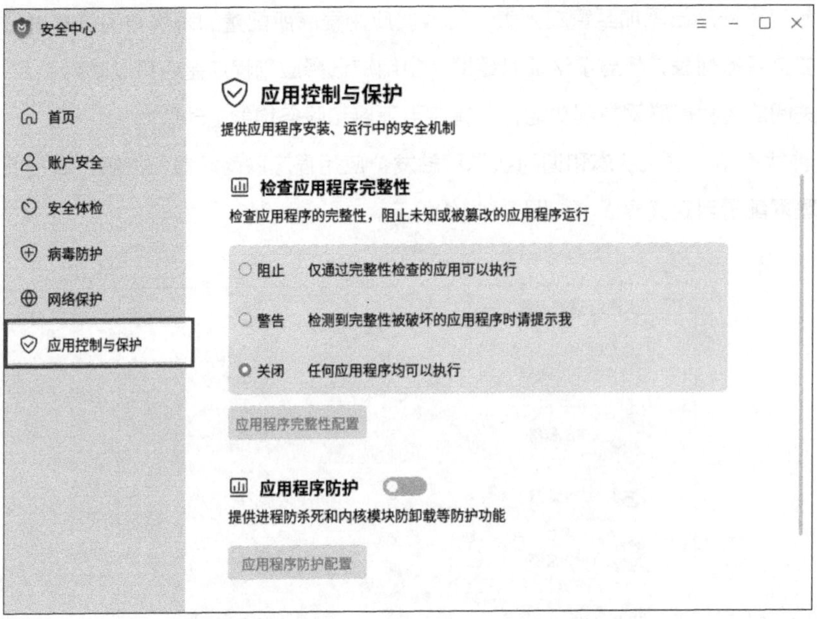

图 2-150

其中阻止状态和警告状态可触发“应用程序完整性配置”按钮，单击此按钮，进入应用程序完整性配置界面，管理添加到列表的应用程序，若其完整性被破坏则不允许直接运行、加载，如图 2-151 所示。

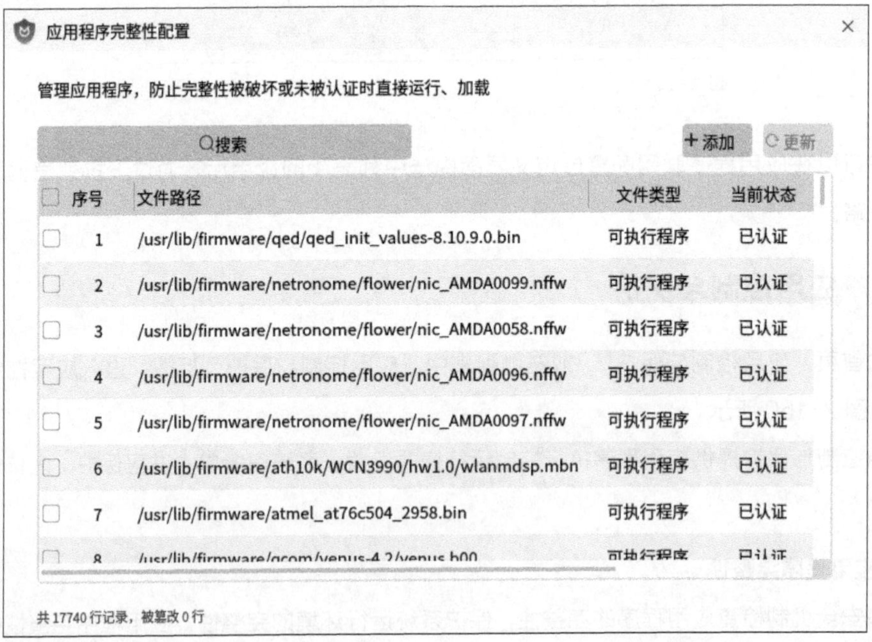

图 2-151

2. 应用程序防护

应用程序防护提供进程防杀死和内核模块防卸载等应用程序防护机制。

（1）进程防杀死机制：当把应用程序添加到“进程防杀死”列表，系统将禁止该程序进程被杀死。

当发现列表中某个进程退出状态异常或该进程主动退出时，即触发进程防杀死机制，从而达到系统对该程序进程的状态监控目的，并对其进行防杀死保护在弹出的“应用程序防护”中单击“添加”，在“选择需要保护的应用程序”对话框中选中需要防杀死保护的应用程序，单击“打开”按钮，即可完成对该应用程序的防杀死保护，如图 2-152 和图 2-153 所示。

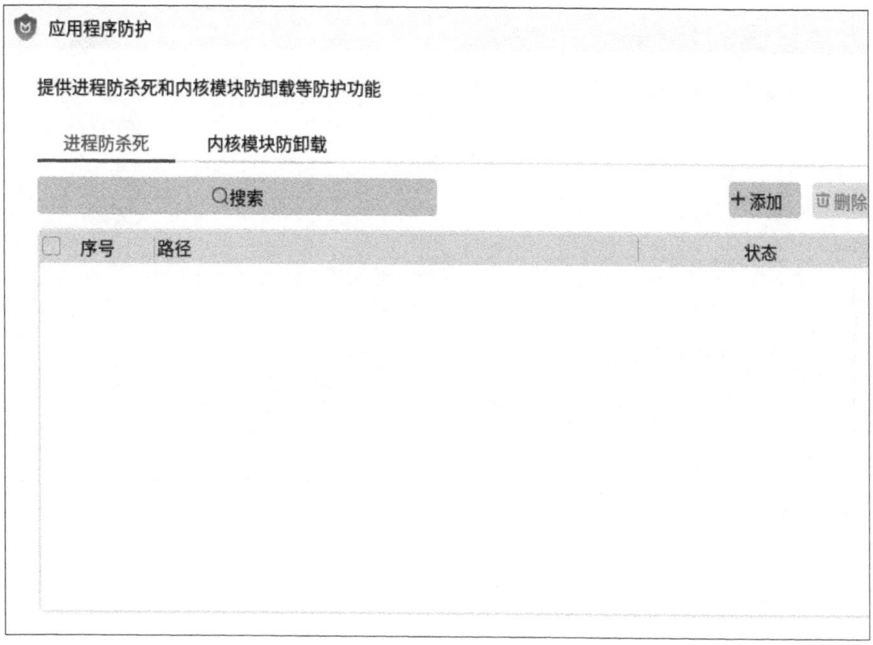

图 2-152

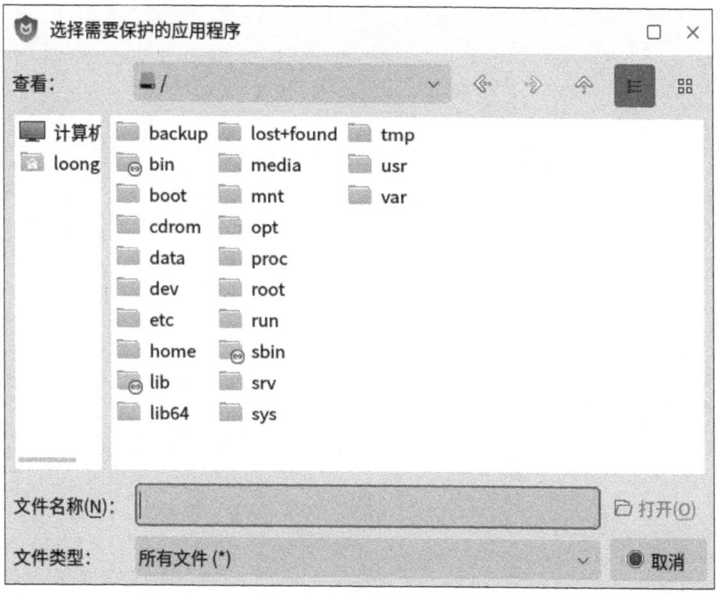

图 2-153

（2）内核模块防卸载机制：提供内核模块的文件保护，防止因用户误删除操作导致系统内核模块缺失，系统无法正常运行。用户可在想要进行保护的内核模块名称右侧开启“防卸载”按钮，如图 2-154 所示。

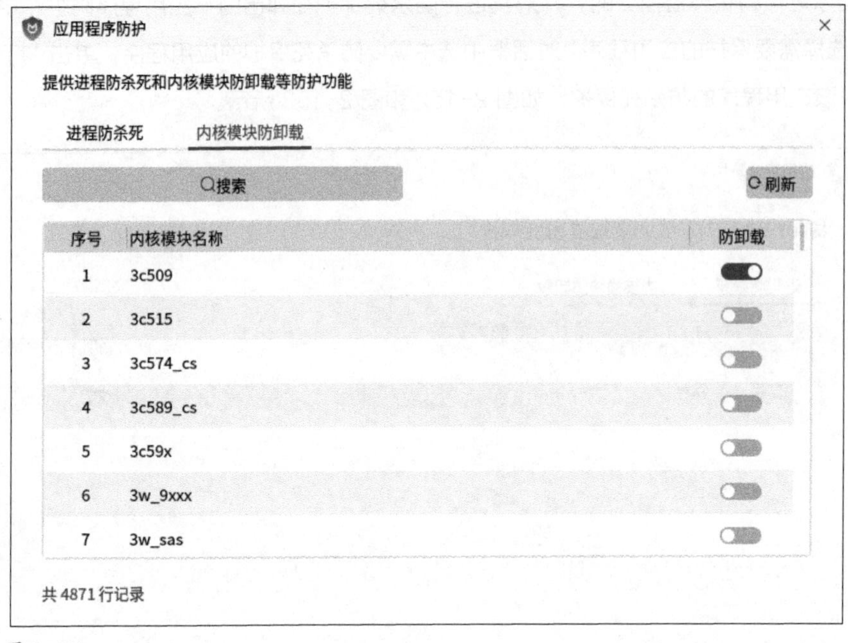

图 2-154

第03章

实用软件和工具

龙芯计算机支持很多实用软件和工具，可以满足用户日常的办公和娱乐需求。用户可以根据实际需求，通过系统中的软件商店安装、卸载、更新软件。除此之外，龙芯计算机还支持外围设备，包括打印机和扫描仪，方便用户日常办公。本章主要介绍软件商店、常用软件的基本操作，以及外围设备的连接及使用方法。

3.1 软件商店

在龙芯计算机的软件商店中，用户可以获取并安装软件，如 GIMP 图像处理工具、传书、影音、生物特征管理工具等，不同的软件可以满足用户不同的使用需求，丰富用户的使用体验。本节主要介绍软件商店的启动，以及在软件商店里安装或卸载软件的方法等。

3.1.1 启动软件商店

在“开始菜单”中找到并单击“软件商店”即可启动软件商店。如果找不到软件商店，可以在搜索框中进行搜索，也可以根据软件名称的字母排序或软件的功能分类查找软件，如图 3-1 所示。

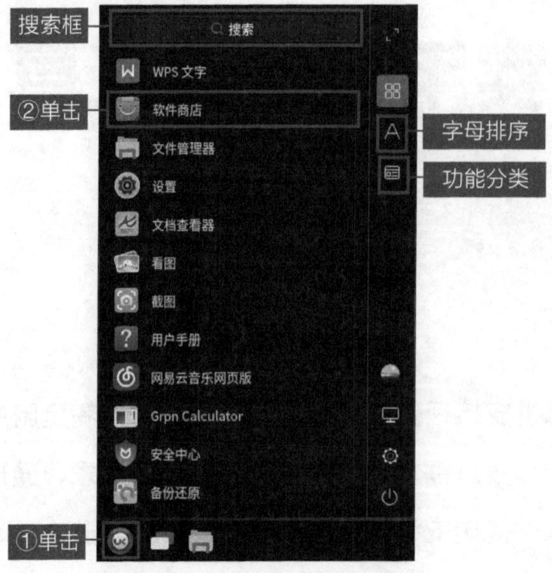

图 3-1

软件商店中包括办公、开发、图像、影音等多种类型的软件，启动后默认显示“精品”列表，如图 3-2 所示。软件商店的使用频率较高，用户通常会将其固定到任务栏。

图 3-2

3.1.2 搜索并安装软件

用户可以通过搜索框根据关键词快速搜索需要的软件，“搜索结果”下方会出现相应的软件列表，可以选择需要的软件进行安装，如图 3-3 所示。如果在软件商店中没有搜索到软件，可以使用 CrossOver 将软件从 Windows 迁移过来，具体操作可联系麒麟软件技术支持人员。

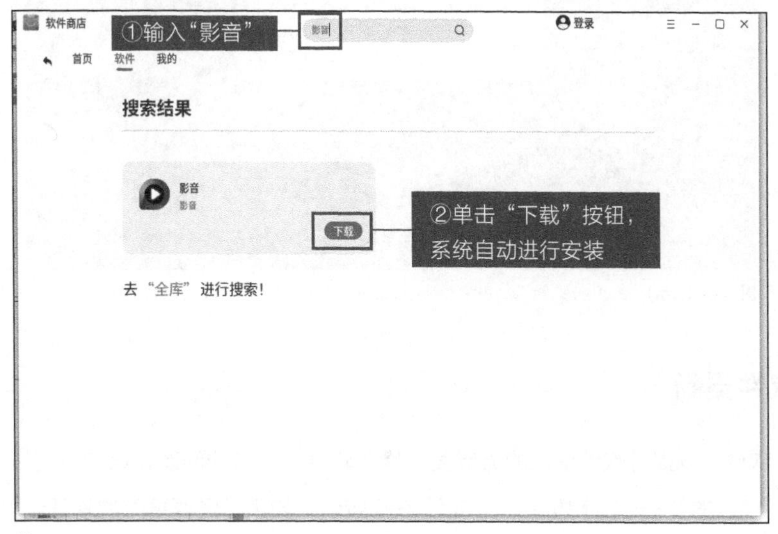

图 3-3

3.1.3 软件卸载

当不需要某个已安装的软件时，单击“软件商店”→“我的”→“应用卸载”，选择需要卸载的软件并单击“卸载”→“确定”，即可将其卸载，节省磁盘空间，如图 3-4 所示。

图 3-4

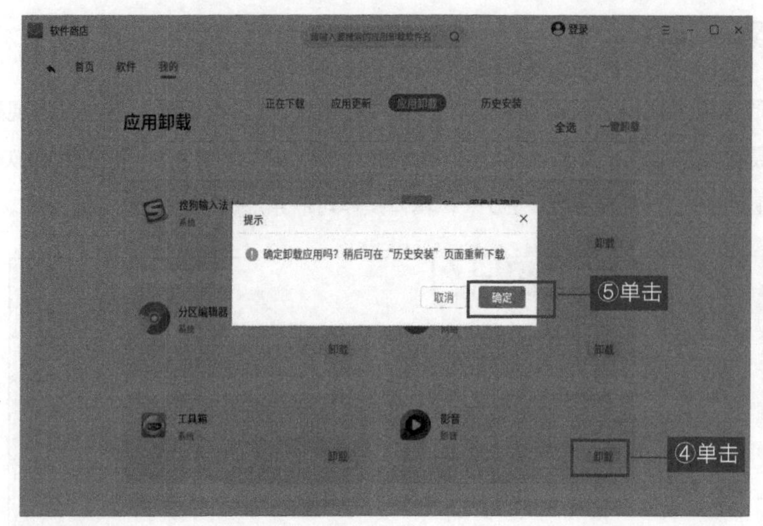

图 3-4（续）

3.1.4　软件更新

及时更新软件可以提升软件使用的流畅度，修正软件里存在的问题，增加一些技术支持。单击"软件商店"→"我的"→"应用更新"，如图 3-5 所示，如果有需要更新的软件会显示在列表里，用户就可以根据提示进行更新。

图 3-5

3.2　应用软件

随着计算机科学技术和多媒体的发展，我们每天都需要使用与工作和生活相关的软件，为了满足用户的使用需求，龙芯计算机提供了多种软件。本节主要介绍看图、GIMP 图像处理工具、音乐、影音、文本编辑器、终端、截图、便签贴和工具箱的基本操作。

3.2.1 看图

看图是一款可以查看和调整图片文件的软件。

1. 打开看图并载入图片

在“开始菜单”中启动看图软件，软件界面如图 3-6 所示，单击“载入图片”按钮，在弹出的“打开图片”窗口中选择要打开的图片文件后，单击“打开”按钮，如图 3-7 所示。

图 3-6

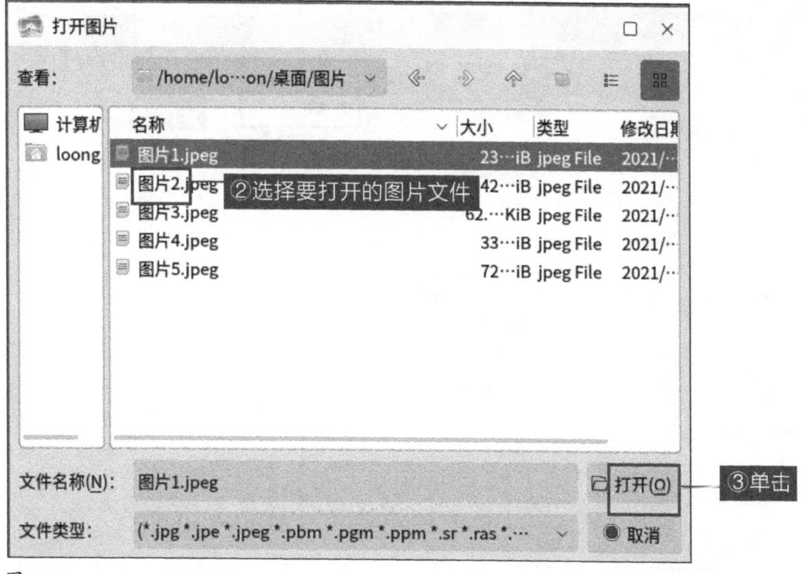

图 3-7

这样图片就载入了看图软件中，如图 3-8 所示。

图 3-8

在要打开的图片文件上右击，单击“打开方式”→“看图”，也可以用看图打开图片文件，如图 3-9 所示。

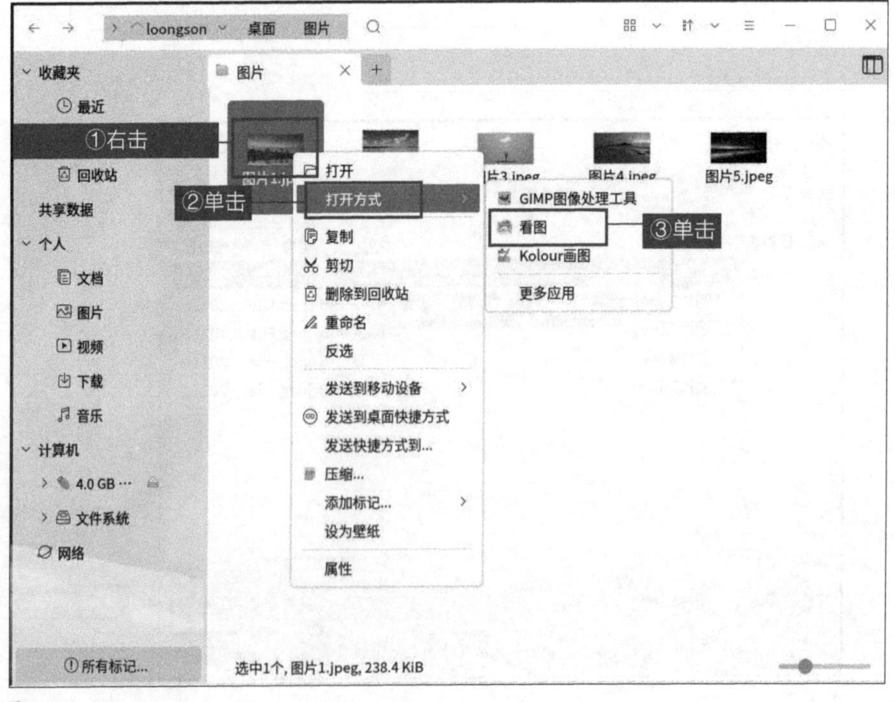

图 3-9

2. 查看和调整图片

在看图中打开图片后，还可以查看同文件夹中的其他图片，看图提供了 2 种查看方法。

方法一：把鼠标指针放到图片上后会出现两个切换按钮，单击按钮可切换图片，如图 3-10 所示。

图 3-10

方法二：调出侧边栏，通过缩略图查看其他图片，如图 3-11 所示。

图 3-11

在查看图片的时候，如果用户想要删除某张图片，可以直接单击菜单栏中的“删除”按钮，如图 3-12 所示，当前图片就会被删除并放入回收站。

图 3-12

看图菜单栏中还有其他按钮，这些按钮可用于对图片进行简单的调整。每个按钮的图标、名称及功能如表 3-1 所示。

表 3-1

按钮图标	按钮名称	功能
⊖ 79% ⊕	显示比例	减号表示缩小，加号表示放大，中间的数字表示显示比例
	最佳匹配	让当前图片的显示比例与窗口大小实现最佳匹配
1:1	正常比例	让当前图片按 100% 的比例显示
	旋转	让当前图片按顺时针旋转 90°
	水平翻转	让当前图片水平翻转
	垂直翻转	让当前图片垂直翻转

3. 查看图片文件属性

在看图中还能查看图片的文件属性，在界面下方单击“文件属性”按钮，界面中弹出图片的详细文件属性，如图 3-13 所示。

图 3-13

3.2.2 GIMP 图像处理器

GIMP 图像处理器支持多种格式的图像处理，功能类似于 Photoshop，既可以进行简单的画图，也可以进行专业的图像处理。

1. 安装 GIMP 图像处理器

用户可以在软件商店中一键下载并安装 GIMP 图像处理器。安装完成后，在“开始菜单”中启动 GIMP 图像处理器，其主界面如图 3-14 所示。

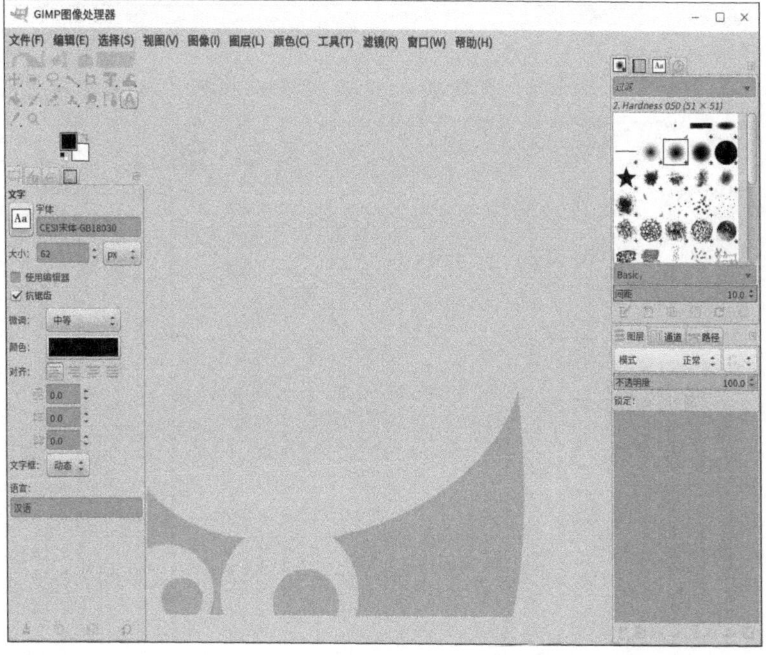

图 3-14

2. 导入图像

在 GIMP 图像处理器主界面上，单击主菜单中的“文件”→“打开”，在弹出的“打开图像”窗口中选择想要打开的图像后单击“打开”按钮，即可导入图像，如图 3-15 和图 3-16 所示。

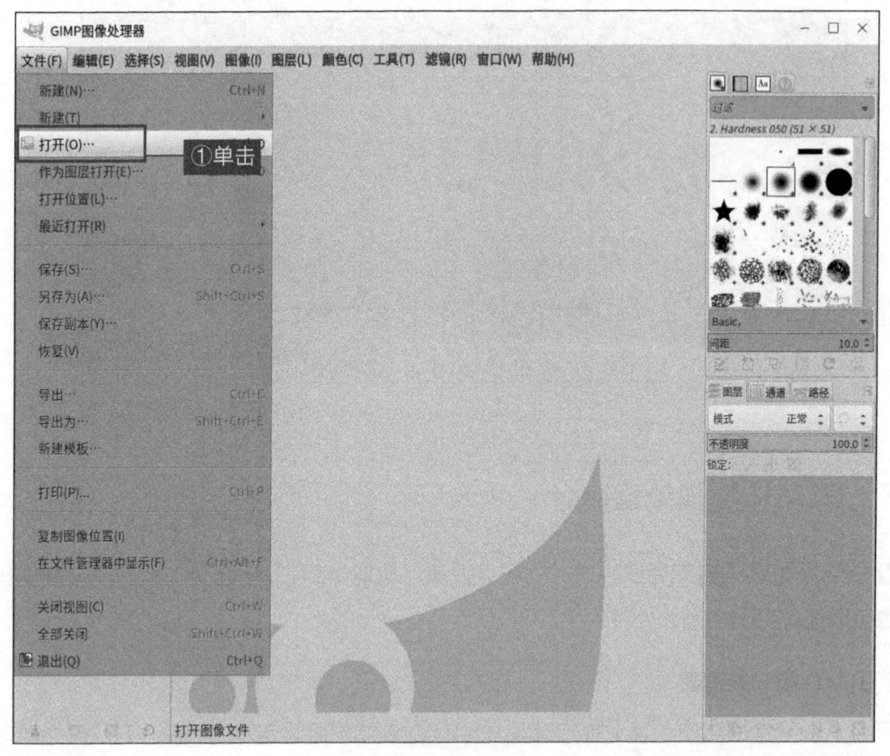

图 3-15

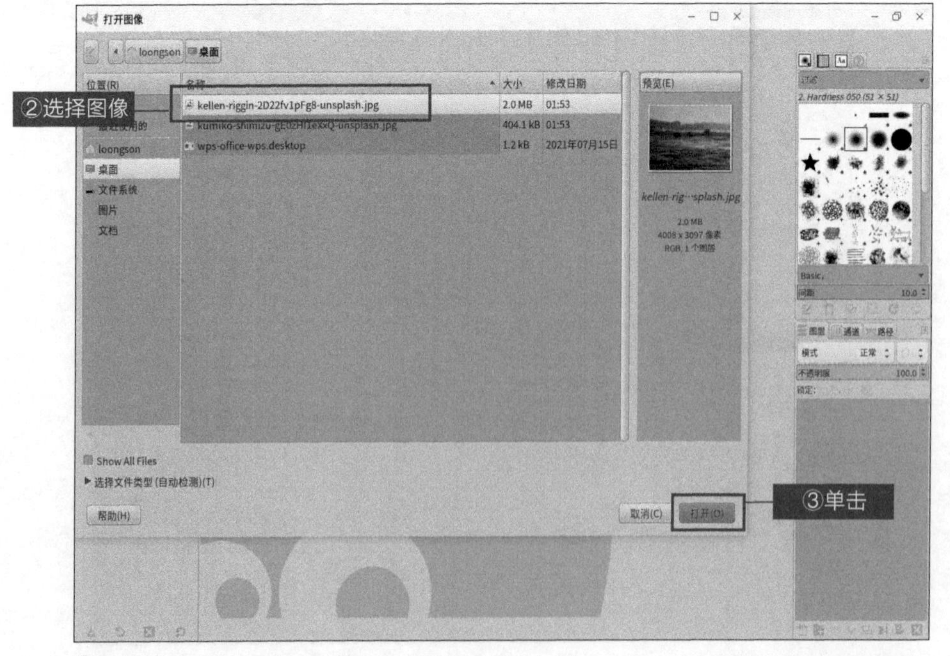

图 3-16

在“打开图像”窗口中，GIMP 图像处理器支持查看图像的缩略图，这样可以方便用户查找图像文件。

3. 图像编辑

在编辑图像的过程中，一般会用到绘图、画布、图层、滤镜等工具。

（1）绘图工具。

绘图工具有很多种，作用也各不相同。绘图工具区域在工具栏面板的左下方，如图 3-17 所示。

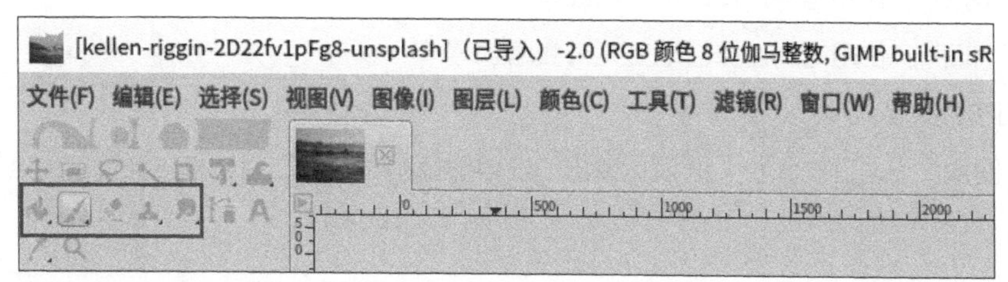

图 3-17

在绘图工具区域右击可以切换不同的绘图工具，如图 3-18 至图 3-22 所示。

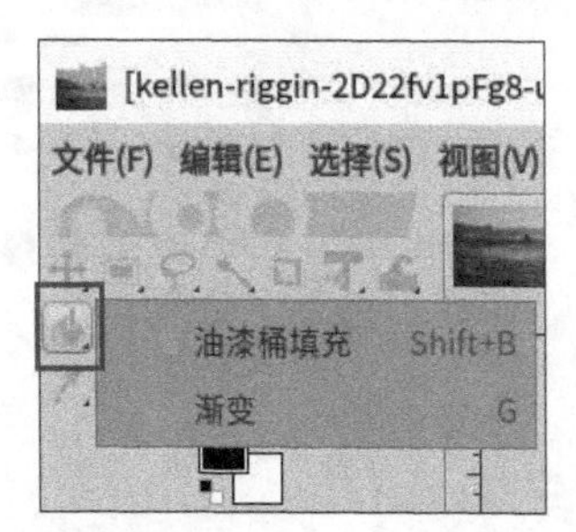

图 3-18

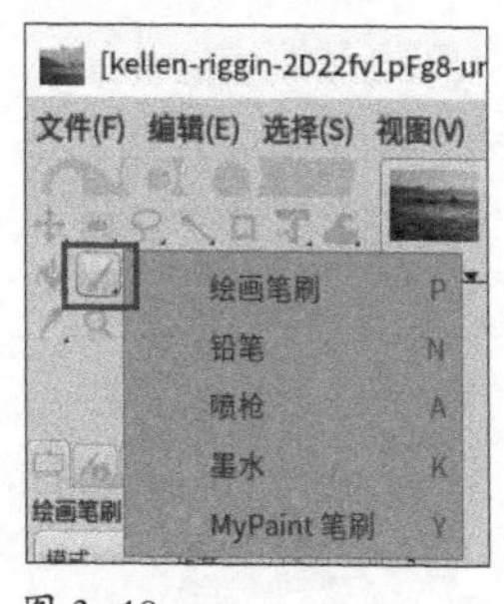

图 3-19

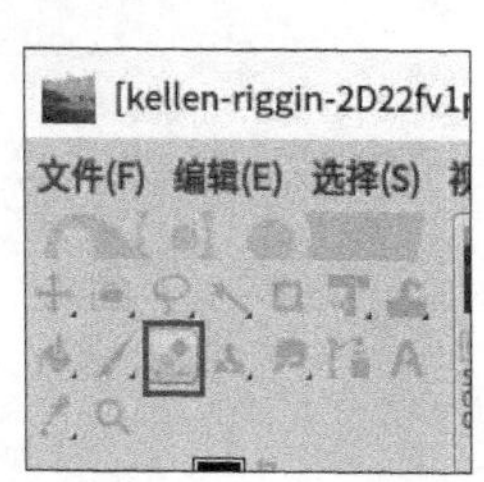

图 3-20

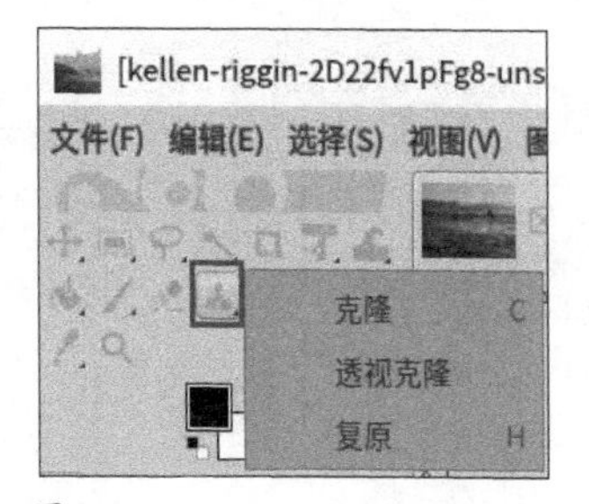

图 3-21

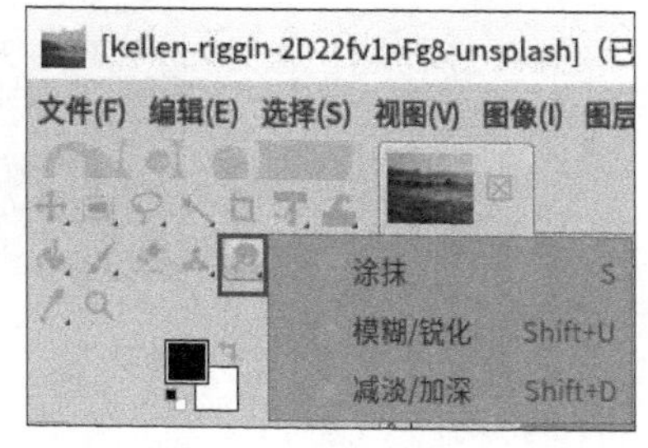

图 3-22

- “油漆桶填充”：用一种颜色或图案填充选中区域。
- “渐变”：用颜色渐变填充选中的区域。
- “绘画笔刷”：使用笔刷平滑绘画。
- “铅笔”：使用笔刷进行硬边缘的绘画。
- “喷枪”：使用带有可变压力的笔刷绘画。
- “墨水”：进行书法风格的绘画。

- “MyPaint 笔刷”：在 GIMP 图像处理器中使用 MyPaint 笔刷。
- “橡皮”：使用笔刷擦除至背景或透明。
- “克隆”：用笔刷选择性地从图像或图案复制。
- “透视克隆”：从应用透视变换之后的图像源克隆。
- “复原”：修复不规则的图像。
- “涂抹”：使用笔刷选择性地涂抹。
- “模糊 / 锐化”：使用笔刷选择性地模糊或者去模糊。
- “减淡 / 加深”：使用笔刷选择性地变亮或变暗。

（2）画布工具。

单击“图像”→“画布大小”选项，弹出“设置图像画布大小”对话框，如图 3-23 和图 3-24 所示。

图 3-23

在“设置图像画布大小”对话框中，可以查看画布大小，同时可以更改画布大小和画布位移等。

单击“图像”→“画布适配图层”选项，可以重置画布大小来容纳所有图层，如图 3-25 所示。

（3）图层工具。

单击“图层”菜单，此菜单下有 9 个关于图层的操作，分别是新建图层、从可见项新建、新建图层组、复制图层、删除图层、图层边界大小、图层到图像大小、缩放图层和裁剪到内容，如图 3-26 所示。

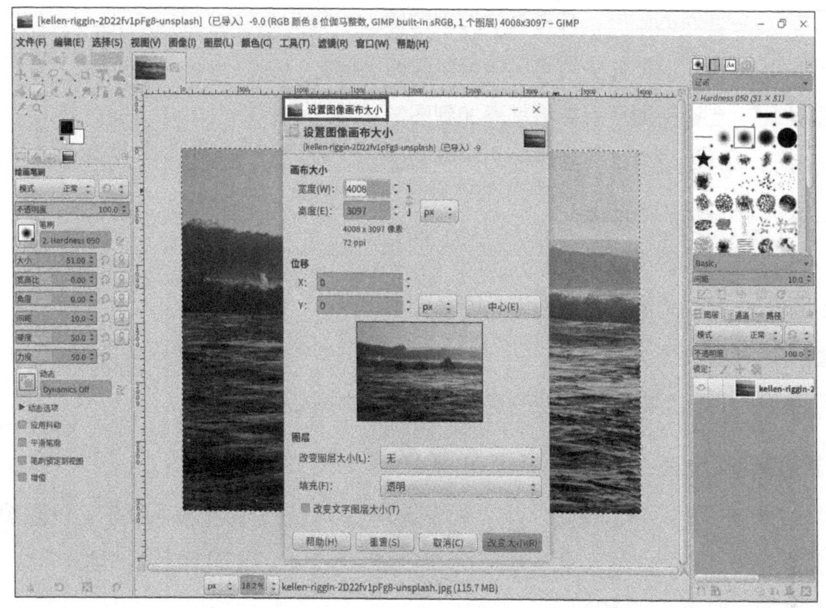

图 3-24

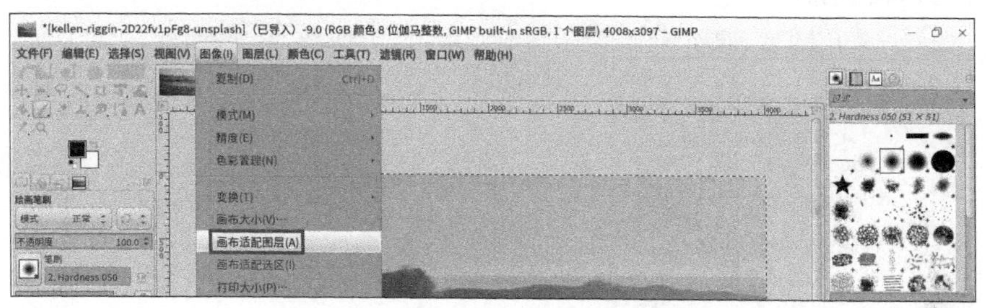

图 3-25

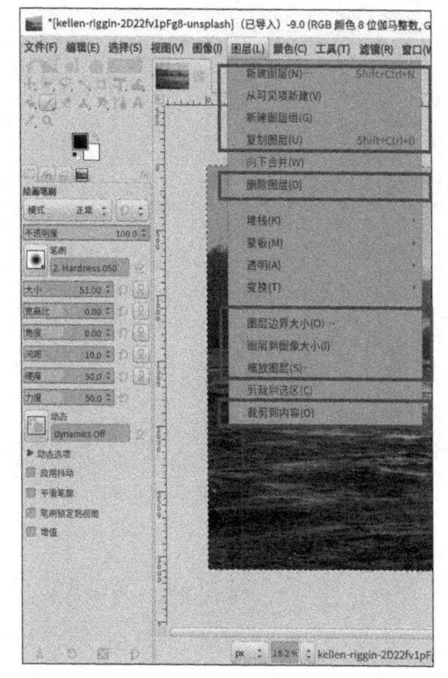

图 3-26

- “新建图层”：创建新的图层，并将其添加到图像。
- “从可见项新建”：从此图像中的可见内容创建新图层。
- “新建图层组”：创建新图层组并将其添加到图像。
- “复制图层”：创建图层副本，并将其添加到图像。
- “删除图层”：删除选中的图层。
- “图层边界大小”：调整图层大小。
- “图层到图像大小”：将图层大小重设为图像大小。
- “缩放图层”：改变此图层的大小。
- “裁剪到内容”：把图层裁剪到内容的范围（从图层中删除空白处）。

案例　如何新建画布、图层

01. 单击“文件”→“新建”选项，打开“新建图像”对话框。在此对话框中，设置图像“宽度”为 640px，“高度”为 480px，“分辨率”为 72px，“色彩空间”为“RGB 颜色”，“填充”为“前景色”，单击“确定”按钮，如图 3-27 和图 3-28 所示。

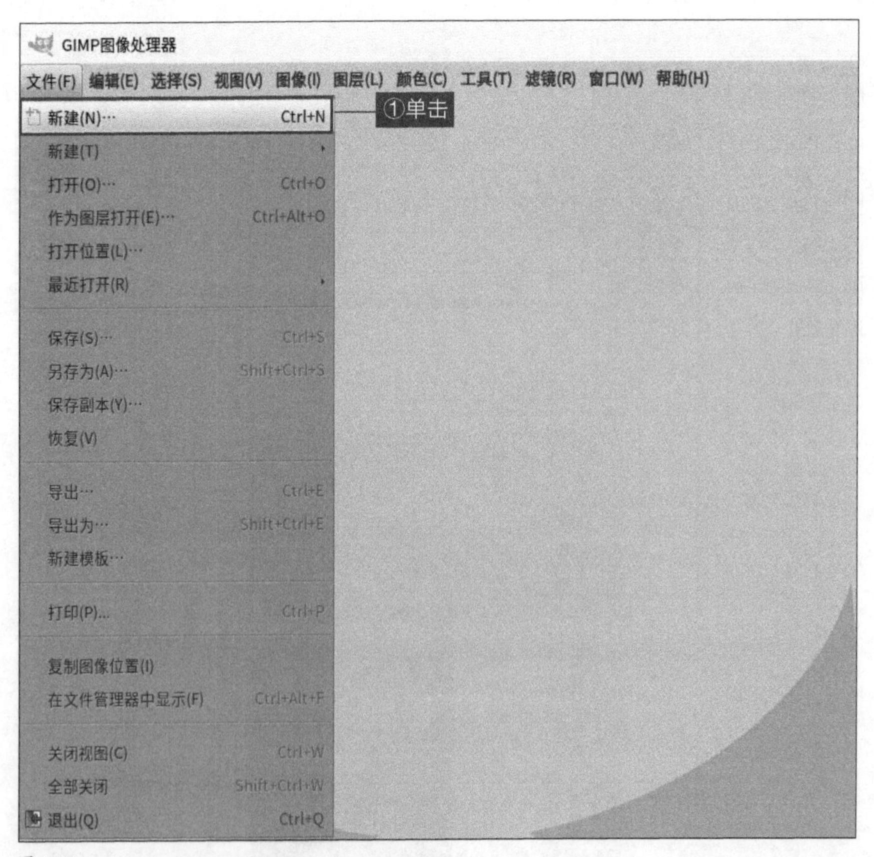

图 3-27

02. 单击“图层”→“新建图层”选项，打开“新建图层”对话框。在该对话框中，设置“图层名字”为“示例 1”，“宽度”为 640px，“高度”为 480px，“填充”为“透明”，单击“确定”按钮，如图 3-29 和图 3-30 所示。

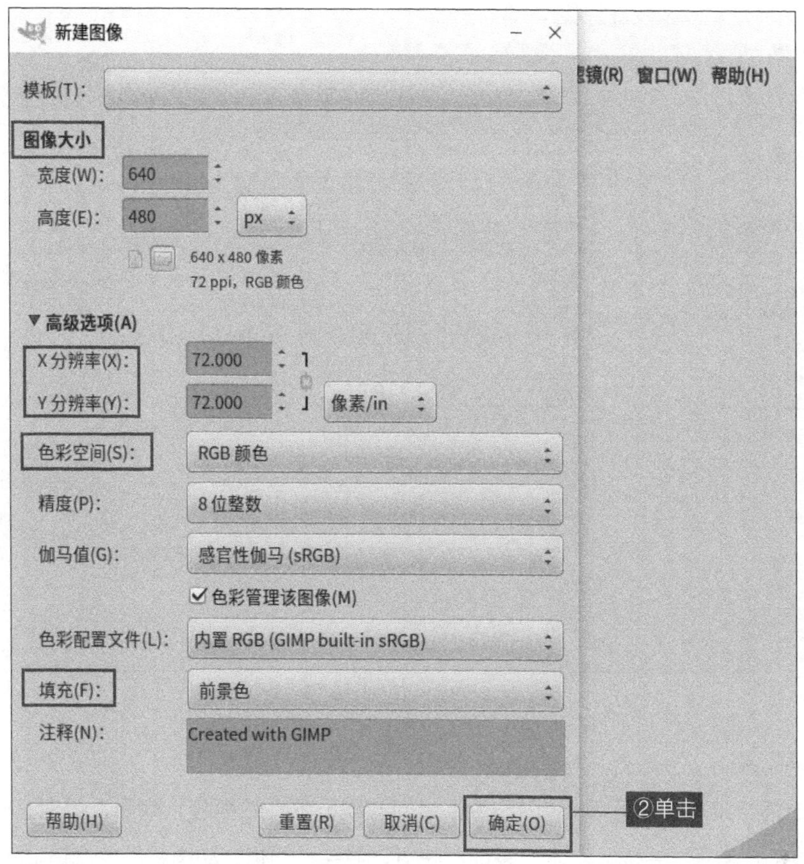
新建图像
模板(T):
图像大小
宽度(W): 640
高度(E): 480 px
640 x 480 像素
72 ppi，RGB 颜色
高级选项(A)
X 分辨率(X): 72.000
Y 分辨率(Y): 72.000 像素/in
色彩空间(S): RGB 颜色
精度(P): 8 位整数
伽马值(G): 感官性伽马 (sRGB)
色彩管理该图像(M)
色彩配置文件(L): 内置 RGB (GIMP built-in sRGB)
填充(F): 前景色
注释(N): Created with GIMP
帮助(H) 重置(R) 取消(C) 确定(O)
②单击
窗口(W) 帮助(H)

图 3-28

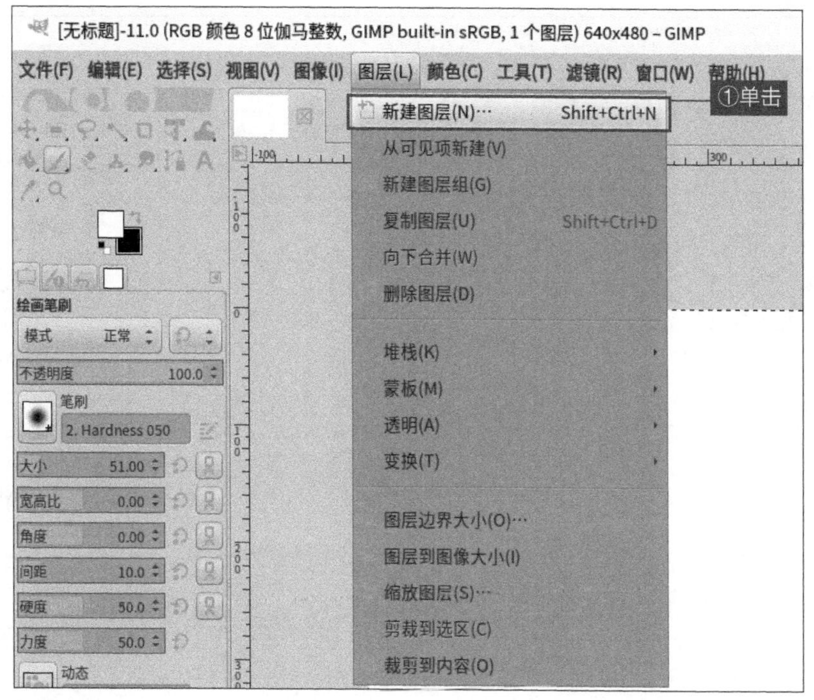
[无标题]-11.0 (RGB 颜色 8 位伽马整数, GIMP built-in sRGB, 1 个图层) 640x480 – GIMP
文件(F) 编辑(E) 选择(S) 视图(V) 图像(I) 图层(L) 颜色(C) 工具(T) 滤镜(R) 窗口(W) 帮助(H)
新建图层(N)… Shift+Ctrl+N
①单击
从可见项新建(V)
新建图层组(G)
复制图层(U) Shift+Ctrl+D
向下合并(W)
删除图层(D)
堆栈(K)
蒙板(M)
透明(A)
变换(T)
图层边界大小(O)…
图层到图像大小(I)
缩放图层(S)…
剪裁到选区(C)
裁剪到内容(O)
绘画笔刷
模式 正常
不透明度 100.0
笔刷
2. Hardness 050
大小 51.00
宽高比 0.00
角度 0.00
间距 10.0
硬度 50.0
力度 50.0
动态

图 3-29

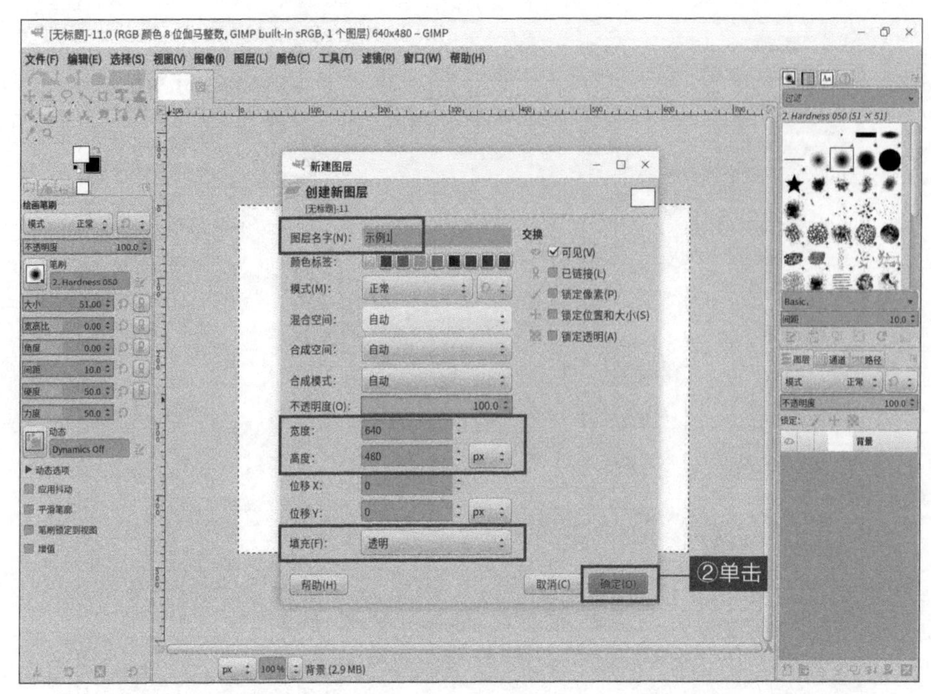

图 3-30

（4）滤镜工具。

单击“滤镜”菜单，此菜单下有 15 种风格的滤镜，分别是模糊、增强、扭曲、光照和阴影、噪点、边缘检测、常规、合成、艺术、装饰、映射、渲染、网格、动画和反色滤镜。不同的滤镜可以使图像产生不同的艺术效果，用户可以通过更改参数来调整滤镜效果，如图 3-31 所示。

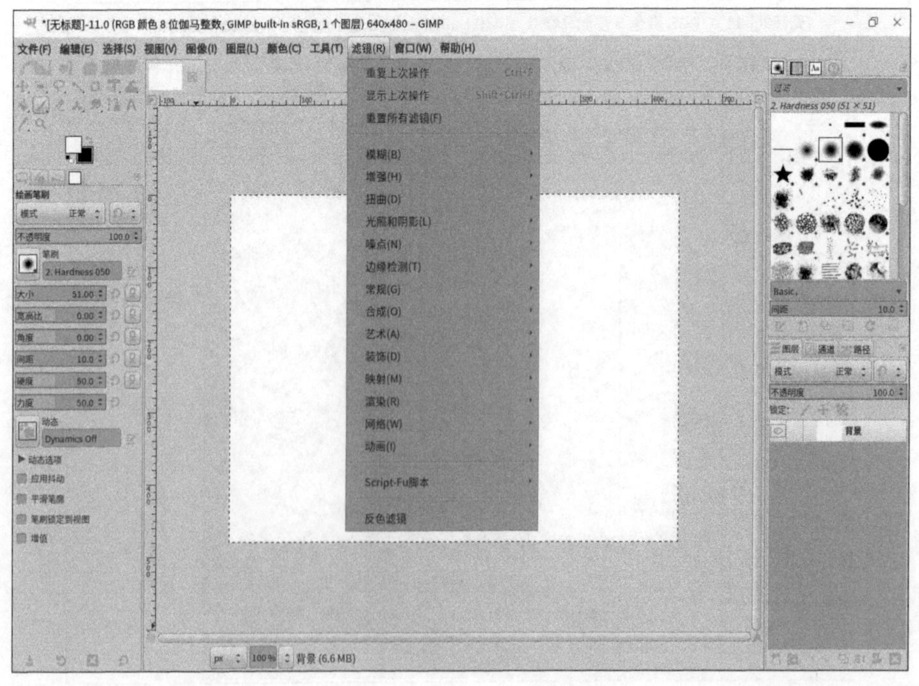

图 3-31

案例 如何使用高斯模糊滤镜进行模糊处理

01. 单击“滤镜”→“模糊”→“高斯模糊”选项，打开高斯模糊滤镜，如图 3-32 所示。

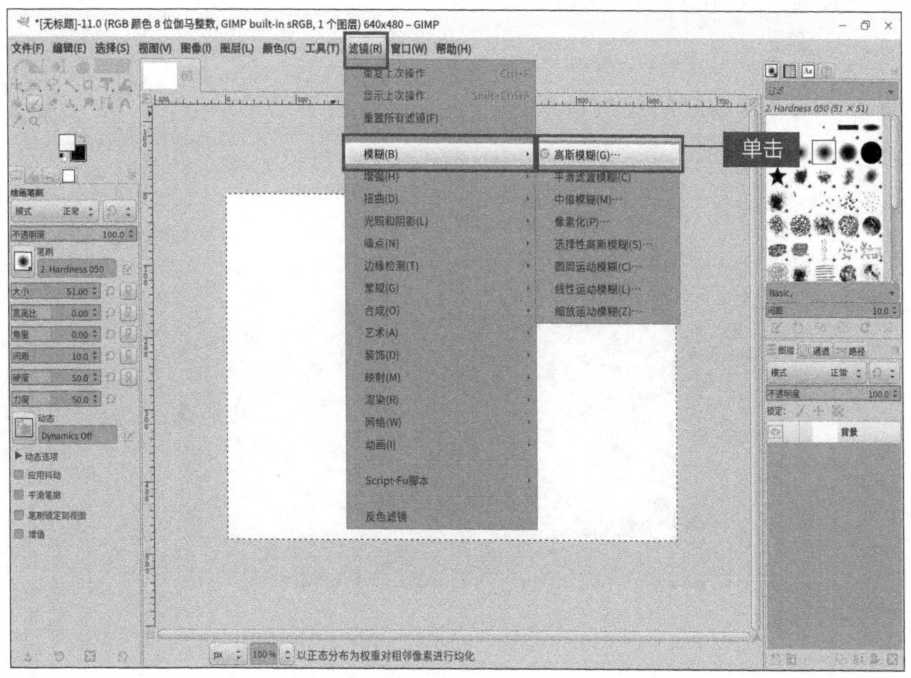

图 3-32

02. 弹出“高斯模糊”对话框，设置“X 大小”与“Y 大小”为 20px,“滤镜”为“自动”，如图 3-33 所示。

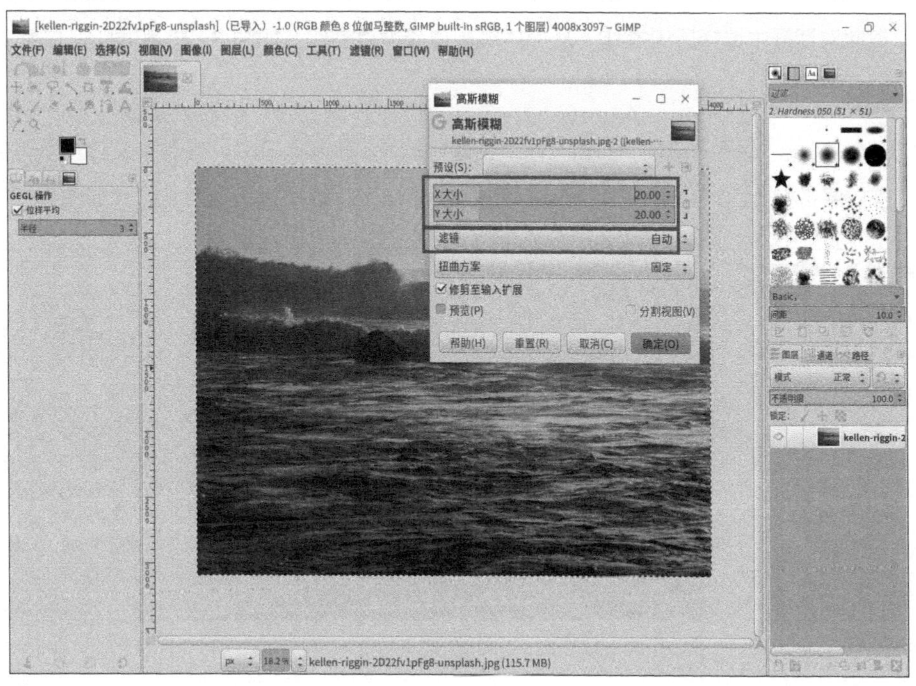

图 3-33

03. 设置完成后单击“确定”按钮，效果如图 3-34 所示。

图 3-34

（5）历史。

单击“编辑”→“撤销历史”选项，打开界面左侧的“撤销历史”对话框。当出现失误操作时，用户可以在此对话框中选择历史操作，从而撤销操作或恢复操作，如图 3-35 和图 3-36 所示。

4. 输出图像

单击“文件”→“保存”选项，打开“保存图像”窗口，在该窗口中，有 5 种文件类型可供选择，分别是“按扩展名”“bzip 存档”“GIMP XCF 图像”“gzip 存档”“xz archive”，如图 3-37 所示。

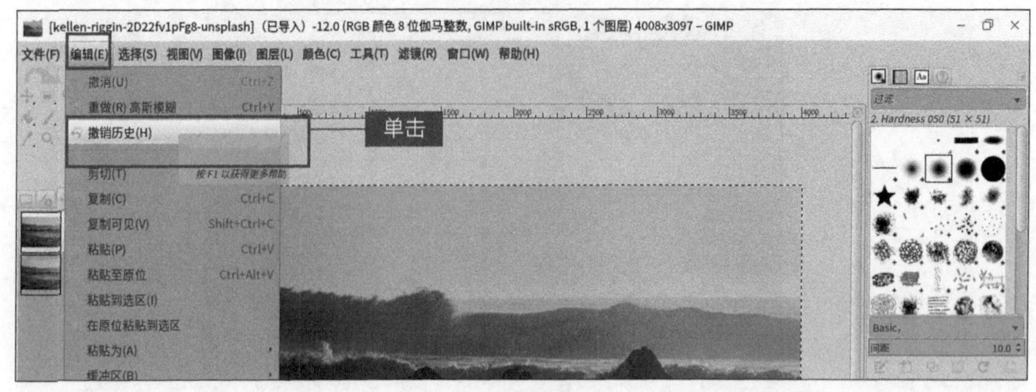

图 3-35

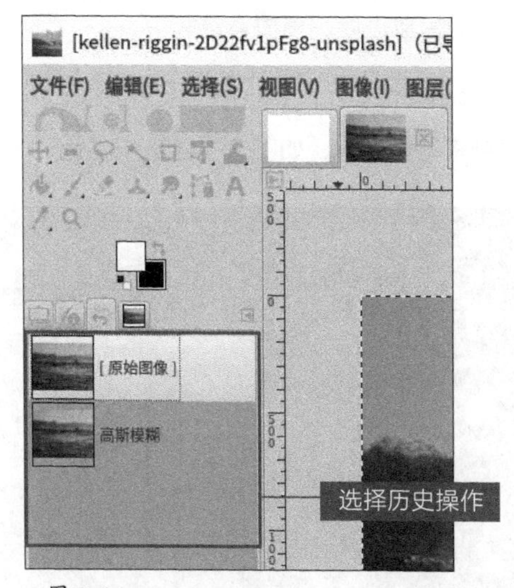

图 3-36

图 3-37

3.2.3 音乐

音乐是系统中预装的一款音频播放器，专注于本地音乐播放，为用户提供极致的播放体验，用户使用时，可以调整音频文件的播放进度、播放音量等。

1. 打开音频文件

在“开始菜单”中选择“音乐”并打开，如图 3-38 所示。

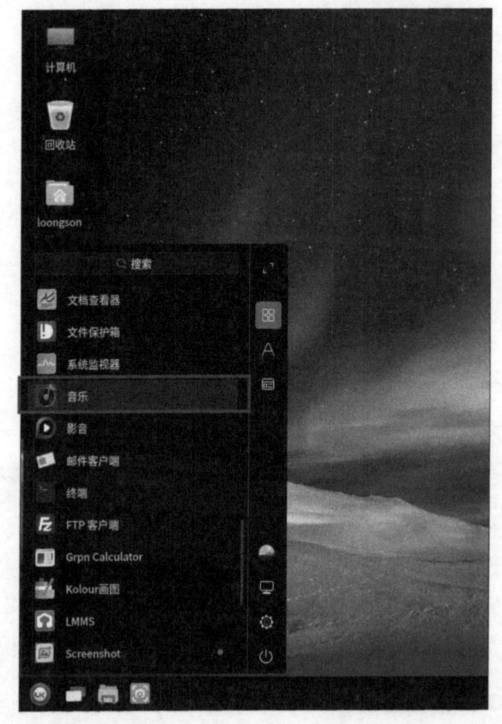

图 3-38

图 3-39 所示的界面中还没有音频文件，有如下 3 种方法导入并打开音频文件。

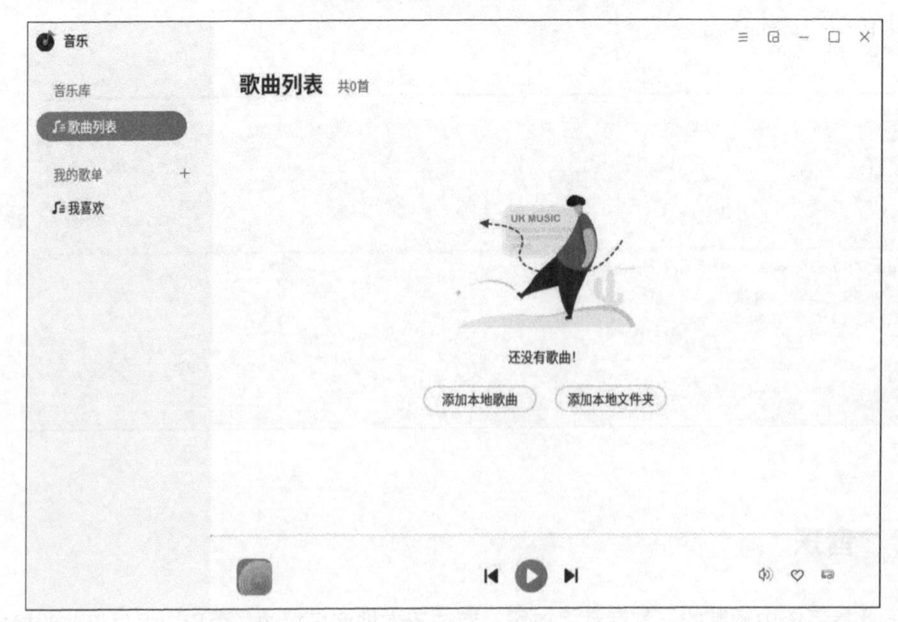

图 3-39

方法一：单击“添加本地歌曲”按钮，在弹出的对话框中选择本地的音频文件，将音乐添加到歌曲列表。

方法二：单击“添加本地文件夹”按钮，自定义选择本地的歌曲目录，批量添加音频文件。

方法三：直接将音频文件 / 文件夹拖曳到添加音乐界面，添加音频文件到歌曲列表。

添加音乐后的界面如图 3-40 所示。

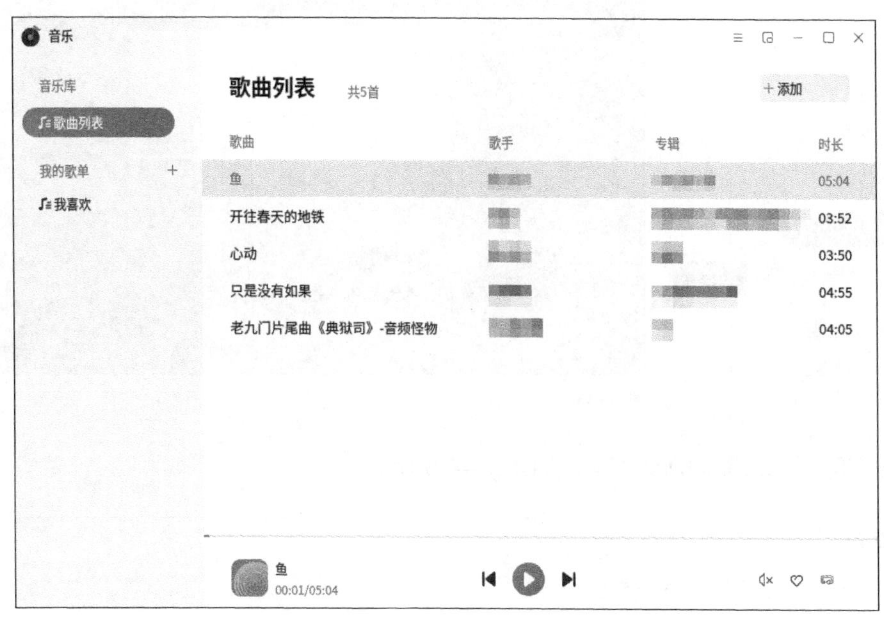

图 3-40

2. 调整音频进度和音量

在播放音频时，可以在界面下方的播放栏中对音频的进度和音量进行调整，如图 3-41 所示。

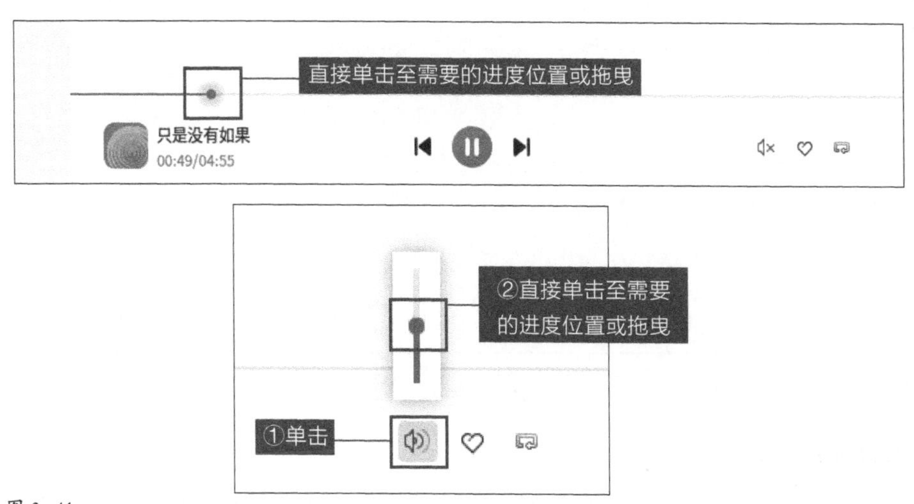

图 3-41

- 调整进度：单击进度条或拖曳进度条，可以调整音频播放的进度。
- 调整音量：单击“音量”按钮，打开音量条，单击音量条或拖曳音量条，可以调整音量。

3．创建歌单

在音乐界面“我的歌单”区域可以新建歌单，对添加的音乐进行分类，如图 3-42 和图 3-43 所示。

图 3-42　　图 3-43

单击“确认”按钮即可新建歌单，如图 3-44 所示。

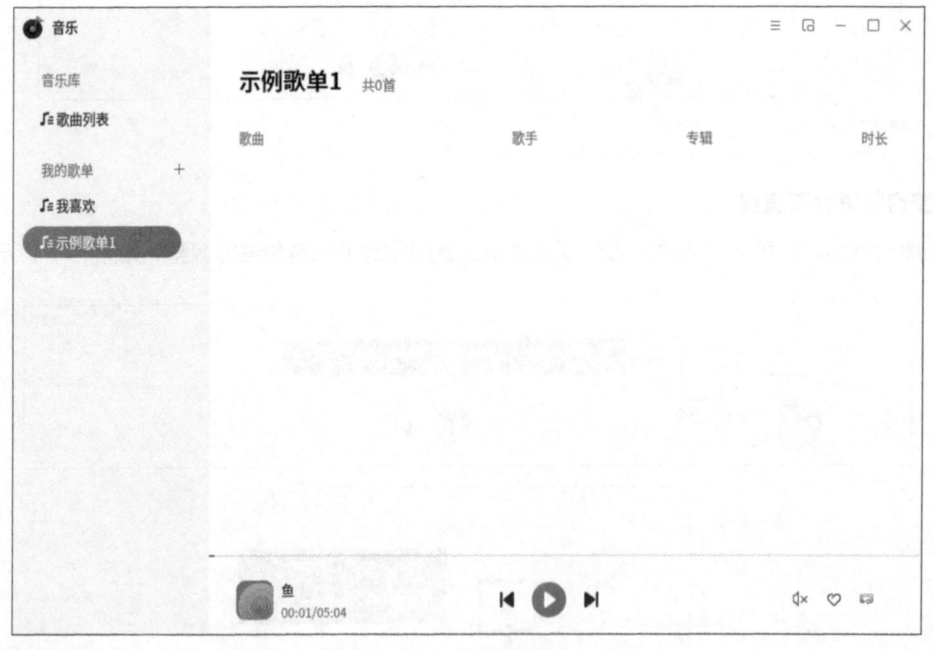

图 3-44

4．查看音频文件属性

使用鼠标右击音频文件，然后单击“歌曲信息”命令，打开“歌曲信息”对话框。在该对话框中，可以查看音频文件的基本属性，如名称、歌手、专辑、类型、大小、时长、位置等，如图 3-45 和图 3-46 所示。

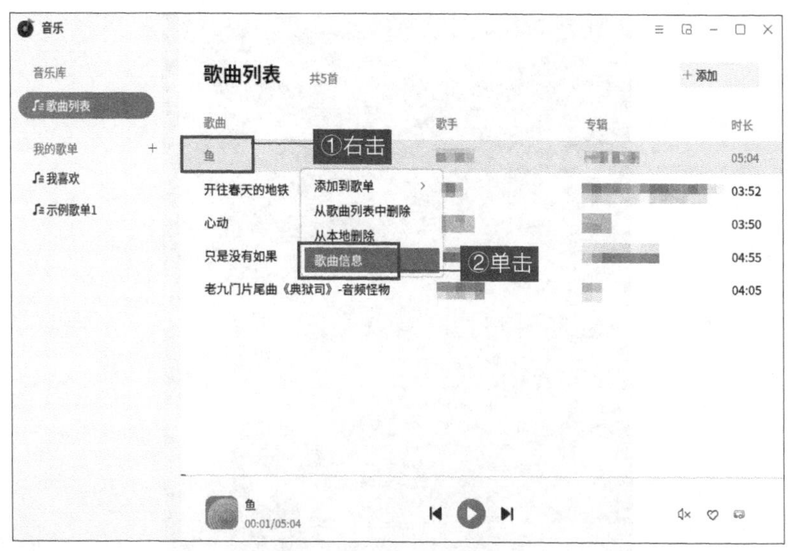

图 3-45

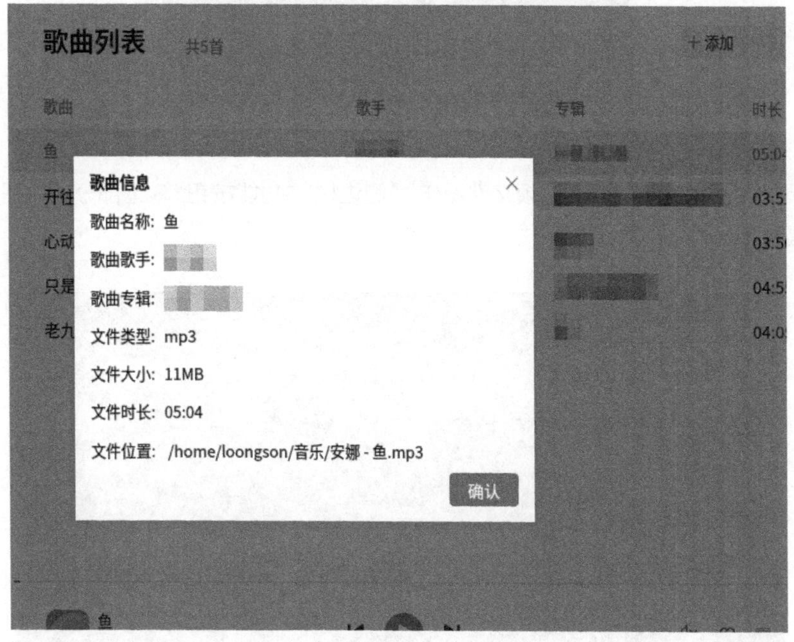

图 3-46

3.2.4 影音

大部分视频文件都可以通过影音打开，在影音中，可以调整视频文件的播放速度、播放音量、是否全屏播放等。

1. 打开并播放视频文件

在“开始菜单”中选择“影音”，如图 3-47 所示，打开影音工具主界面。影音支持大部分格式的视频文件。

图 3-47

影音工具主界面中主要包含“视频文件操作”“侧边栏”“功能按钮”3 个部分，如图 3-48 所示，下面依次对各部分进行介绍。

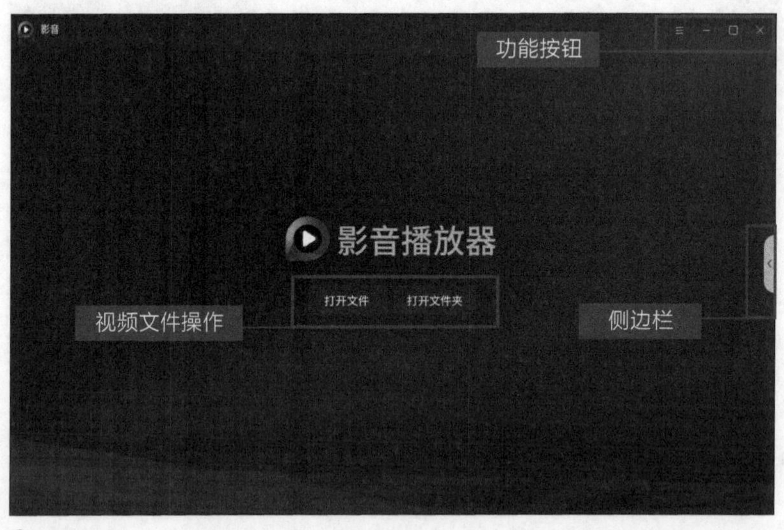

图 3-48

单击影音工具主界面中的“打开文件”或“打开文件夹”按钮，选择要打开的视频文件，即可播放相关视频，如图 3-49 所示。

打开影音工具主界面侧边栏，查看播放列表，可单击侧边栏界面右上角的+按钮，添加新的视频文件，如图 3-50 和图 3-51 所示。

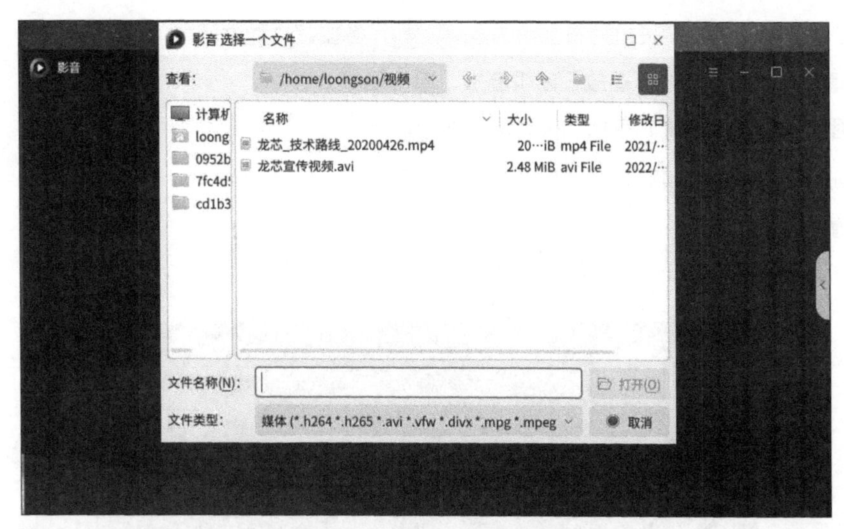

图 3-49

图 3-50

图 3-51

侧边栏界面中主要功能按钮为右上角的，各按钮功能说明如下。

- ：播放方式，包括顺序播放、随机播放、单一循环。
- ：播放列表显示形式，包括列表显示、图标显示。
- ：向播放列表中增加新的视频文件。
- ：清空播放列表。

视频播放主界面如图 3-52 所示。

图 3-52

视频播放主界面下端的功能控制栏可分为 3 个部分。

- ：播放控制，可选择播放上一个视频（）、下一个视频（），或暂停（）正在播放的视频。
- ：显示播放进度。
- ：功能控制，可进行音量（）、播放倍速（）、全屏播放（）等的控制，还可通过工具箱（）对视频进行截图操作。

2. 影音设置

影音工具主界面中的功能按钮主要提供工具本身的设置及操作，功能按钮位于影音工具主界面的右上角。影音工具主界面如图 3-53 所示。

图 3-53

功能按钮，主要包含“设置”按钮、“最小化”按钮、“最大化”按钮、“关闭”按钮 4 项。其中单击“设置”按钮，在打开的设置界面中可实现系统设置、播放设置、截图设置、字幕设置、音频设置、解码器设置、快捷键设置，如图 3-54 至图 3-60 所示。

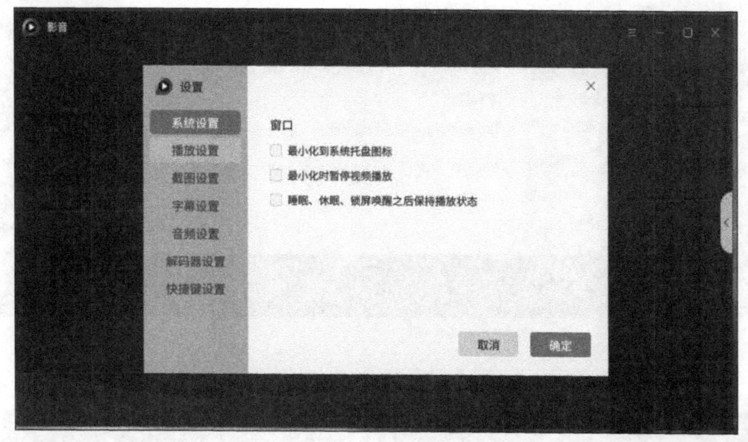

图 3-54

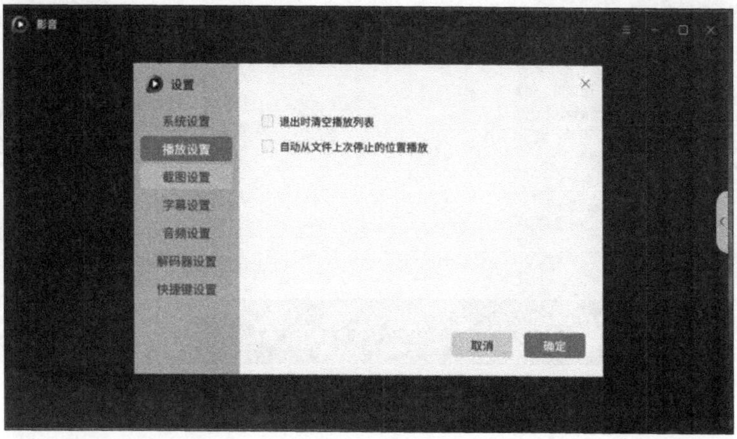

图 3-55

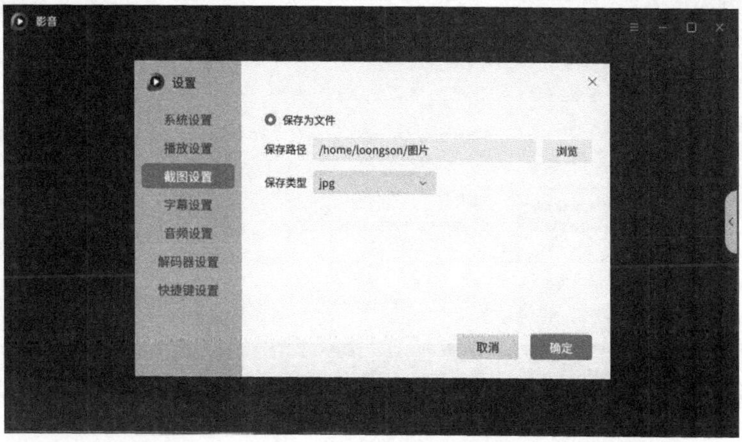

图 3-56

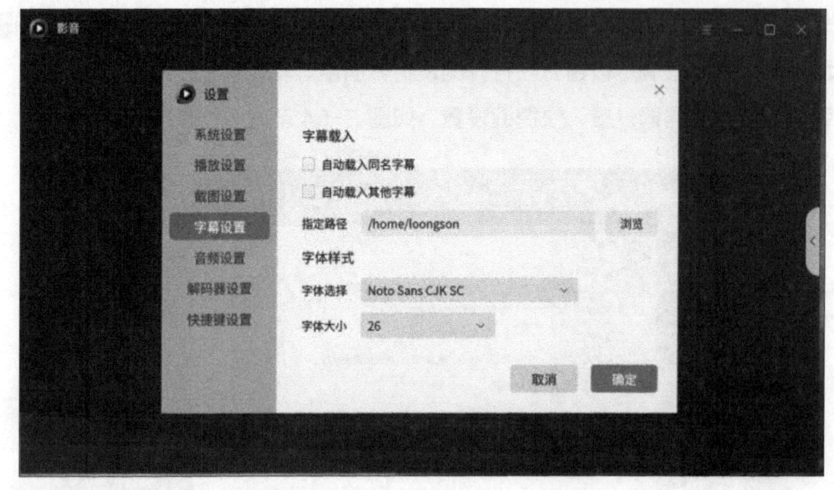

图 3-57

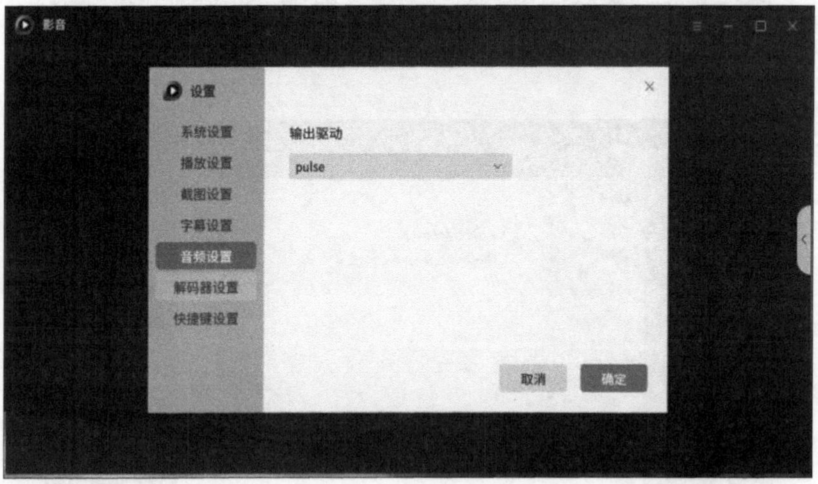

图 3-58

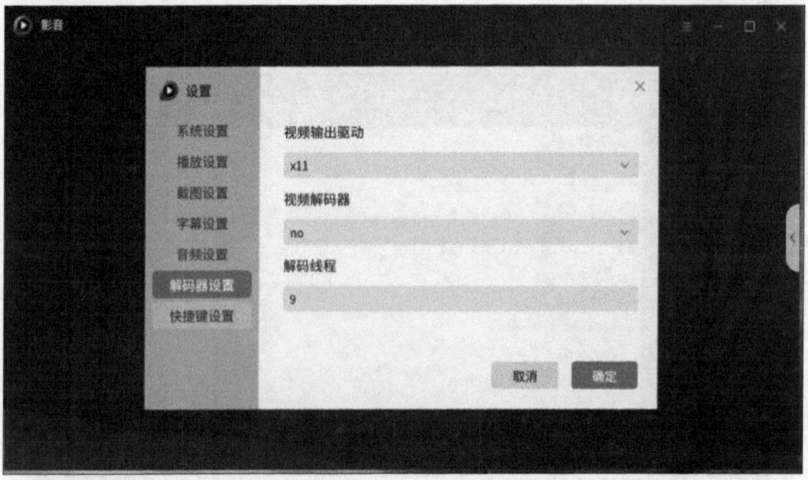

图 3-59

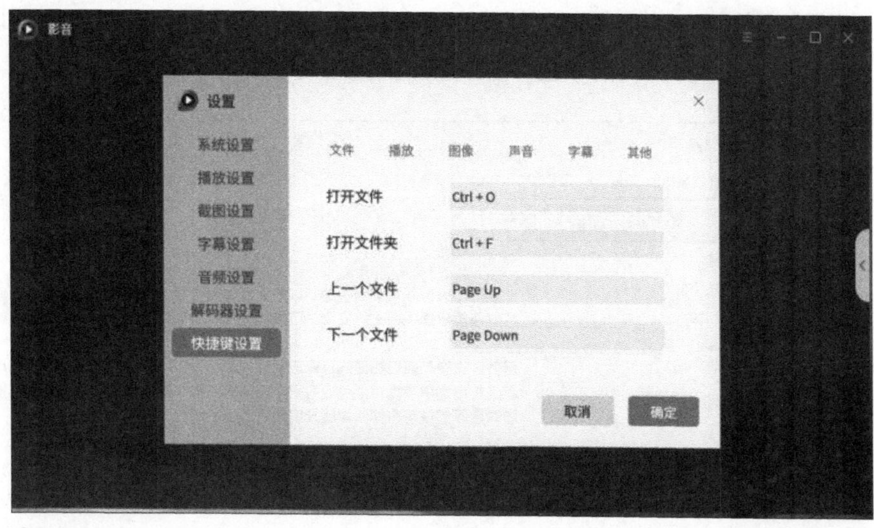

图 3-60

3.2.5　文本编辑器

文本编辑器主要用于编写和查看文本文件，属于常用的办公软件。相较于 WPS 等专业的办公软件，文本编辑器用起来更方便、快捷。

1. 打开文本编辑器

在“开始菜单”中找到“文本编辑器”并启动，如图 3-61 所示。文本编辑器具有记录文字信息、查找并替换文本等功能。

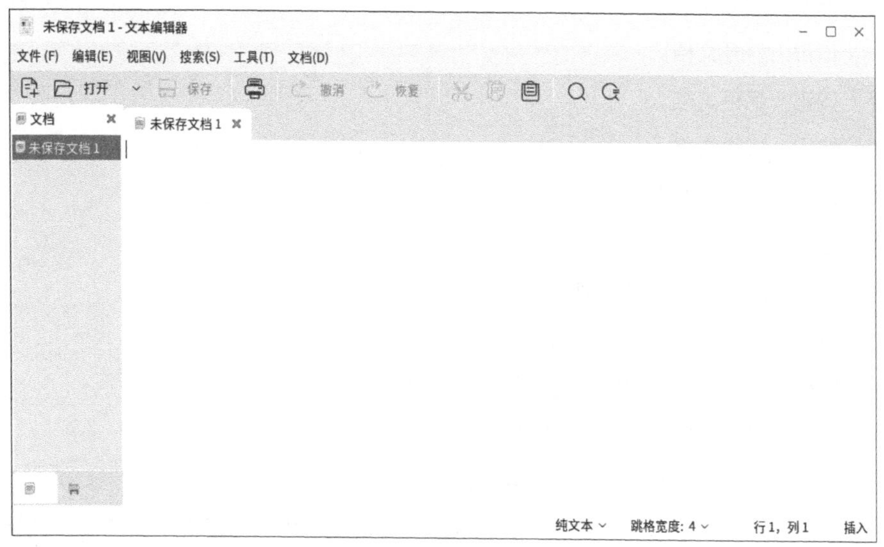

图 3-61

2. 文本编辑器“视图”菜单

单击“视图”菜单，可调整文本编辑器的工具栏、状态栏、侧边栏等。

单击“视图”菜单，勾选“工具栏”复选框，会在界面上方显示工具栏，如图 3-62 和图 3-63 所示。在工具栏中，可以对文档进行新建、打开、保存、撤销等基础快捷操作。

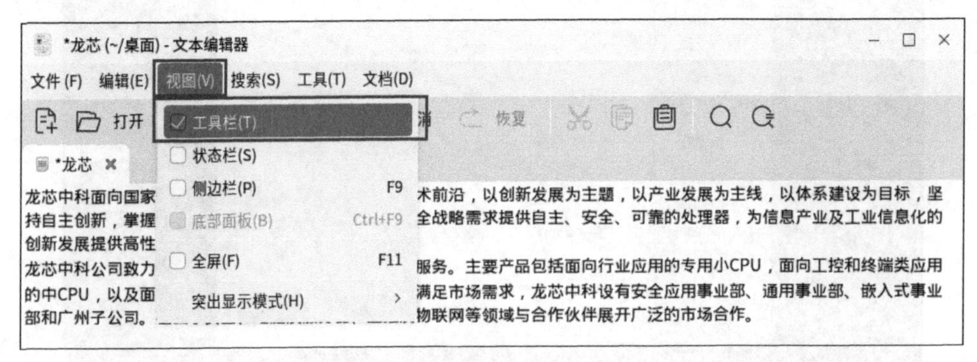

图 3-62

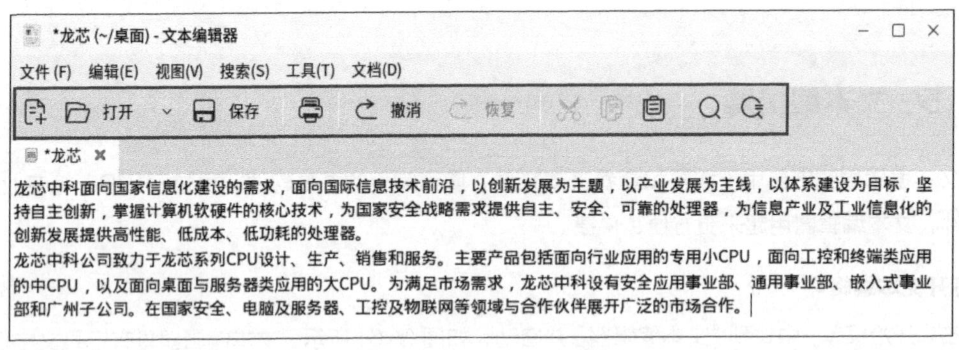

图 3-63

- “新建”按钮：建立新文档。
- “打开”按钮：打开文档。
- “保存”按钮：保存文档。
- “打印”按钮：打印文档。
- “撤销”按钮：取消上次操作。
- “恢复”按钮：取消撤销。
- “剪切”按钮：对选中区域进行剪切。
- “复制”按钮：对选中区域进行复制。
- “粘贴”按钮：将剪贴板中的内容粘贴至当前文档。
- “搜索文字”按钮：对文本内容进行搜索。
- “搜索替换”按钮：对文本内容进行搜索并替换。

单击“视图”菜单，勾选“状态栏”复选框，会显示状态栏，如图 3-64 所示。在状态栏中，可以对文本显示类型、跳格宽度进行调整，同时可以查看文本行、列数等。

单击“视图”菜单，勾选“侧边栏”复选框，会显示侧边栏，在打开的文档较多的情况下，侧边栏可以用于快速切换文档，如图 3-65 和图 3-66 所示。

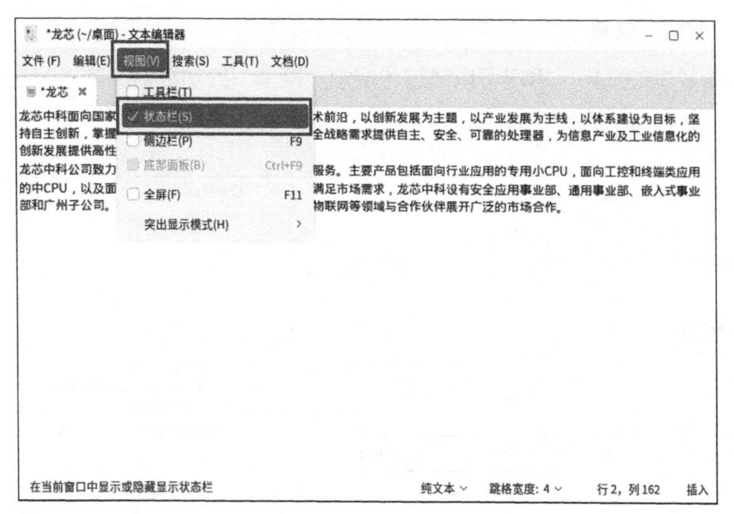

图 3-64

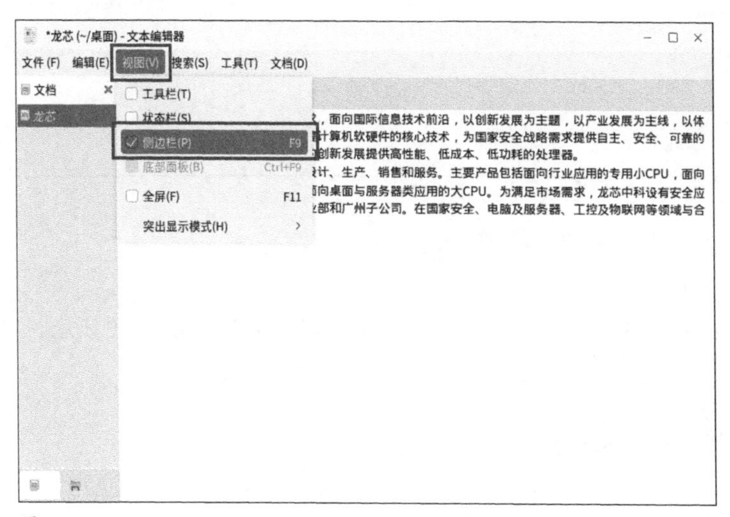

图 3-65

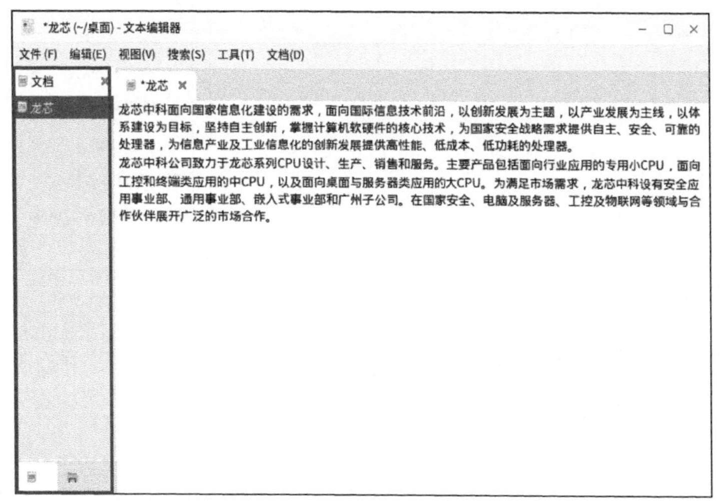

图 3-66

3. 文本编辑器“搜索”菜单

对于文本内容较多的文档，用户可以通过“搜索”菜单下的功能对文本进行查找、替换、跳转到指定行等操作，如图 3-67 所示。

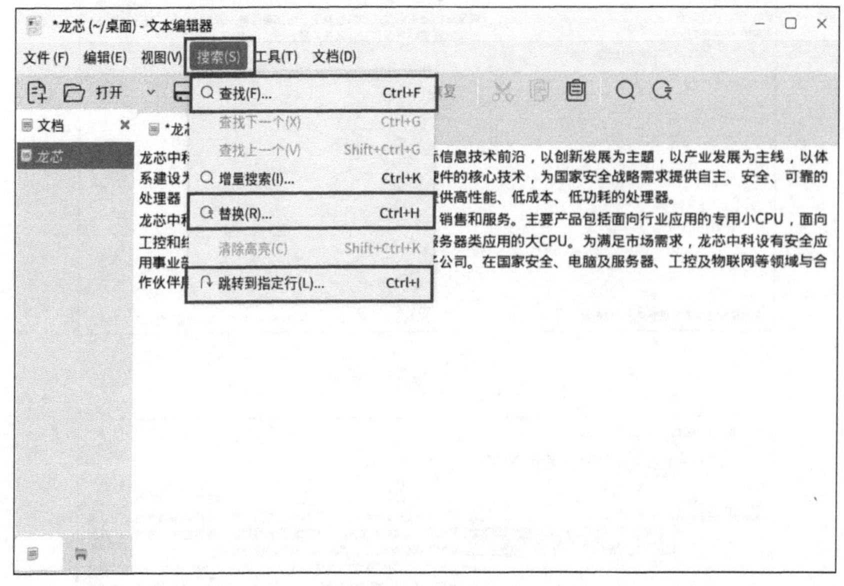

图 3-67

案例　查找文本

01. 单击“搜索”→“查找”，弹出“查找”对话框，如图 3-68 和图 3-69 所示。

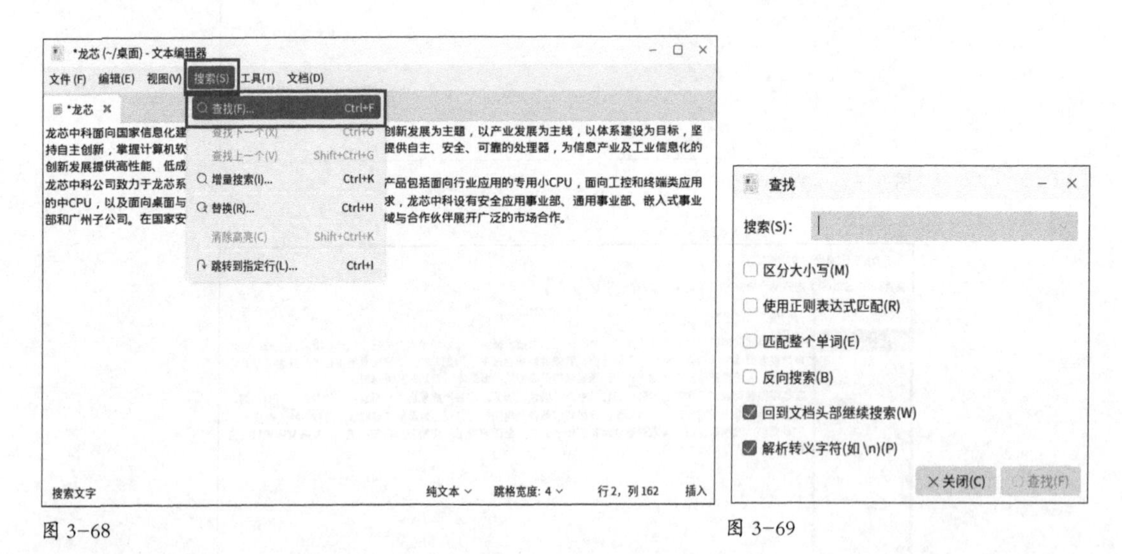

图 3-68　　图 3-69

02. 在搜索框中输入“龙芯”，根据需要勾选“回到文档头部继续搜索”和“解析转义字符”复选框，该文档中所有的“龙芯”都会呈黄色高亮显示，如图 3-70 所示。

案例　替换文本

01. 单击“搜索”→“替换”，弹出“替换”对话框，如图 3-71 和图 3-72 所示。

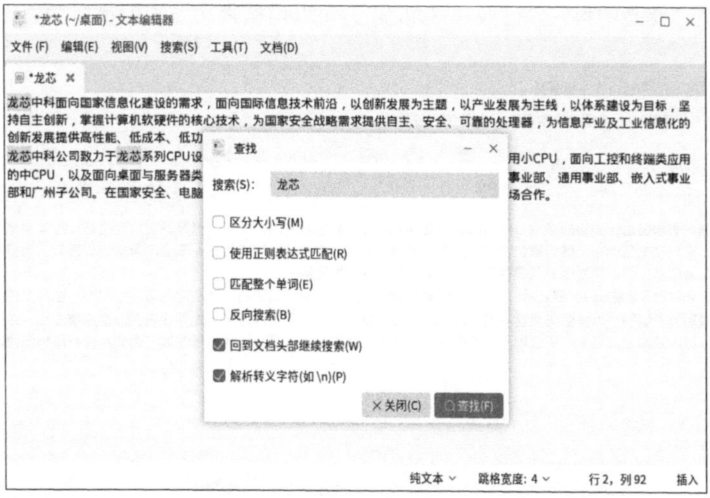

*龙芯 (~/桌面) - 文本编辑器

文件 (F) 编辑(E) 视图(V) 搜索(S) 工具(T) 文档(D)

*龙芯

龙芯中科面向国家信息化建设的需求，面向国际信息技术前沿，以创新发展为主题，以产业发展为主线，以体系建设为目标，坚持自主创新，掌握计算机软硬件的核心技术，为国家安全战略需求提供自主、安全、可靠的处理器，为信息产业及工业信息化的创新发展提供高性能、低成本、低功

龙芯中科公司致力于龙芯系列CPU设 … 用小CPU，面向工控和终端类应用的中CPU，以及面向桌面与服务器类 … 事业部、通用事业部、嵌入式事业部和广州子公司。在国家安全、电脑 … 场合作。

查找

搜索(S): 龙芯

区分大小写(M)

使用正则表达式匹配(R)

匹配整个单词(E)

反向搜索(B)

回到文档头部继续搜索(W)

解析转义字符(如 \n)(P)

关闭(C) 查找(F)

纯文本 跳格宽度: 4 行 2，列 92 插入

图 3-70

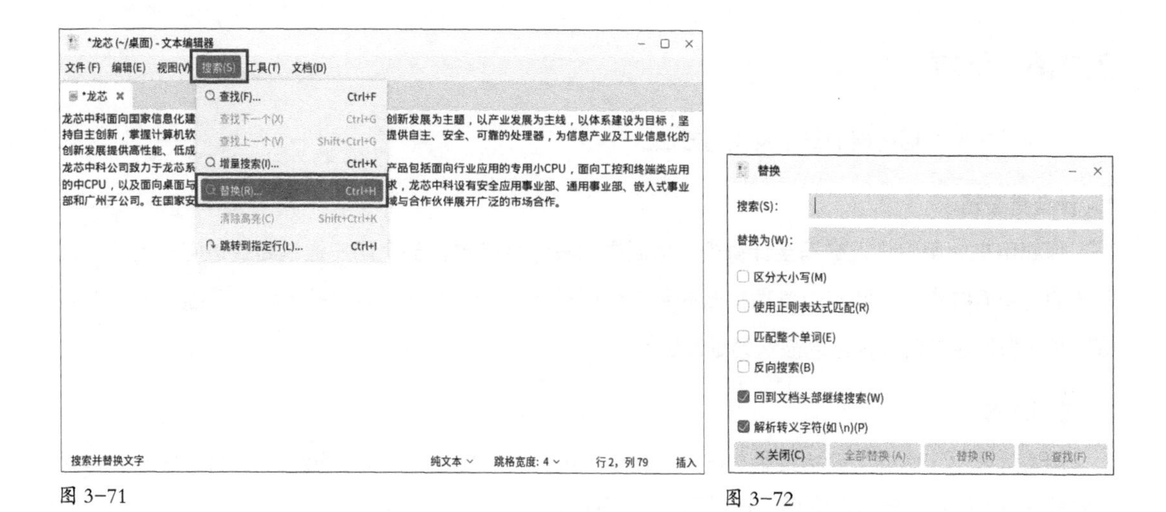

图 3-71

图 3-72

02. 在搜索框中输入“龙芯中科”，在替换框中输入“龙芯”，单击“全部替换”按钮，如图 3-73 所示。

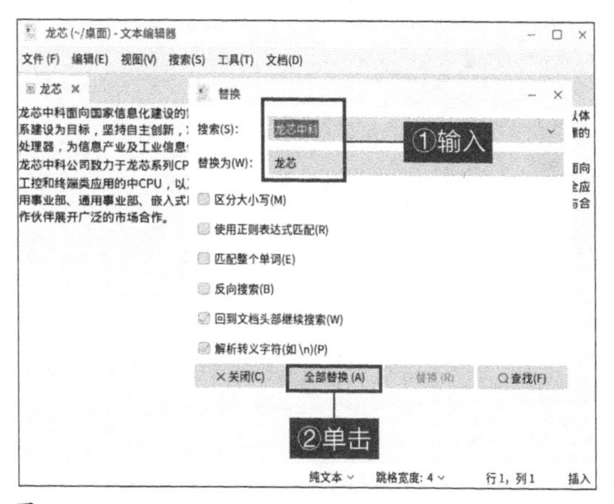

图 3-73

03. 文档中所有的“龙芯中科”会替换成“龙芯”，可以用搜索功能查看替换效果，如图 3-74 所示。

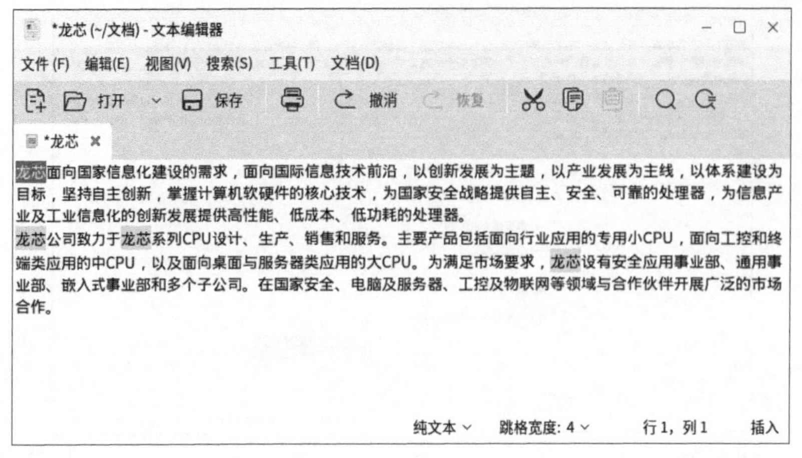

图 3-74

3.2.6 终端

本小节主要介绍终端的概念及使用方法。

1. 什么是终端

终端用来让用户输入数据至计算机，然后显示其计算结果。多个用户通过终端访问一台计算机所用的是普通的终端，而专门管理机器的系统管理员所用的终端则被叫作控制台。键盘与显示器既可以被认为是控制台，也可以被认为是普通的终端。

2. 使用终端

单击屏幕左下角的“开始菜单”按钮，通过浏览或搜索找到“终端”，单击打开终端，其界面如图 3-75 所示。输入命令后，按“Enter”键确认即可执行命令。

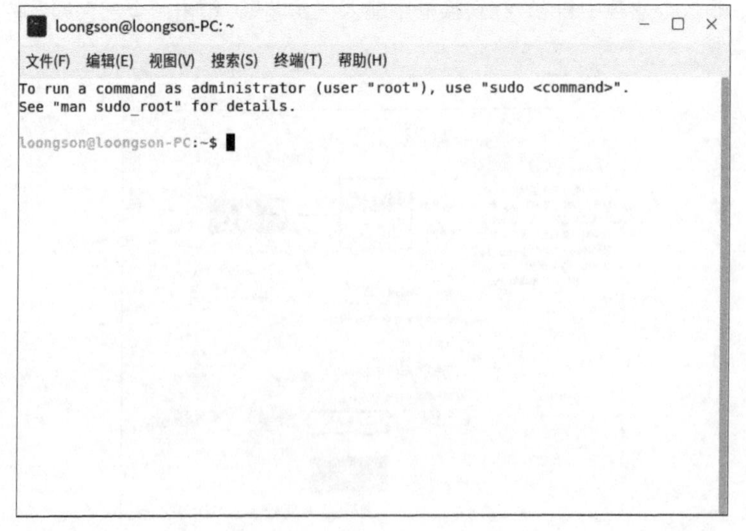

图 3-75

3.2.7 截图

截图功能可以用于截取界面上显示的内容并将其保存为特定格式的图片文件。

1. 选择截图区域

在“开始菜单”中找到“截图”并单击，此时光标变为“+”形状，即表示进入截图状态。

当开启自选区域截图时，可按住鼠标左键不放，拖曳鼠标选择截图区域，释放鼠标左键，即选中自定义截图区域，在其左上角将显示当前截图区域的大小，如图 3-76 所示。

选定截图区域后，将鼠标指针置于截图区域边缘，鼠标指针变为“双向箭头”形态，按住鼠标左键并拖曳可放大或缩小截图区域。

确定截图区域大小后，将光标置于截图区域上，鼠标指针变为“抓手”形态，按住鼠标左键并拖曳可移动截图区域的位置。

图 3-76

2. 编辑截图

选中截图区域后会弹出截图的工具栏，使用工具栏里面的工具可在截图区域内添加形状、标记、文字等元素来辅助理解，如图 3-77 所示。

矩形、圆环、直线、箭头、铅笔、标记可作为绘画工具，此处以矩形作为绘画工具为例，如图 3-78 所示。标记工具、文字工具、模糊工具操作方法类似。

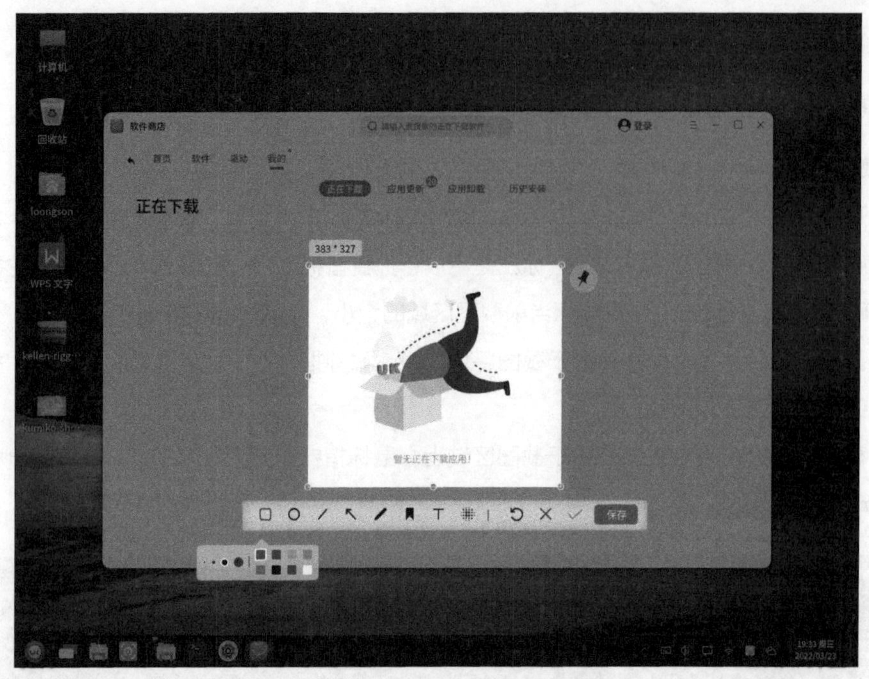

图 3-77

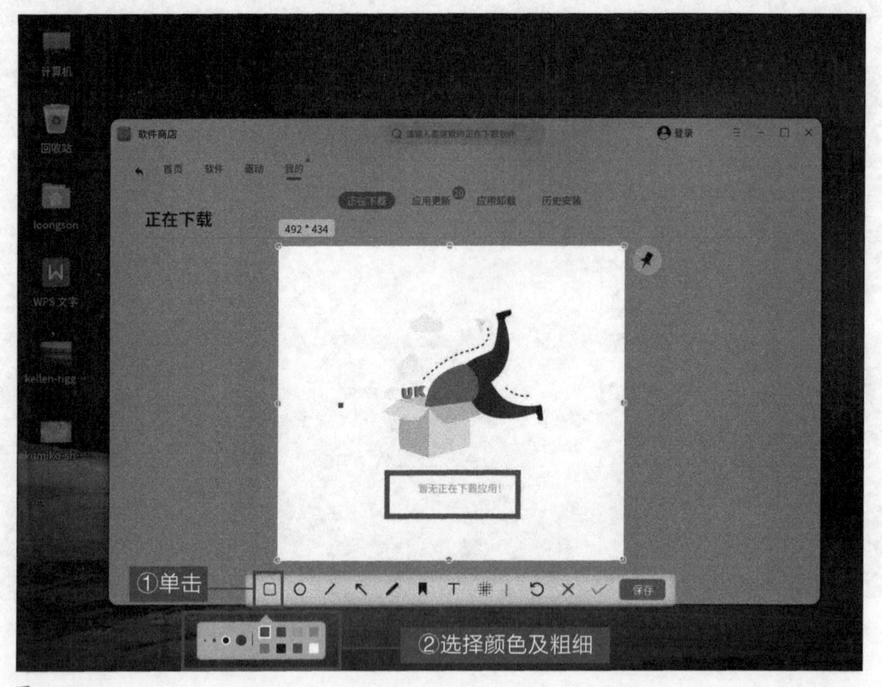

图 3-78

3. 保存截图

按“Print Screen”键与“Ctrl + Print Screen”组合键截取的全屏截图与窗口截图将自动保存至预选文件保存路径。

自选区域截图在保存时有 2 种情况，如图 3-79 所示。

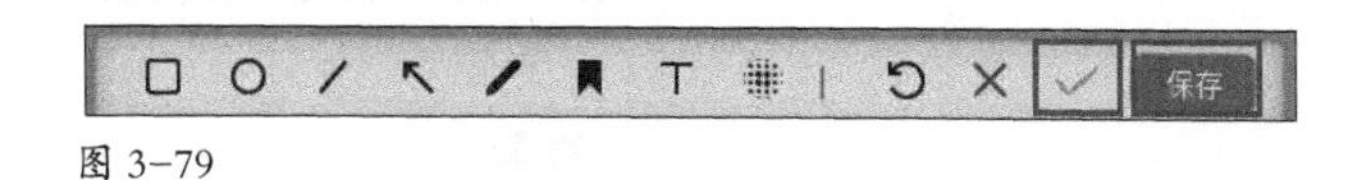

图 3-79

单击绿色的“√”按钮可将截图保存至剪贴板，用于将其粘贴至文档或对话。

单击“保存”按钮，截图将以文件形式另存至文件夹中，用户可选择文件类型及保存路径，如图 3-80 所示。

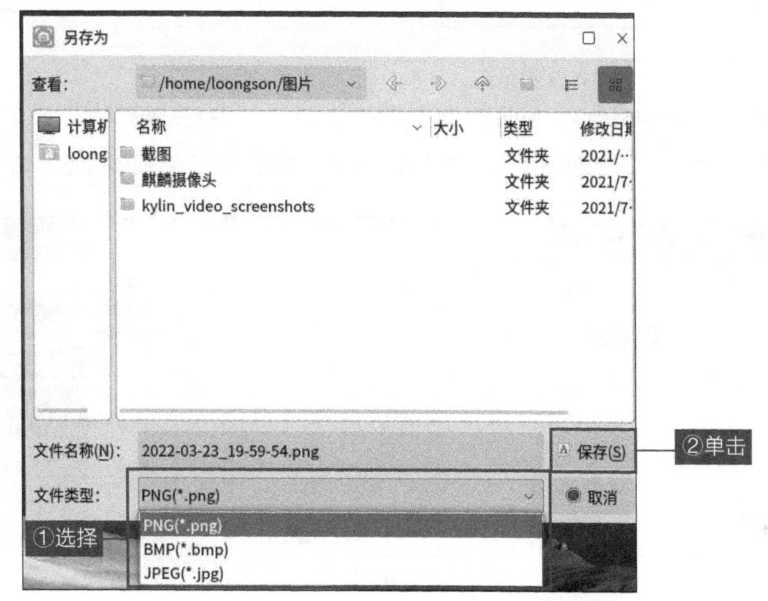

图 3-80

除此之外，还可以用快捷键的方式进行截图。

- “Print Screen”：全屏截图。
- “Shift + Print Screen”：截取一个区域。
- “Ctrl + Print Screen”：截取窗口。

3.2.8 便签贴

便签贴主要用于提醒重要事项。相较于文本编辑器这类工作软件，便签贴更方便、快捷。

1. 模式选择与新建便签贴

在“开始菜单”中找到并启动“便签贴”，其界面如图 3-81 所示，可设置的选项包括加粗、倾斜、下画线、删除线、分点显示、分序号显示、字号、字体颜色。

便签贴提供以下 2 种形式。

- 便签形式：打开“便签贴”后显示出的界面即便签形式。将鼠标指针移至界面上方，如图 3-82 所示。单击“+”按钮，建立新的便签贴。

图 3-81

图 3-82

● 便签本形式：将鼠标指针移至界面上方，单击“菜单”→“打开便签本”，即便签本形式，如图3-83和图3-84所示。单击便签本界面左下角“新建”按钮，建立新的便签贴，如图3-85所示。

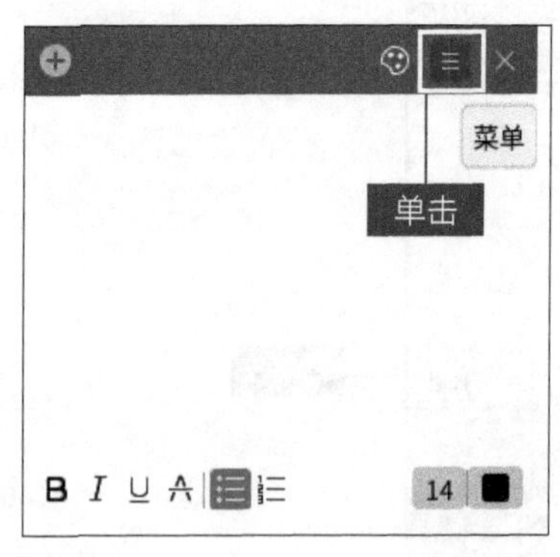

图 3-83

图 3-84

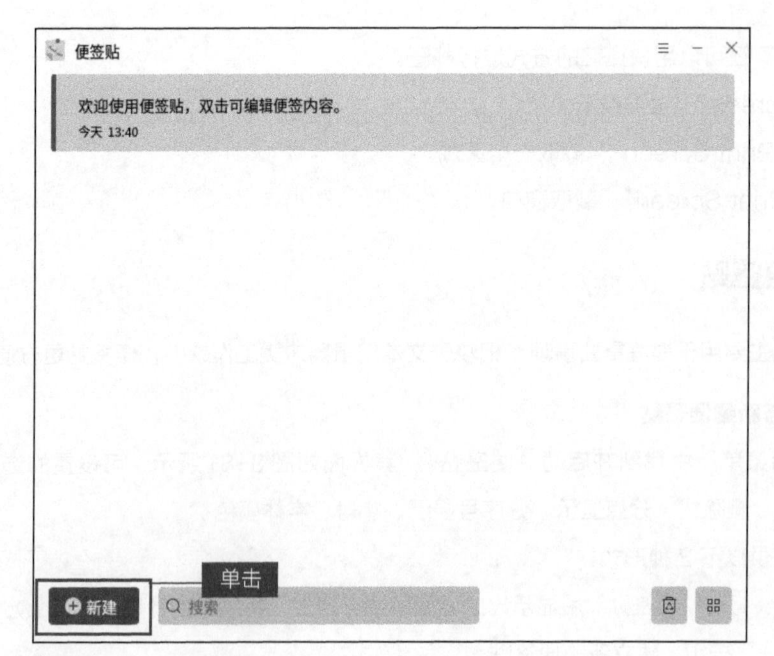

图 3-85

2. 便签贴基本操作

- 分类：将鼠标指针移至界面上方，单击“调色板”按钮并选择颜色，如图 3-86 所示。
- 编辑：在便签本形式中，双击可编辑便签贴内容，如图 3-87 所示。
- 搜索：在界面下方搜索框中输入关键词，可搜索便签贴标题、内容，如图 3-87 所示。
- 删除：选中列表中的便签贴，单击右下角的“删除”按钮，可删除便签贴，如图 3-87 所示。

图 3-86

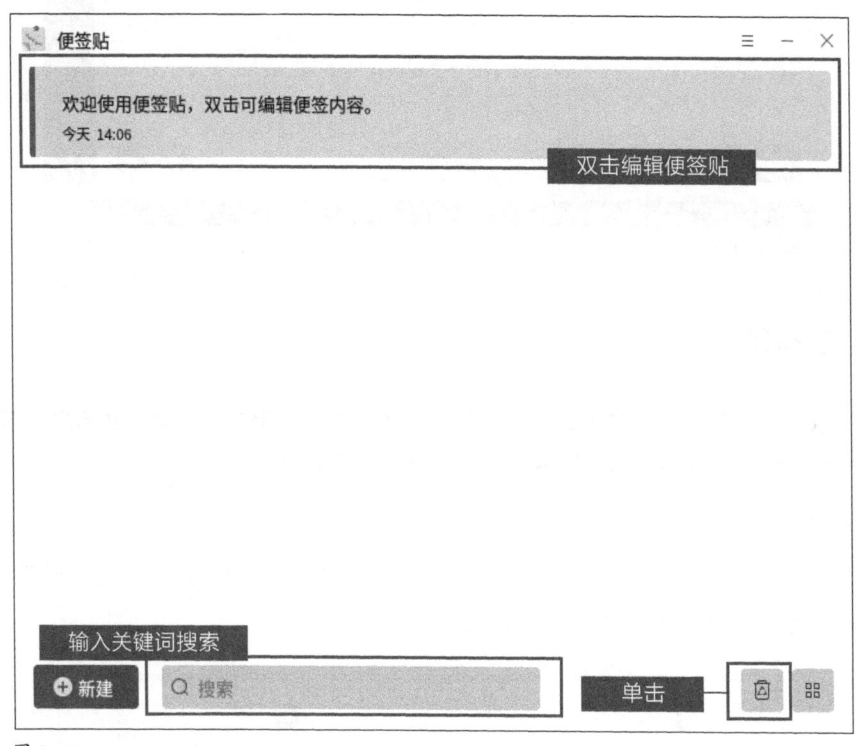

图 3-87

- 视图：单击右下角的“切换视图”按钮，选择列表形式或网格形式的便签贴显示风格，如图 3-88 和图 3-89 所示。

图 3-88

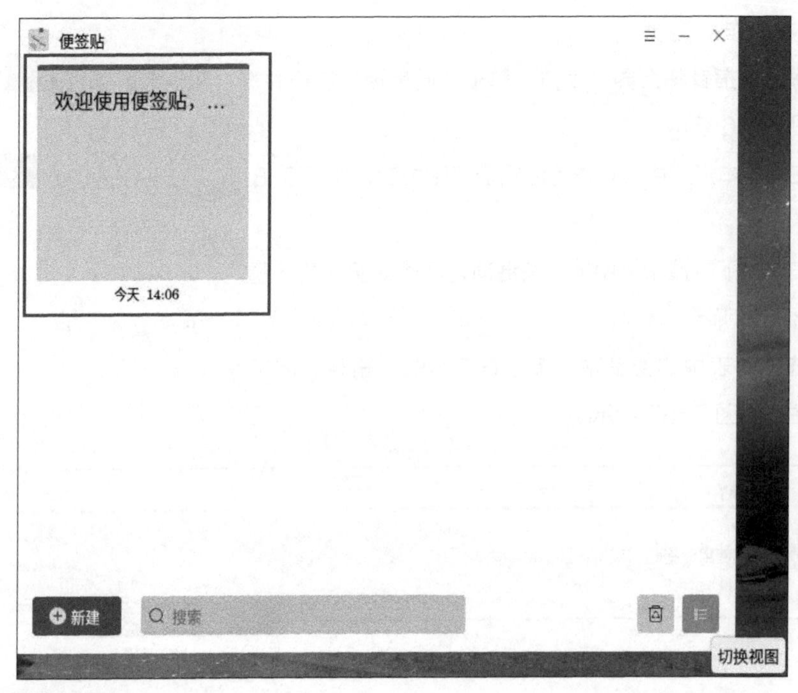

图 3-89

3.2.9　工具箱

工具箱是一款功能强大的系统辅助软件，主要面向初级用户，能够帮助用户对系统进行管理。工具箱具备系统垃圾扫描与清理、系统软硬件信息查看等功能。

1. 系统垃圾扫描与清理

在“开始菜单”中找到“工具箱”并打开，单击界面下方的“开始清理”按钮，界面如图 3-90 所示。扫描清理的内容为系统缓存、Cookies、历史痕迹等。

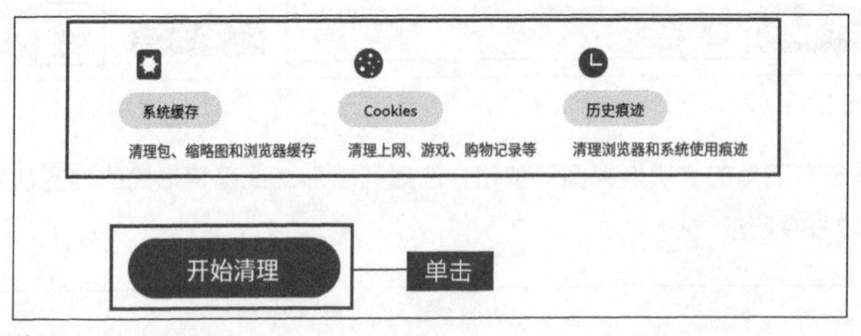

图 3-90

扫描完成后，按需单击“一键清理”或“返回”按钮，单击下方的“详情”按钮可查看可清理缓存，如图 3-91 和图 3-92 所示。

单击“一键清理”按钮后将弹出“授权”窗口，输入密码即可继续完成清理操作，如图 3-93 和图 3-94 所示。

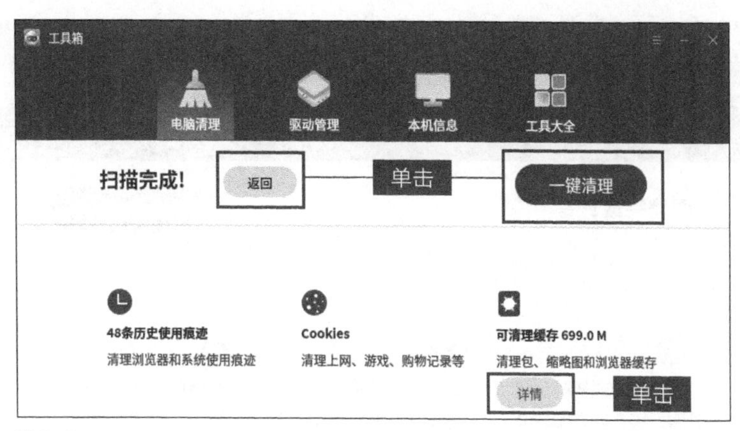

图 3-91

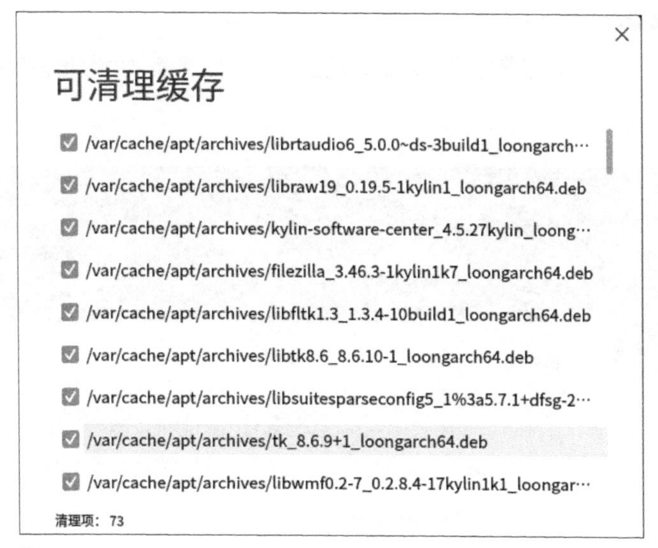

图 3-92

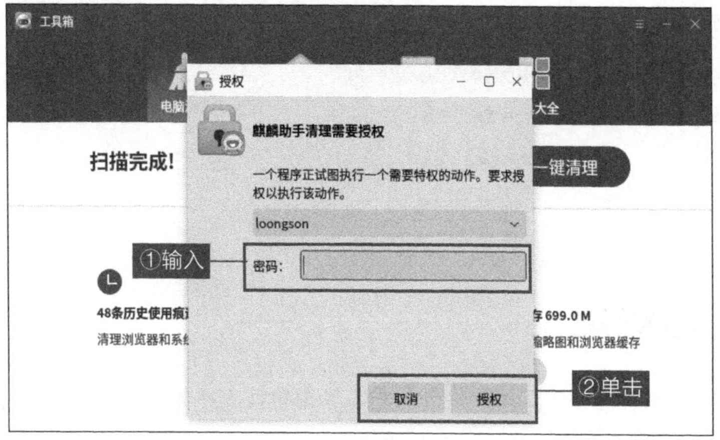

图 3-93

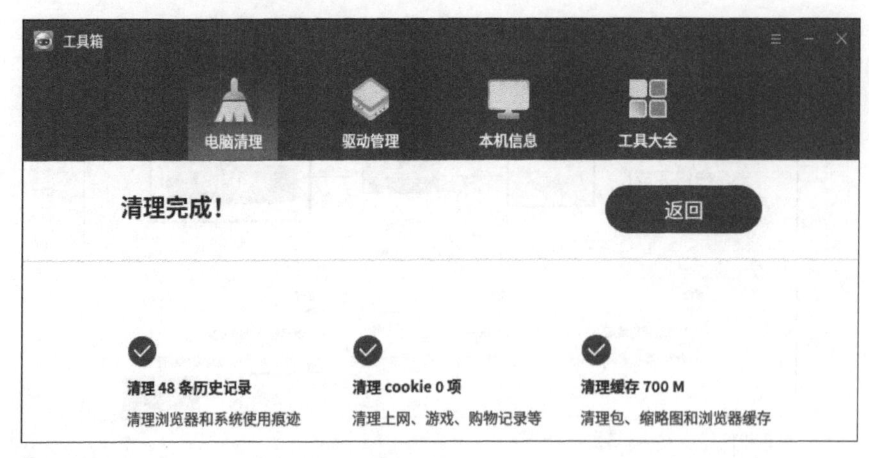

图 3-94

2. 系统软硬件信息查看

单击“本机信息”按钮，可查看本机系统、桌面环境、处理器、内存和各种软硬件的详细信息，如图 3-95 所示。

图 3-95

3.3 外设管理

除了计算机操作系统内部的实用软件外，龙芯计算机还支持外围设备（简称外设），辅助用户日常办公。本节主要介绍如何使用龙芯计算机连接打印机。

为了支持打印，龙芯计算机需要连接一款打印机，打印机一般通过 USB 数据线连接到龙芯计算机。本书举例使用的打印机是“HP-LaserJet-Pro-M201-M202”。

案例 使用“打印机”进行配置，手动选择打印机型号

01. 打开“设置”中的“设备”，界面如图 3-96 和图 3-97 所示。

图 3-96

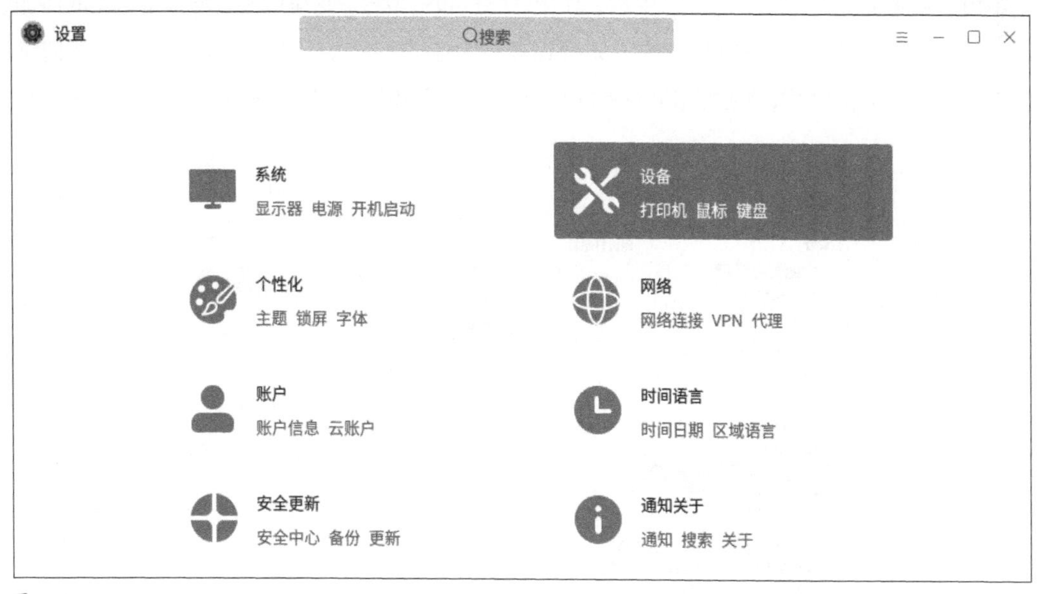

图 3-97

02. 选择“打印机”，单击“添加打印机和扫描仪”按钮，添加新的打印机，单击“添加”按钮，如图 3-98 和图 3-99 所示。

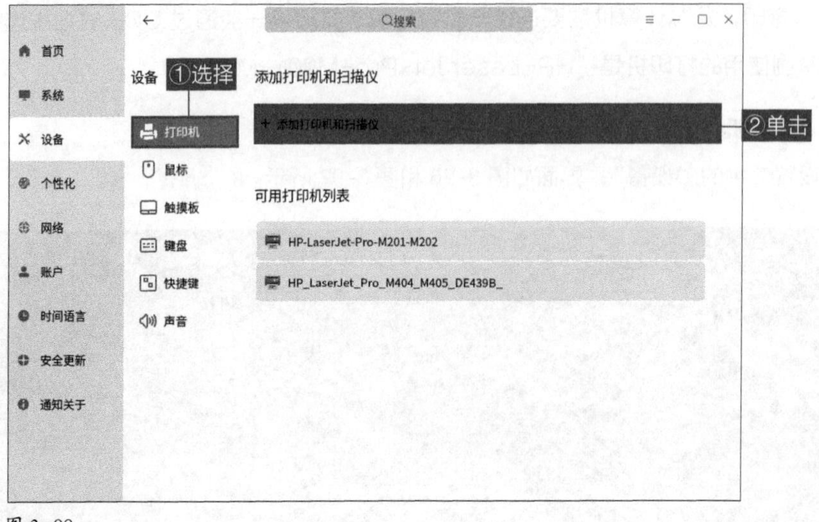

图 3-98

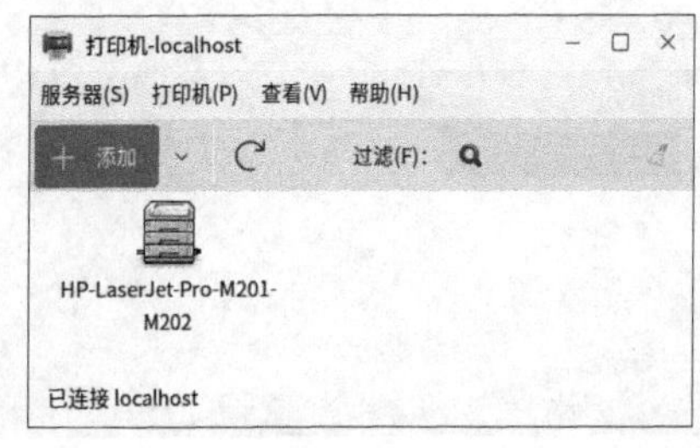

图 3-99

03. 弹出“新打印机”窗口，在设备中找到连接好的打印机型号。这里以办公场景中常见的添加网络打印机为例进行介绍。在左侧导航栏“选择设备”中选择“网络打印机”，再选择“查找网络打印机”，在右侧界面中输入网络打印机的主机 IP 地址，然后单击“查找”按钮，如图 3-100 所示。

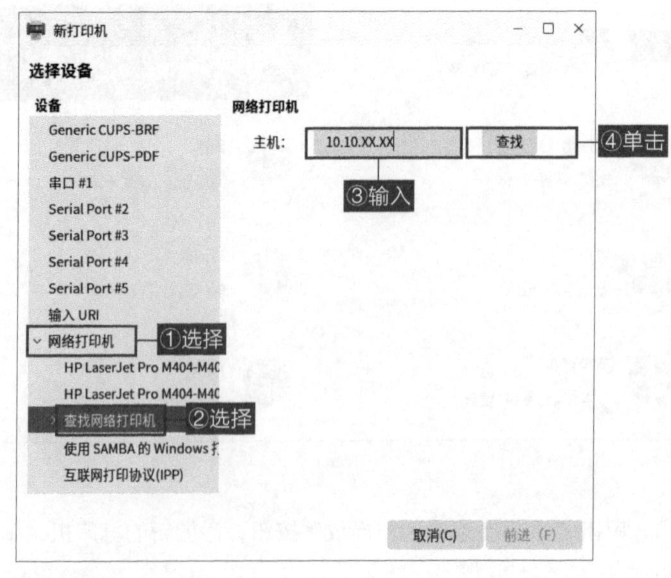

图 3-100

04. 单击“查找”按钮后，需要等待一段时间进行设备查找，查找到的结果如图 3-101 所示，单击“前进”按钮进行下一步设置。

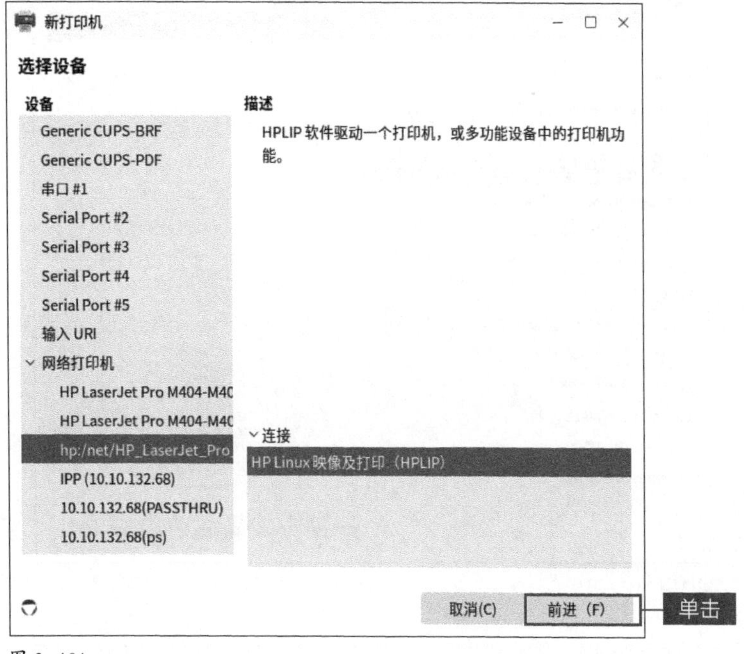

图 3-101

05. 在新打开的“新打印机”窗口中，根据目前连接的打印机设备品牌及型号，选择对应的驱动名称（用户需要根据实际连接的打印机型号进行选择），然后单击“前进”按钮进行下一步设置，如图 3-102 和图 3-103 所示。

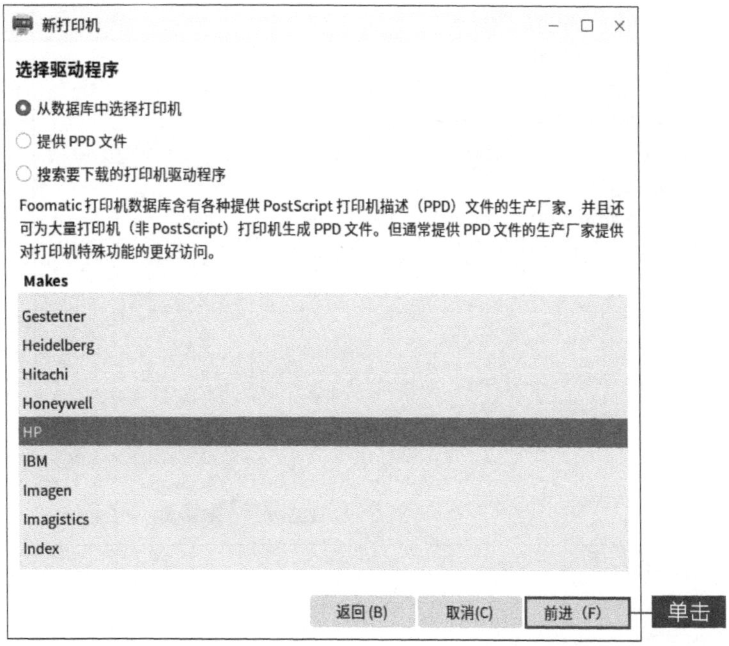

图 3-102

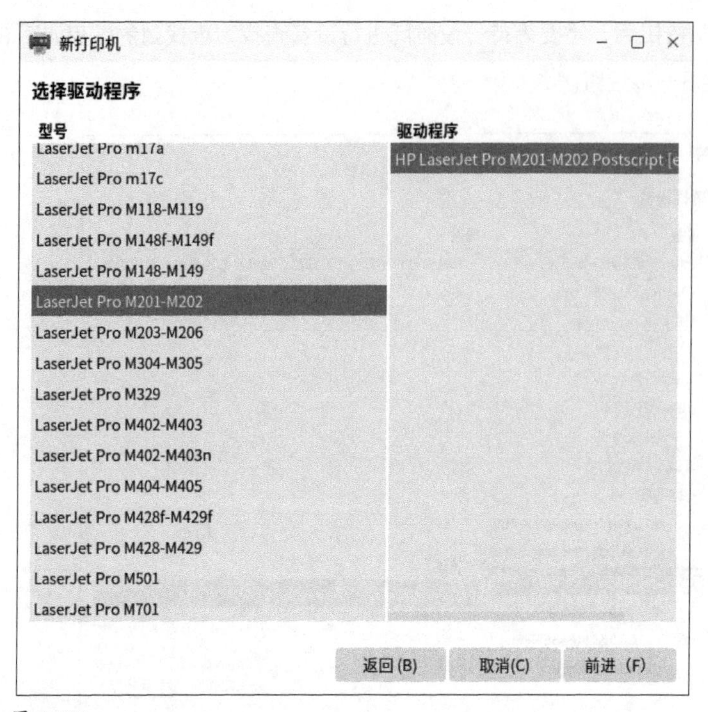

图 3-103

06. 设置完成后，将显示新添加的打印机信息，如果信息无误，单击“应用”按钮完成打印机添加，如图 3-104 所示。

图 3-104

第 04 章

文字处理软件 WPS 文字

WPS Office 是金山办公软件公司推出的一款办公软件套装，包含 WPS 文字、WPS 表格和 WPS 演示。WPS 文字处理软件提供专业的文档制作与处理功能，具有编辑、排版、格式设置、文件管理、模板管理、打印控制等功能，用户借助 WPS 文字处理软件，能方便地开展日常工作，满足办公要求。

4.1 WPS 文字介绍

本节将介绍 WPS 文字的界面区域和新建、保存文档等基础操作。

4.1.1 WPS 文字界面简介

WPS 文字界面有许多功能区和显示区，如图 4-1 所示。

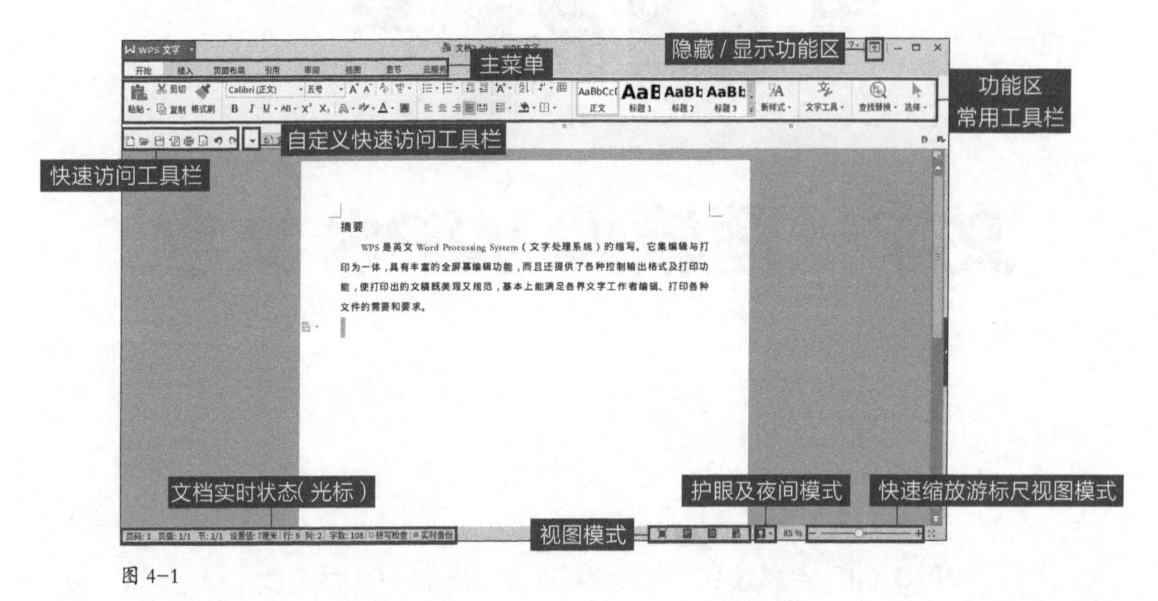

图 4-1

- 主菜单：包含所有的菜单。
- 功能区常用工具栏：在主菜单内单击不同的菜单会显示不同的操作工具，“开始”“插入”“页面布局”等菜单较为常用。
- 隐藏 / 显示功能区：该功能区可以使编辑的区域更大。
- 快速访问工具栏：可设置常用的几款工具，单击即可快速访问。
- 自定义快速访问工具栏：可以自定义工具按钮。
- 文档实时状态(光标)：可以看到当前文档的字数和页数，单击“字数”会出现具体的字数统计，还可以快捷打开 / 关闭“拼写检查”功能。
- 视图模式：默认视图是“页面视图”，可以快速切换“全屏显示”、“大纲”、“Web 版式”。
- 护眼及夜间模式：开启 / 关闭护眼模式或夜间模式。
- 快速缩放游标尺视图模式：随意拖曳比例滑动条控制页面大小。

4.1.2 WPS 文字中的基础操作

WPS 文字中的基础操作包括新建文档、保存文档。

1. 新建空白文档

当 WPS 文字未启动时，可通过下面的方法新建空白文档。

单击“开始菜单”，找到“WPS 文字”并单击，如图 4-2 所示。

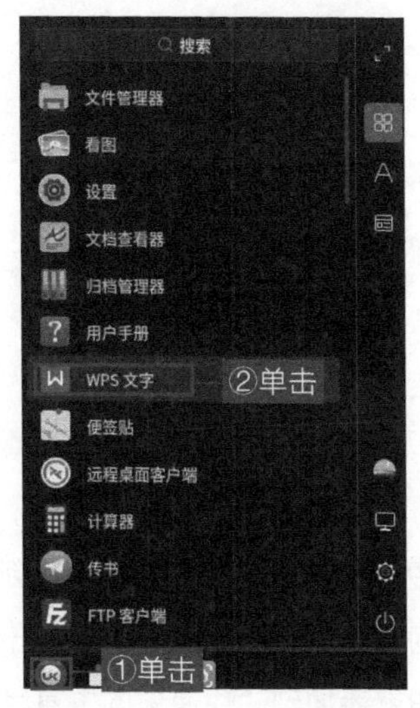

图 4-2

当 WPS 文字已经启动时，可通过下面 4 种方法新建空白文档。

方法一：单击界面左上方的“WPS 文字”按钮，在弹出的下拉式菜单中选择“新建”→“新建”命令，即可创建一个名为“文档 1”的空白文档，如图 4-3 和图 4-4 所示。

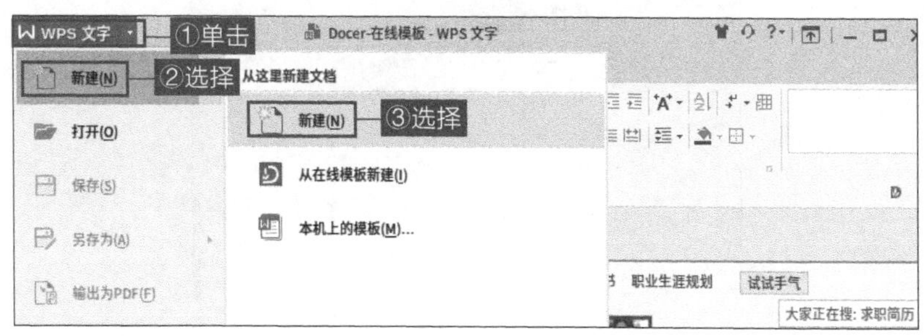

图 4-3

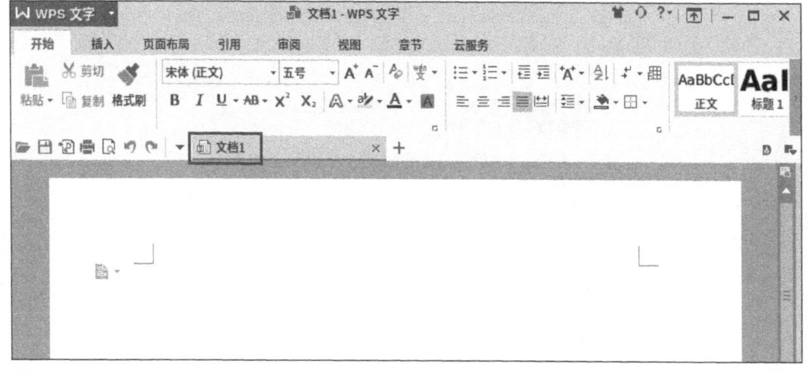

图 4-4

方法二：在 WPS 文字主界面中单击“新建”图标按钮，如图 4-5 所示，即可创建一个空白文档。

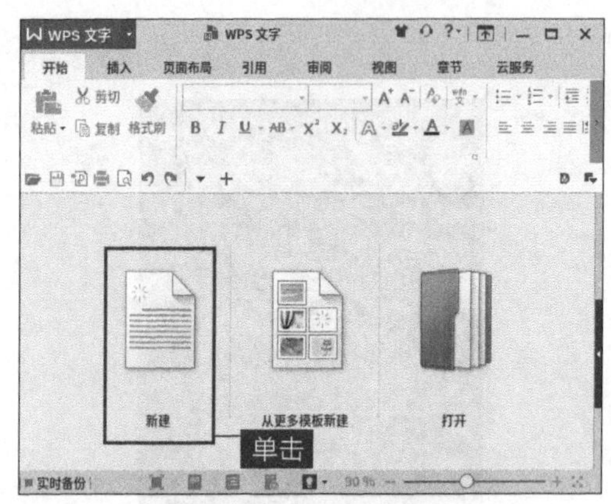

图 4-5

方法三：在 WPS 文字主界面中按“Ctrl+N”组合键即可创建一个空白文档。

方法四：单击“自定义快速访问工具栏”图标按钮，在弹出的下拉式菜单中选择“新建”命令，如图 4-6 所示。此时，“新建”按钮就添加到“快速访问工具栏”中，单击该按钮即可创建一个空白文档，如图 4-7 所示。

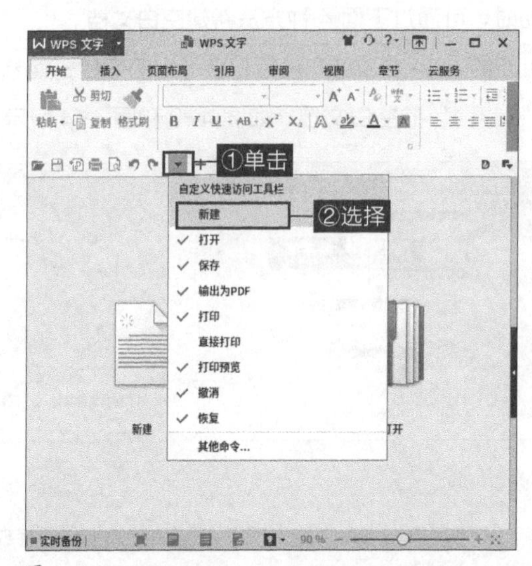

图 4-6

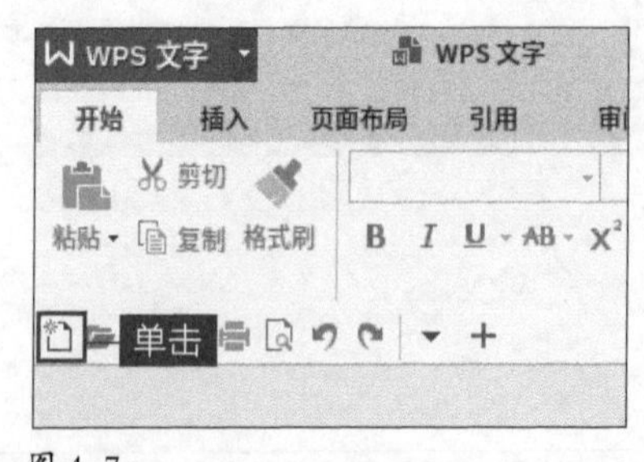

图 4-7

2. 新建联机模板

除空白文档外，WPS 文字还为用户提供了很多精美的联机模板。

案例　新建联机模板

01. 启动 WPS 文字，单击“从更多模板新建”图标按钮，如图 4-8 所示。

图 4-8

02. 在打开的界面中，用户可以看到许多模板，也可以在界面右上方的搜索框中输入想要的模板类型，如图 4-9 所示。

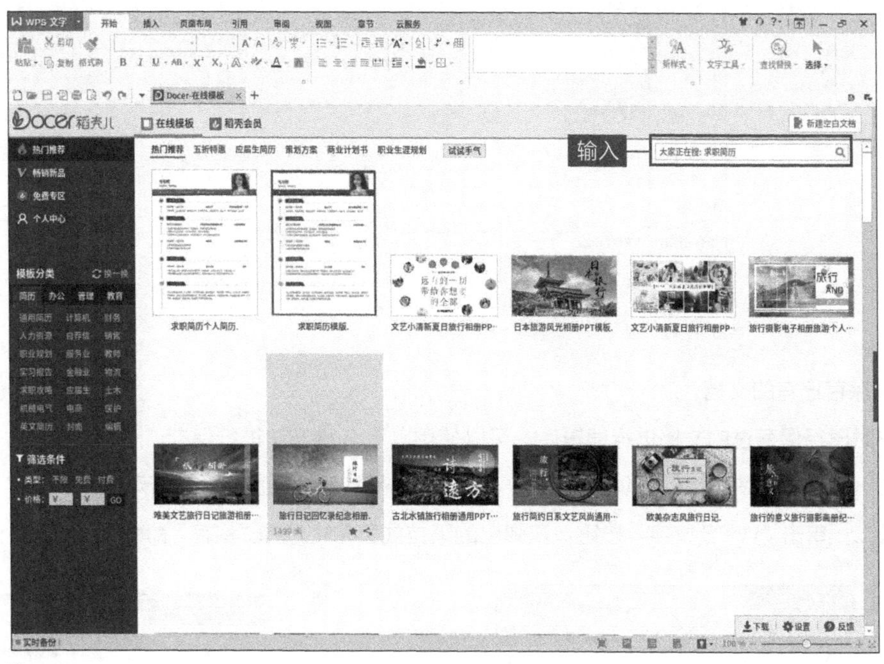

图 4-9

3. 保存文档

在编辑文档的过程中，用户可能会遇到断电、死机或系统自动关闭等情况，造成数据丢失。为了避免不必要的损失，用户应该及时保存文档。

（1）保存新建的文档。

新建文档以后，用户可以将其保存，具体操作步骤如下。

01. 启动 WPS 文字，单击界面左上方的“WPS 文字”按钮，在弹出的下拉式菜单中选择“保存”命令，如图 4-10 所示。

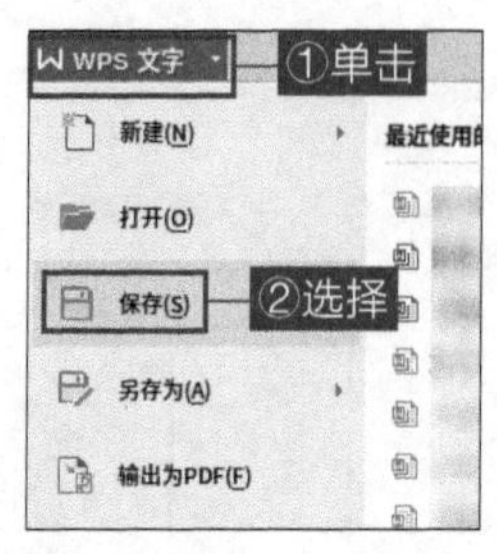

图 4-10

02. 此时用户若是第一次保存文档，WPS 文字会打开“另存为”窗口，如图 4-11 所示，在窗口中双击选择要保存到的文件夹，或单击“打开”按钮后，根据需要修改文件名称和文件类型，单击“保存”按钮。

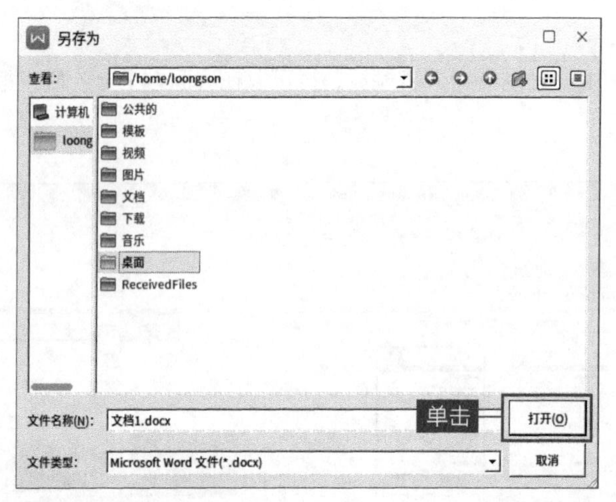

图 4-11

（2）保存已有的文档。

用户对已经保存过的文档进行编辑后，可以使用以下 3 种方法进行保存。

方法一：单击“快速访问工具栏”中的“保存”图标按钮，如图 4-12 所示。

方法二：单击“WPS 文字”按钮，在弹出的下拉式菜单中选择“保存”命令，如图 4-13 所示。

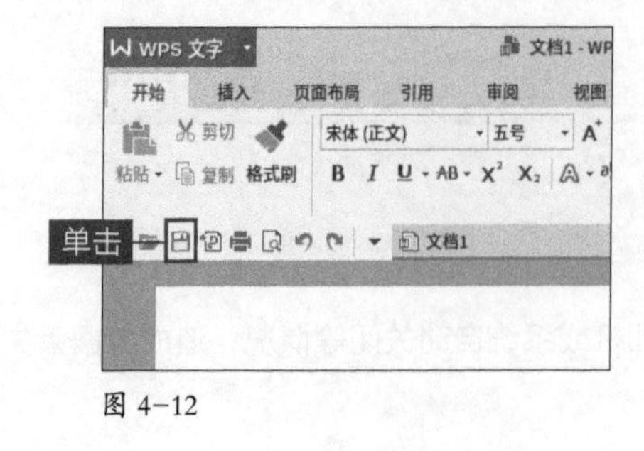

图 4-12

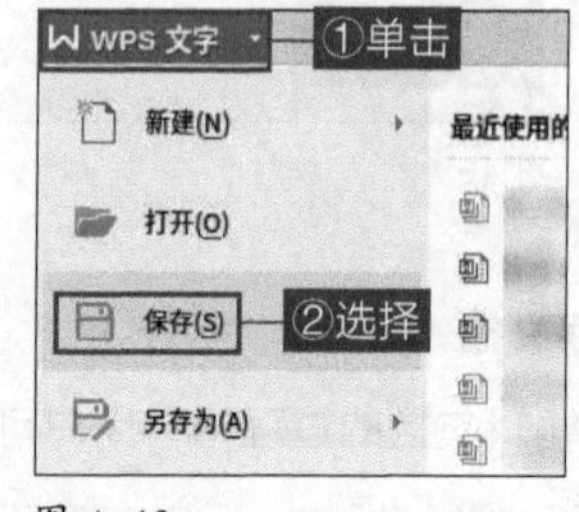

图 4-13

方法三：在 WPS 文字界面中按“Ctrl+S”组合键即可保存文档。

（3）将文档另存为。

用户对已有文档进行编辑后，可以将其另存为同类型文档或其他类型的文档。

01. 单击界面左上方的“WPS 文字”按钮，在弹出的下拉式菜单中选择“另存为”命令。

02. 在“另存为”窗口中双击选择要保存到的文件夹，或单击“打开”按钮后，根据需要修改文件名称和文件类型，单击“保存”按钮，如图 4-14 所示。

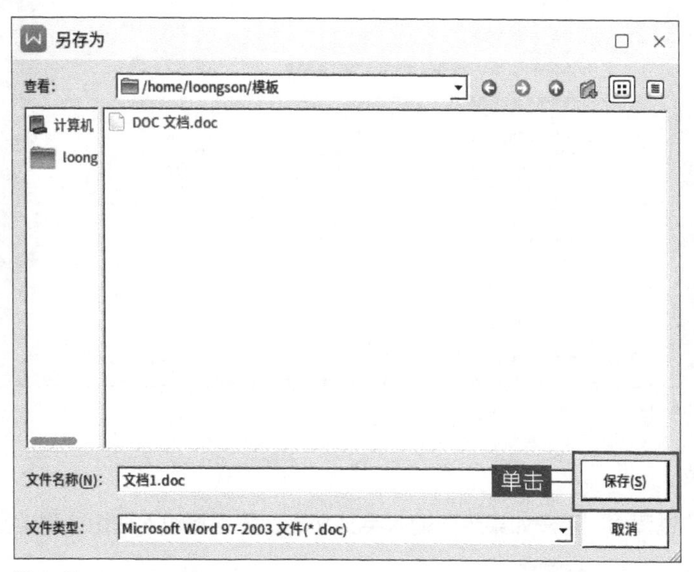

图 4-14

4.2 文本编辑

文本编辑是 WPS 文字处理软件最主要的功能之一，本节介绍如何在 WPS 文字中对中文、数字、英文、日期、时间等文本进行编辑，以及多种选择文本的方法。

4.2.1 输入与选择文本

在文本编辑的过程中对文本的输入和选择是必不可少的。本小节根据文本类型的不同，介绍文本的输入；根据操作方式的不同，介绍选择文本的方法。

1. 输入文本

输入的文本类型包括中文、数字、英文、日期和时间。

（1）输入中文和数字。

新建一个空白文档后，用户可以在文档中输入中文和数字，具体操作如下。

01. 打开新建的空白文档，切换至任意一种汉字输入法，单击文档编辑区，在光标闪烁处输入文本内容，按“Enter”键将光标移至下一行行首。

02. 将光标定位至需要输入数字处，输入即可，如图 4-15 所示。

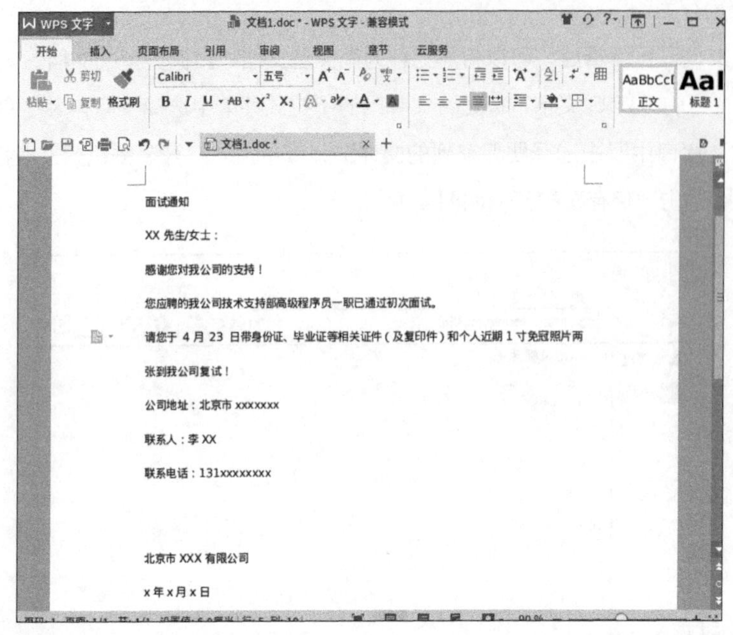

图 4-15

（2）输入英文。

在编辑文档的过程中，用户如果想要输入英文文本，需先将输入法切换到英文状态，然后进行输入。输入英文的具体操作步骤如下。

01. 按“Shift”键将输入法切换到英文状态，将光标定位在文本“三楼”前，然后输入小写英文文本“top”，如图 4-16 所示。

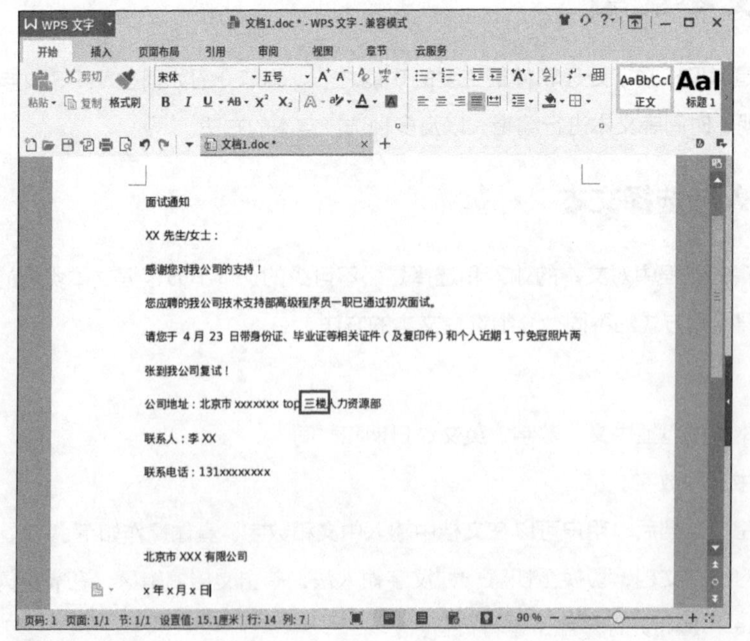

图 4-16

02. 如果要更改英文字母的大小写，需先选中英文文本，如“top”，然后切换至“开始”选项卡，在工具栏中单击“更改大小写”的扩展按钮，在弹出的下拉式菜单中选择“更改大小写”命令，如图 4-17 所示。

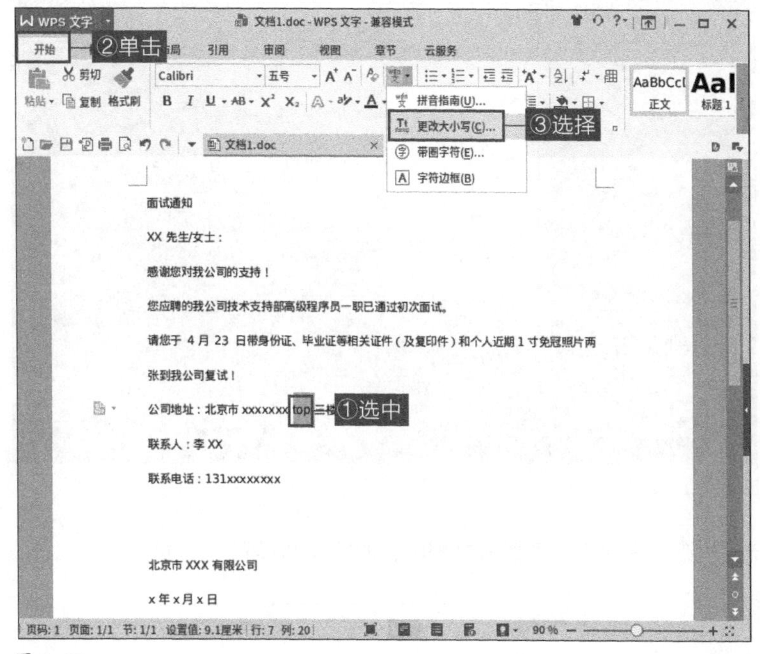

图 4-17

03. 打开“更改大小写”对话框，选中“大写”单选按钮，单击“确定”按钮，如图 4-18 所示。

04. 保持“top”的选中状态，按“Shift+F3”组合键，“top”变成“Top”；再次按“Shift+F3”组合键，“Top”变成“top”。

更改大小写
句首字母大写(S)　半角(W)
小写(L)　全角(F)
大写(U)　①选中
切换大小写(G)
词首字母大写(T)
确定　②单击

图 4-18

> **注意：**
>
> 用户也可以通过键盘实现英文大小写的更改。按键盘上的“Caps Lock”键，然后输入字母，即可输入大写字母；再次按键盘上的“Caps Lock”键，即可关闭大写。在英文输入法中，按“Shift+字母”组合键也可以实现英文大小写的切换。

（3）输入日期和时间。

用户在编辑文档时，往往需要输入日期和时间。如果用户要使用当前的日期和时间，可以使用 WPS 自带的插入日期和时间功能。输入日期和时间的具体操作步骤如下。

01. 将光标定位在文档的最后一行行首，切换至“插入”界面，然后单击“日期”按钮。

02. 打开“日期和时间”对话框，在“可用格式”列表框中单击选择一种日期格式，如“2022 年 4 月 6 日”，如图 4-19 所示。

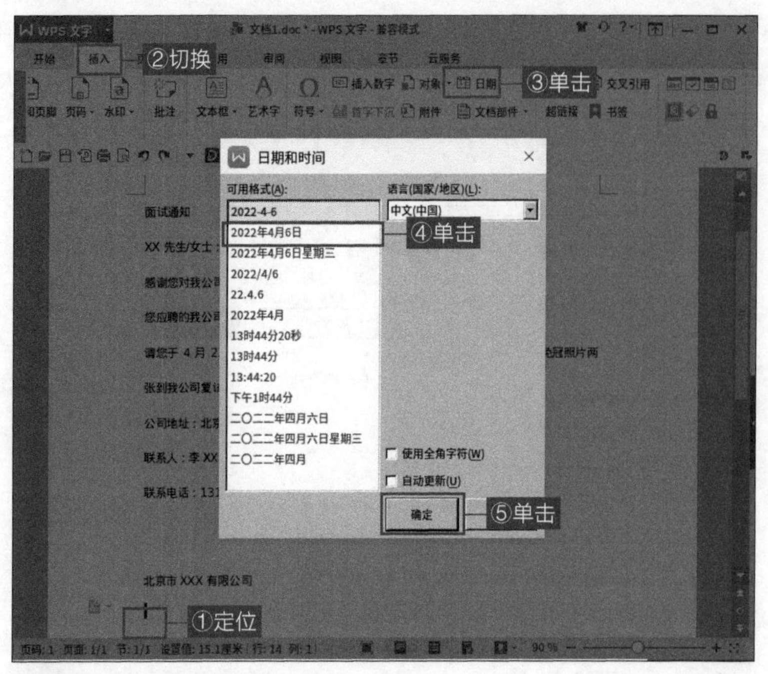

图 4-19

03. 单击“确定”按钮，日期格式即插入文档中，如图 4-20 所示。

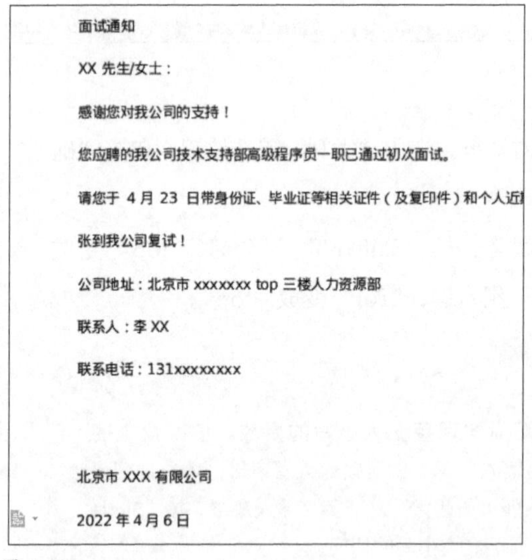

图 4-20

注意：

文档输入完成后，如果不希望其中某些日期和时间随系统的改变而改变，可以选中相应的日期和时间，按“Ctrl+Shift+F9”组合键切断域的链接。

2．选择文本

对文档中的文本进行编辑之前，首先要选择进行编辑的文本。下面用几个案例介绍使用鼠标和键盘选择文本的方法。

案例　如何使用鼠标选择文本

用户可以使用鼠标选取单个字词、连续文本、分散文本、矩形文本、段落文本及整个文档等。

（1）选择单个字词。

将光标定位在需要选择的字词的开始位置，按住鼠标左键不放，拖曳至需要选择的字词的结束位置，释放鼠标左键即可。

另外，在词语中的任何位置双击也可以选择该词语。例如，双击词语“身份证”，此时被选择的文本会呈深灰色，如图 4-21 所示。

感谢您对我公司的支持！
您应聘的我公司技术支持部高级程序员一职已通过初次面试。
请您于 4 月 23 日带身份证
双击
证件（及复印件）和
张到我公司复试！

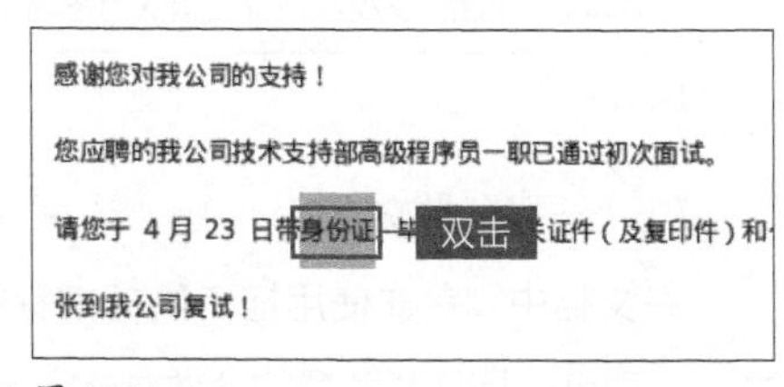

图 4-21

（2）连续选择文本。

01. 将光标定位在需要选择的文本的开始位置，按住鼠标左键不放，拖曳到需要选择的文本的结束位置，释放鼠标左键即可，如图 4-22 所示。

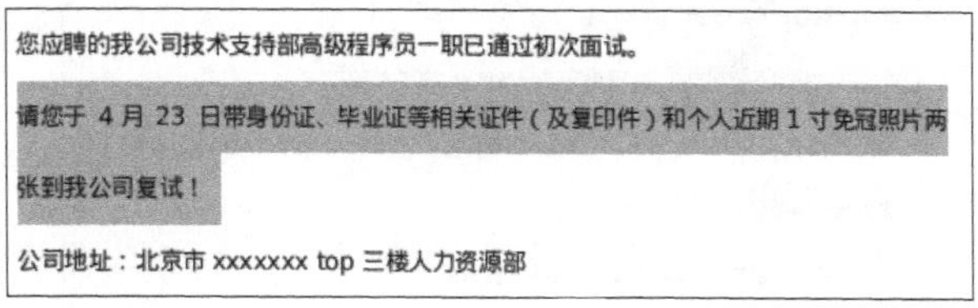

您应聘的我公司技术支持部高级程序员一职已通过初次面试。
请您于 4 月 23 日带身份证、毕业证等相关证件（及复印件）和个人近期 1 寸免冠照片两
张到我公司复试！
公司地址：北京市 xxxxxxx top 三楼人力资源部

图 4-22

02. 若要选择超长文本，需将光标定位在需要选择的文本的开始位置，用滚动条代替光标向下移动文档，直到看到想要选择部分的结束位置，按住“Shift”键，单击要选择文本的结束位置，超长文本内容即可被选中，如图 4-23 所示。

面试通知
XX 先生/女士：
感谢您对我公司的支持！
您应聘的我公司技术支持部高级程序员一职已通过初次面试。
请您于 4 月 23 日带身份证、毕业证等相关证件（及复印件）和个人近期 1 寸免冠照片两
张到我公司复试！
公司地址：北京市 xxxxxxx top 三楼人力资源部
联系人：李 XX
联系电话：131xxxxxxxx

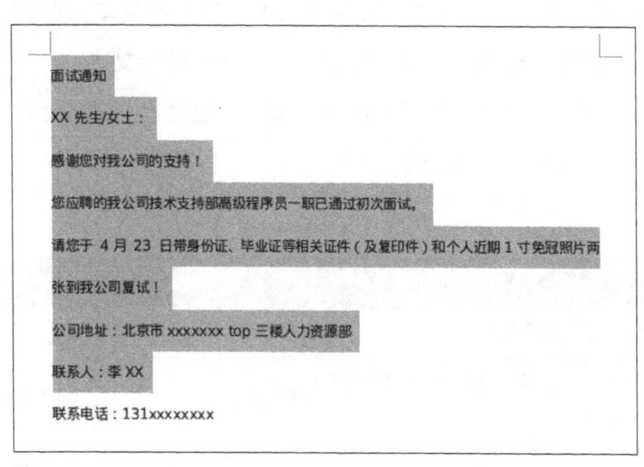

图 4-23

（3）选择段落文本。

在要选择段落中的任意位置连续单击 3 次，即可选择整个段落文本，如图 4-24 所示。

（4）选择矩形文本。

按住“Alt”键，同时在文本中拖曳鼠标指针即可选择矩形文本，如图 4-25 所示。

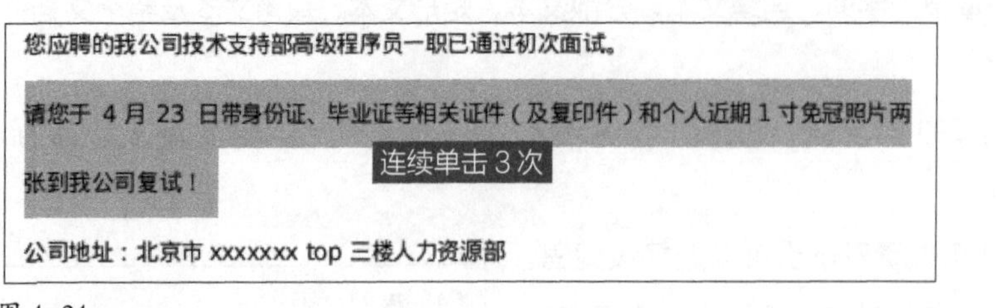

图 4-24

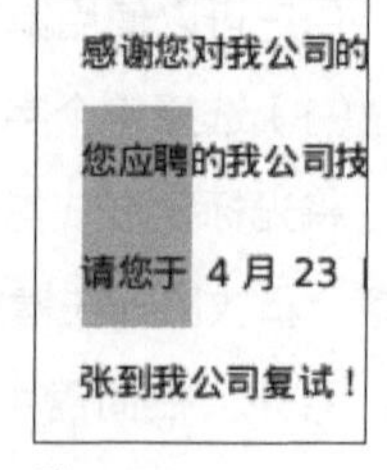

图 4-25

（5）选择分散文本。

在文档中，首先使用拖曳鼠标指针的方法选择一个文本，然后按住“Ctrl”键，依次选择其他文本，即可选择任意数量的分散文本，如图 4-26 所示。

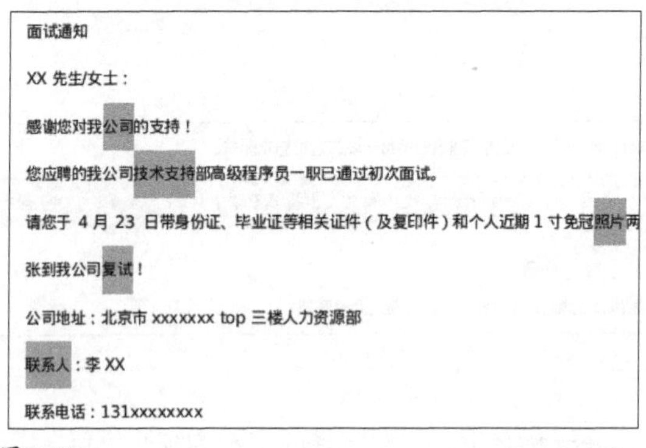

图 4-26

案例　如何使用键盘选择文本

除了使用鼠标选择文本外，还可以使用键盘上的组合键选择文本。在使用组合键选择文本前，应根据需要将光标定位在适当的位置，然后再按相应的组合键选择文本。

WPS 文字提供了一整套利用键盘选择文本的方法，主要是通过“Shift”键、“Ctrl”键和方向键来实现的，具体操作方法如表 4-1 所示。

表 4-1

组合键	功能	组合键	功能
Ctrl+A	选择整篇文档	Shift+ ↑	向上选中一行
Ctrl+Shift+Home	选择光标所在处至文档开始处的文本	Shift+ ↓	向下选中一行
Ctrl+Shift+End	选择光标所在处至文档结束处的文本	Shift+ ←	向左选中一个字符
Alt+Ctrl+Shift+PageUp	选择光标所在处至向上半个页面的文本	Shift+ →	向右选中一个字符

续表

组合键	功能	组合键	功能
Alt+Ctrl+Shift+PageDown	选择光标所在处至向下半个页面的文本	Ctrl+Shift+←	选择光标所在处左侧的词语
—	—	Ctrl+Shift+→	选择光标所在处右侧的词语

案例　如何使用选中栏选择文本

选中栏就是 WPS 文字左侧的空白区域。当鼠标指针移至该空白区域时，指针便会呈箭头形状显示。

（1）选择行。

将鼠标指针移至要选中行左侧的选中栏中，单击即可选中该行文本，如图 4-27 所示。

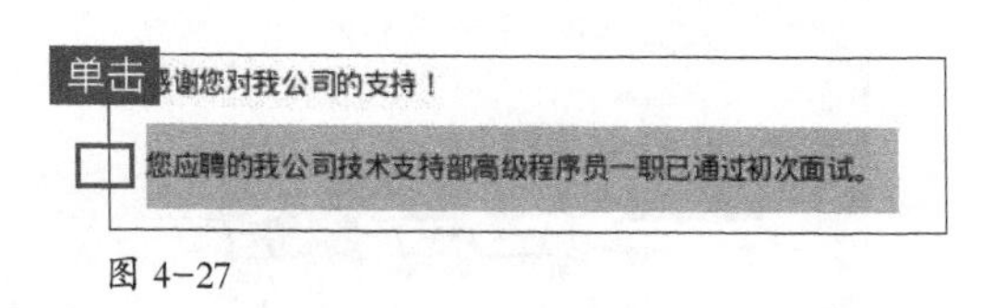

图 4-27

（2）选择段落。

将鼠标指针移至要选中段落左侧的选中栏中，单击即可选中整段文本，如图 4-28 所示。

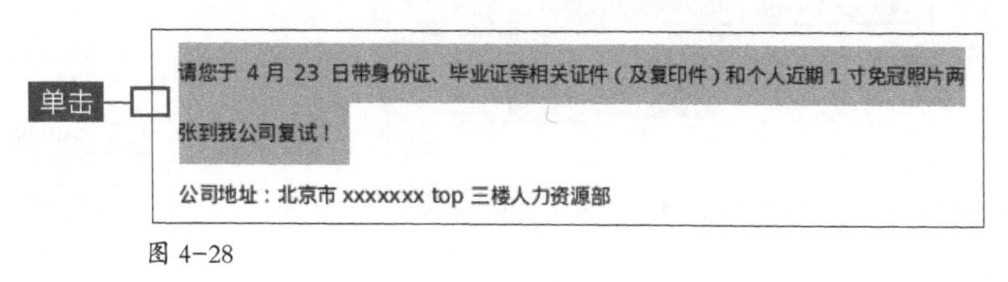

图 4-28

（3）选择整篇文档。

将鼠标指针移至选中栏中，连续单击 3 次即可选中整篇文档，如图 4-29 所示。

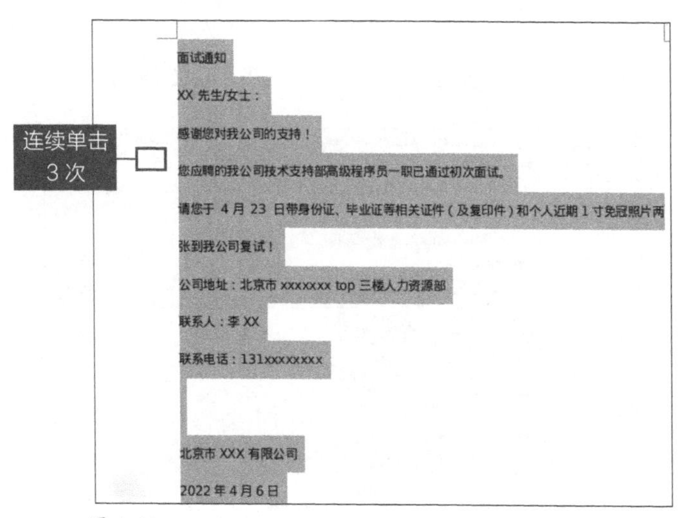

图 4-29

4.2.2　查找与替换文本

在编辑文档的过程中，用户可能会需要查找并替换某些字词。使用 WPS 文字的查找和替换功能可以节约大量时间，具体操作步骤如下。

01. 打开某文档，切换至“开始”界面，在工具栏中单击“查找替换”按钮。

02. 打开“查找和替换”对话框，切换至“查找”选项卡，或按“Ctrl+F”组合键进行切换。在“查找内容”文本框中输入要查找的内容，如“联系人”，单击“查找下一处”按钮。

03. 文本“联系人”在文档中以灰色底纹显示，查找完成后系统会弹出提示对话框，提示用户“已完成对文档的搜索。”，单击“确定”按钮即可，如图 4-30 和图 4-31 所示。

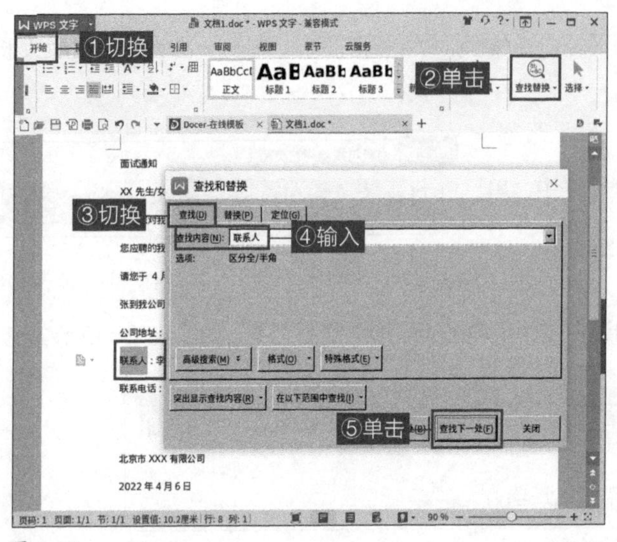

图 4-30

图 4-31

04. 若用户需要替换相关的文本，可以在“查找和替换”对话框中切换至“替换”选项卡，或按“Ctrl+H”组合键打开“查找和替换”对话框，系统会自动切换至“替换”选项卡。在“查找内容”文本框中输入“人力资源部”，在“替换为”文本框中输入“人事部”，单击“全部替换”按钮即可将文档中的文本“人力资源部”全部替换成“人事部”，如图 4-32 所示。

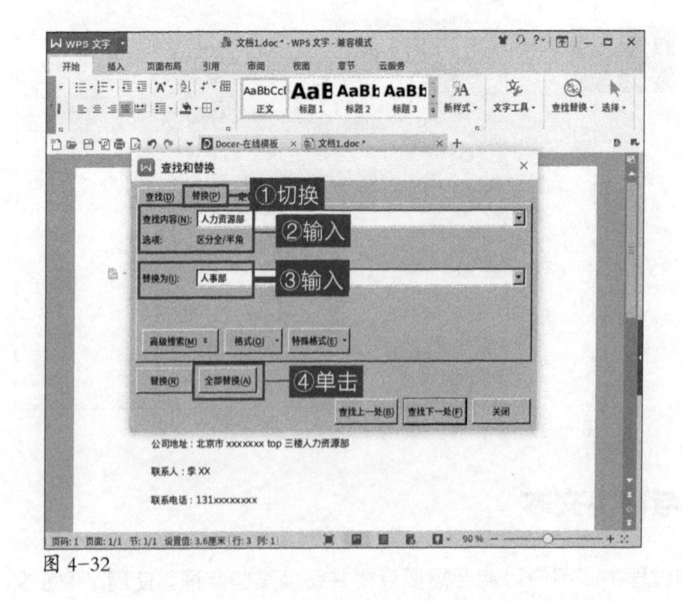

图 4-32

05. 替换完成后，系统会弹出提示对话框，提示用户完成全部替换。

06. 单击“确定”按钮，再单击“关闭”按钮，替换文本过程结束，如图 4-33 所示。

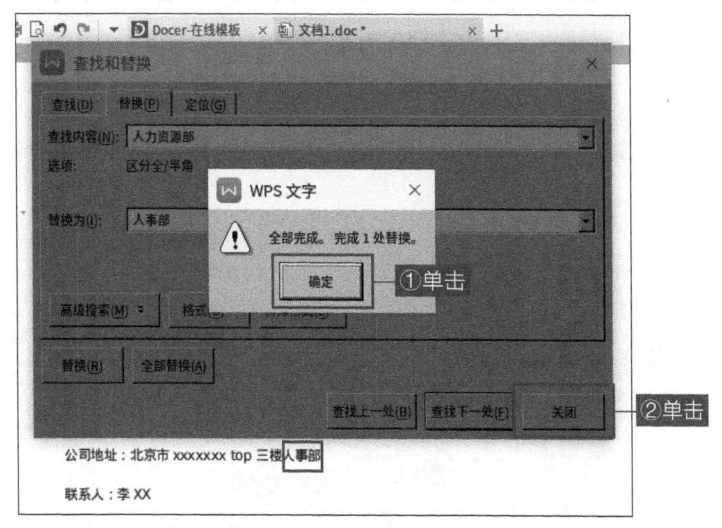

图 4-33

4.2.3 撤销与恢复

在快速访问工具栏中单击“撤销”与“恢复”图标按钮对文档进行撤销与恢复操作，图标如图 4-34 所示。

若快速访问工具栏中未出现如图 4-34 所示的两个图标按钮，可以单击“WPS 文字”按钮，在下拉式菜单中选择“编辑”选项，选择右侧菜单中的“撤销”即可，如图 4-35 所示。

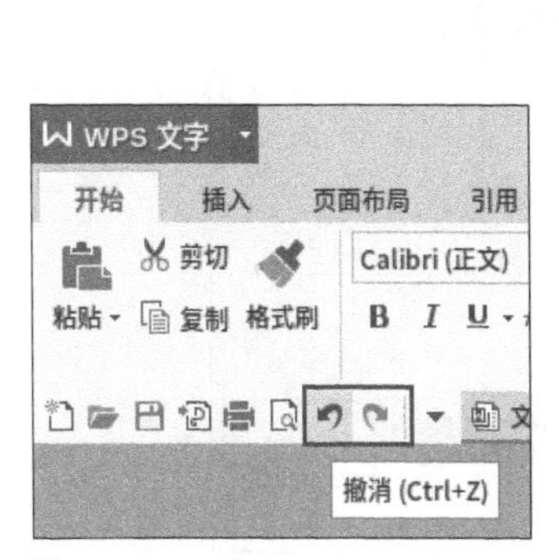

图 4-34

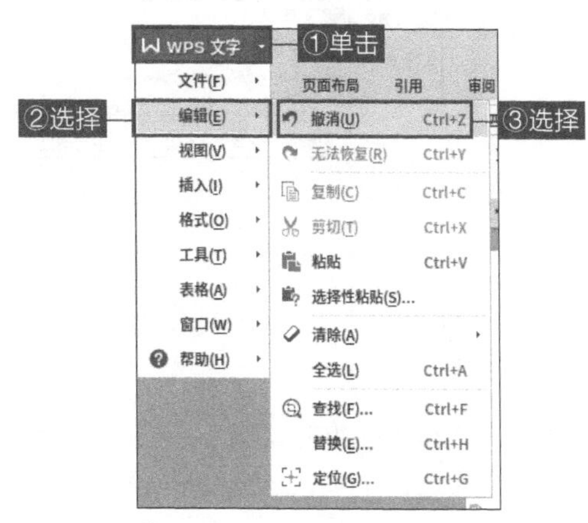

图 4-35

4.3 图片、形状、文本框的插入与编辑

WPS 文字不仅仅可以作为一种文字编辑工具，其图片编辑功能也十分强大。

4.3.1 图片的插入与编辑

使用图片可以缩短思考的时间，有助于加强思维。人们在看到图片时自然而然地会将视线停留在图片上，增强思考，间接帮助人们梳理文档的内容。

1. 插入图片

图片比文字更夺人眼球，为了方便读者阅读文档，可在文档中插入图片，帮助读者认知、了解和记忆。

案例 如何使用 WPS 文字软件在文档中插入图片

01. 打开文档，切换至“插入”界面，单击“图片”按钮的下半部分，在弹出的下拉式菜单中选择“来自文件”命令，如图 4-36 所示。

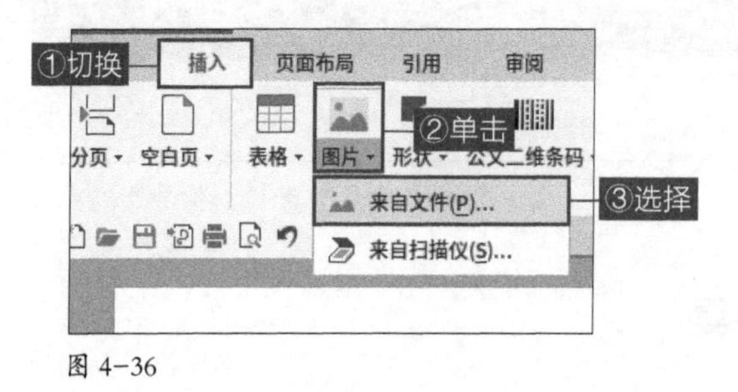

图 4-36

02. 在弹出的“插入图片”对话框中选择要插入文档的图片，单击“打开”按钮，如图 4-37 所示。

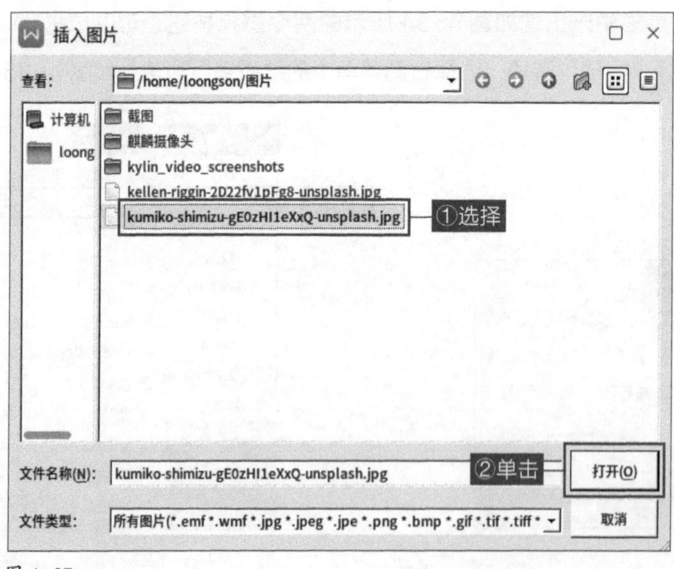

图 4-37

03. 此时图片已经插入文档中。

2. 编辑图片

在编辑图片时，通常会用到裁剪、调整大小、布局环绕等功能。编辑图片的操作步骤如下。

01. 切换至“图片工具”界面，单击“裁剪”功能按钮，图片周围出现加粗的灰色角标，移动鼠标指针至角标上，鼠标指针变为黑色较粗角标，按住鼠标左键并拖曳，截取需要的部分，或单击图片右侧“按形状裁剪”，选择需要的形状用于裁剪，如图 4-38 所示。

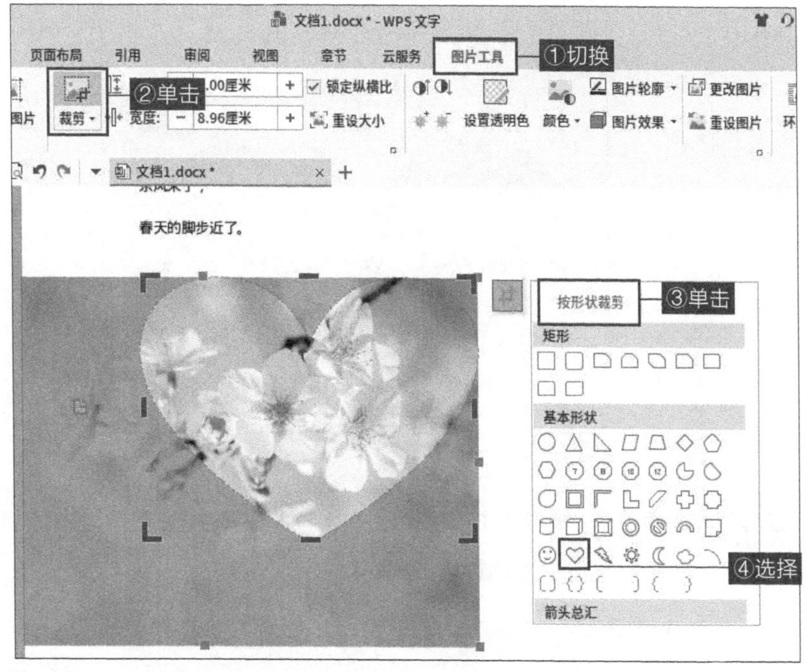

图 4-38

02. 单击图片右侧“按比例裁剪”，可以选择需要的比例用于裁剪，如图 4-39 所示。

图 4-39

03. 在“图片工具”界面中可以调整图片的大小，单击“高度”和“宽度”微调框的调整大小按钮，更改图片的高度与宽度，选中“锁定纵横比”复选框，选择是否锁定图片的纵横比，若在调整之后不满意，可以单击“重设大小”按钮进行重新调整，如图 4-40 所示。

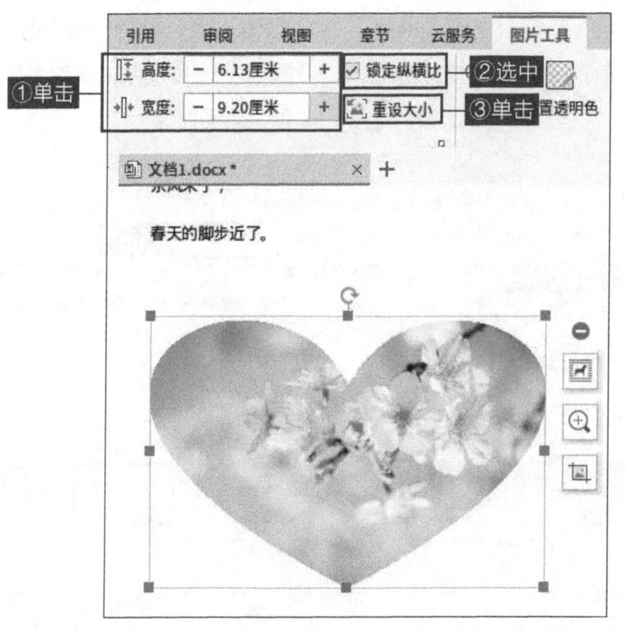

图 4-40

04. 在“图片工具”界面中单击“环绕”功能按钮，在下拉式菜单中选择“衬于文字下方”，选中图片，按住鼠标左键并拖曳来调整图片位置，如图 4-41 所示。

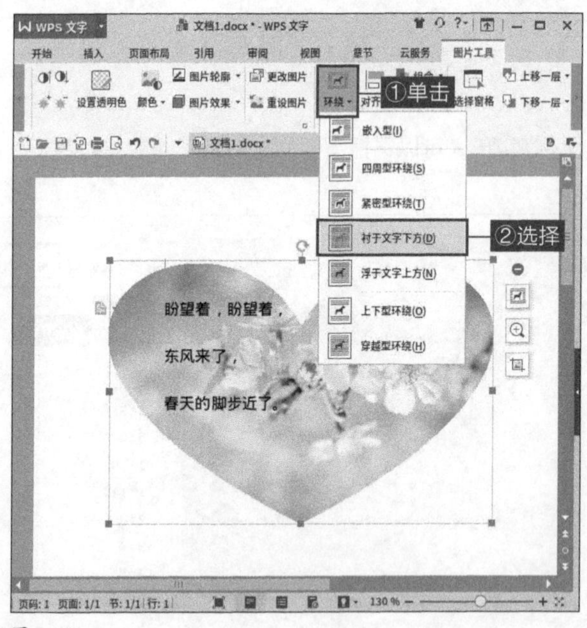

图 4-41

4.3.2 形状的插入与编辑

形状可用于对文档内容加以设计，使文档更便于对文字信息与图像信息进行过滤，帮助用户及时找到所需的内容，使用户操作更加高效、便捷。

1. 插入形状

在文字中插入图案形状，可以起到画龙点睛的作用，插入形状的方法很简单。

案例 如何使用 WPS 文字软件在文档中插入形状

01. 打开文档，切换至“插入”界面，单击“形状”按钮的下半部分，在弹出的下拉式菜单中选择“基本形状”中的“椭圆”命令，如图 4-42 所示。

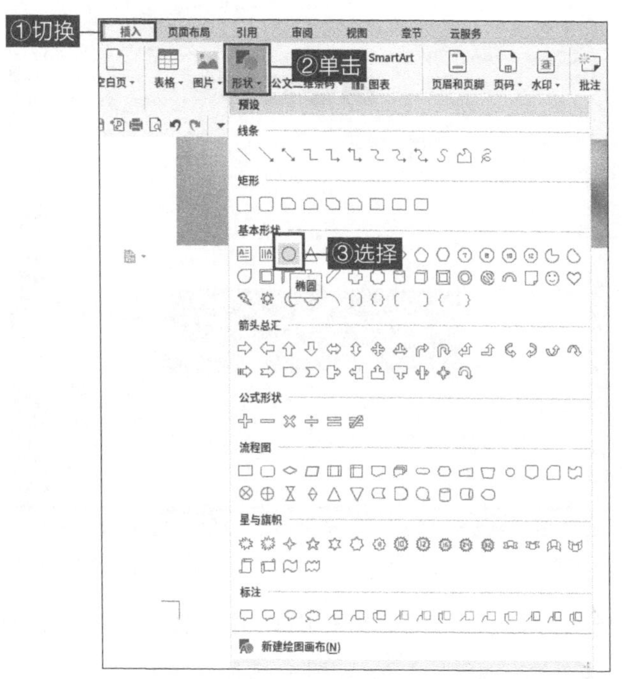

图 4-42

02. 此时光标会变成“+”形状，按住鼠标左键并拖曳，绘制一个椭圆形状，如图 4-43 所示。

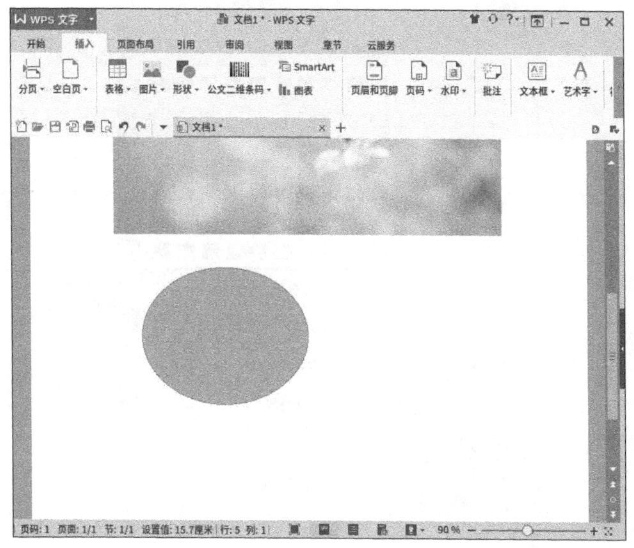

图 4-43

2. 编辑形状

插入的形状可以进一步加工，使其更具设计感，与文档风格统一。编辑形状常用的功能有填充颜色、添加轮廓、调整对齐方式等。

案例　如何编辑形状

01. 用插入形状的方法插入一个矩形，如图 4-44 所示。

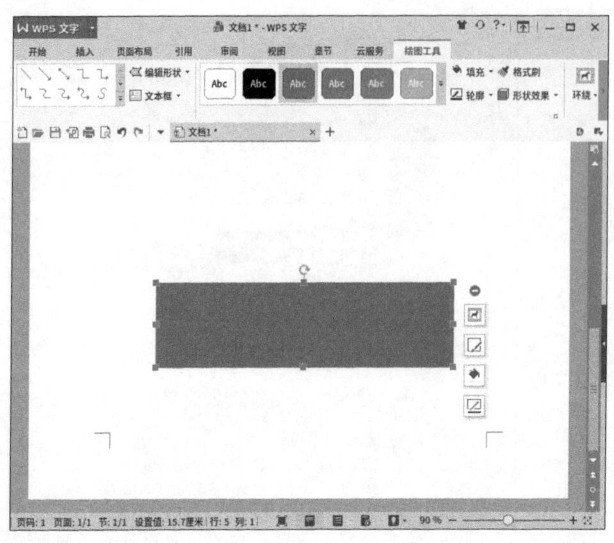

图 4-44

02. 选中矩形，切换至“绘图工具”界面，单击工具栏中“填充”按钮右侧的下三角按钮，在弹出的下拉式菜单中选择“其他填充颜色”命令，如图 4-45 所示。

图 4-45

03. 在弹出的“颜色”对话框中切换至“自定义”选项卡，在“颜色模式”下拉列表框中选择“RGB”

选项，在“红色”“绿色”“蓝色”微调框中输入合适的数值，此处分别输入“235”“107”“133”，单击“确定”按钮，如图 4-46 所示。

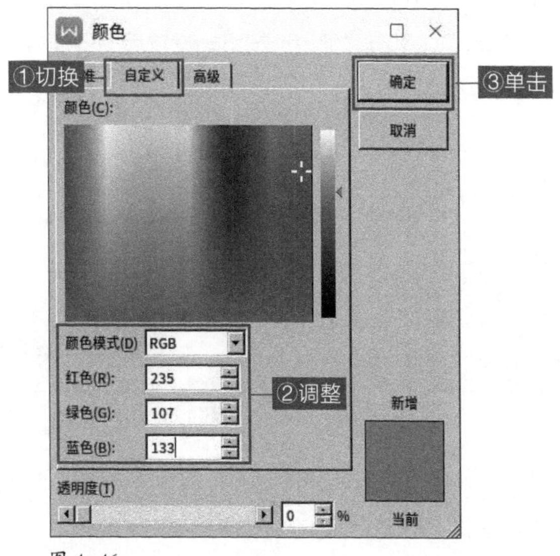

图 4-46

04. 单击工具栏中“轮廓”按钮右侧的下三角按钮，在弹出的下拉式菜单中选择“无线条颜色”命令，如图 4-47 所示。

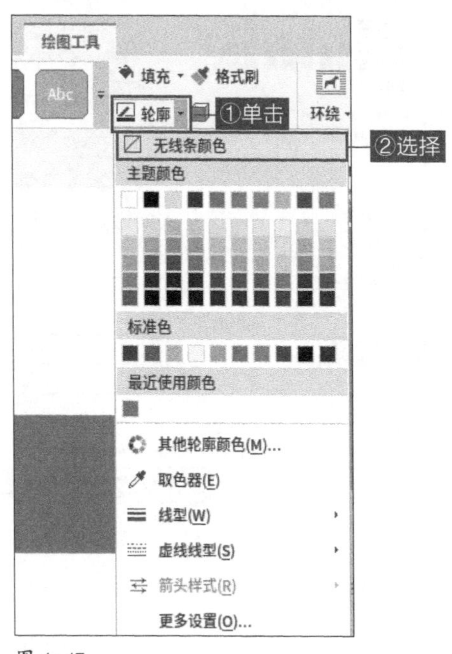

图 4-47

05. 用同样的方法插入一个圆形，选中圆形，将其颜色执行为“填充”中的“白色，背景 1”命令，如图 4-48 所示。

06. 选中圆形，切换至“绘图工具”界面，单击工具栏中“轮廓”按钮右侧的下三角按钮，在弹出的下拉式菜单中选择“其他轮廓颜色”命令，在弹出的“颜色”对话框中切换至“自定义”选项卡，在“颜色模式”下拉列表框中选择“RGB”选项，在“红色”“绿色”“蓝色”微调框中输入合适的数值，此处分别输入“251”“217”“229”，单击“确定”按钮，设置后的界面效果如图 4-49 所示。

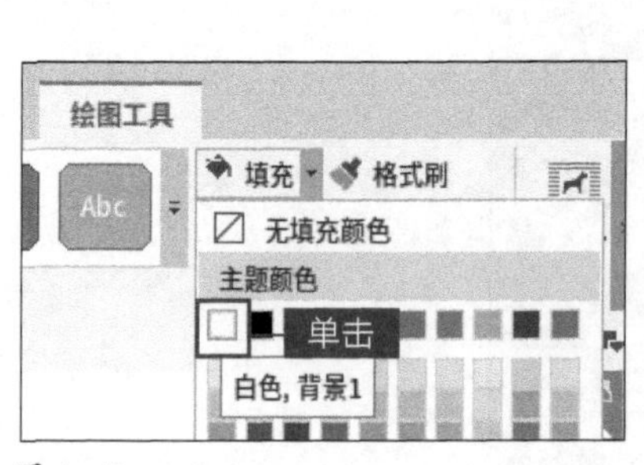

图 4-48

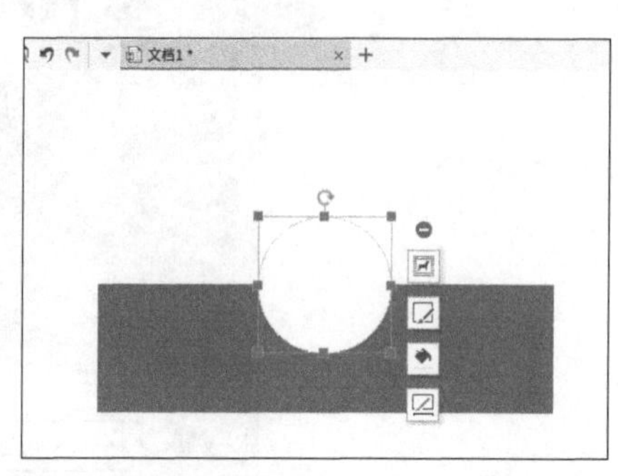
图 4-49

07. 选中圆形，单击工具栏中“轮廓”按钮右侧的下三角按钮，在弹出的下拉式菜单中选择“线型”命令，在弹出的下拉式菜单中选择“6 磅”子命令，如图 4-50 所示。

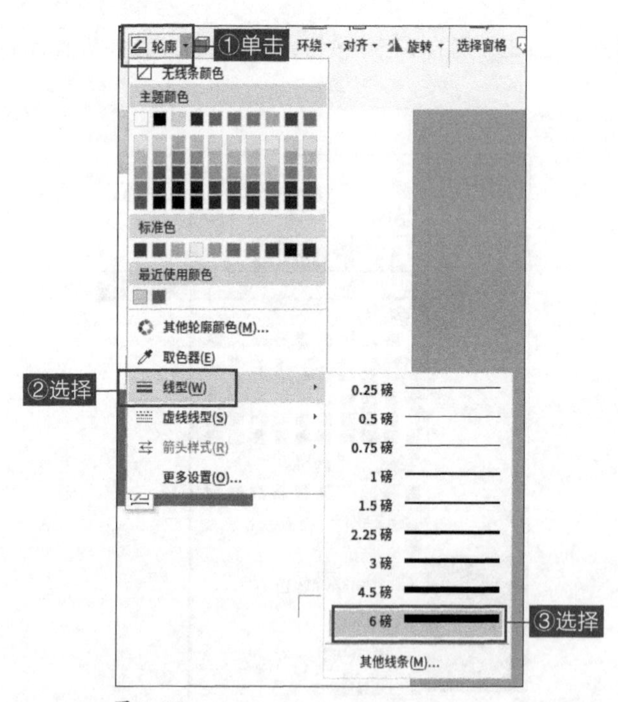

图 4-50

08. 选中矩形和圆形，切换至“绘图工具”界面，单击“对齐”按钮，在弹出的下拉式菜单中选择“水平居中”命令，如图 4-51 所示。

09. 继续单击工具栏中的“组合”按钮，在弹出的下拉式菜单中选择“组合”命令，如图 4-52 所示，此时文档界面如图 4-53 所示。

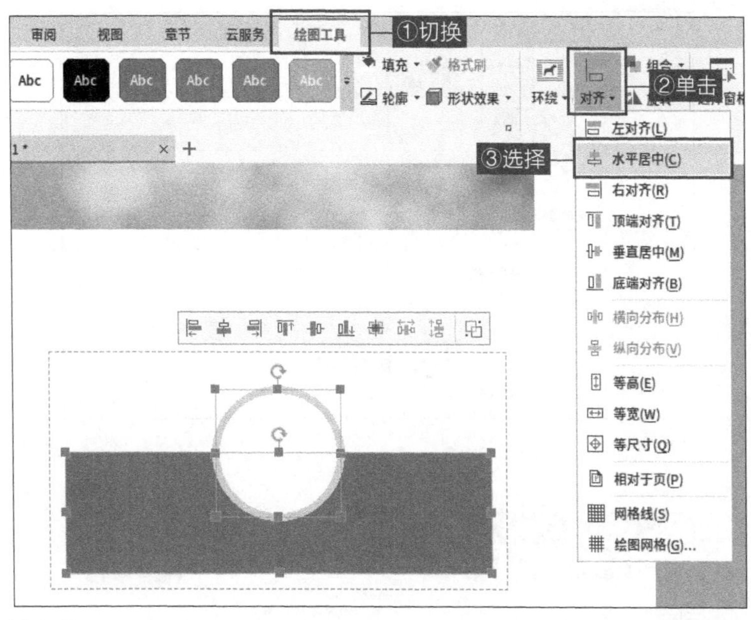

图 4-51

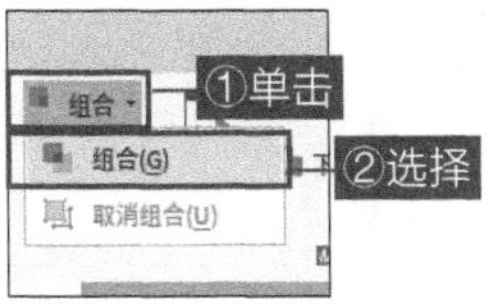

图 4-52

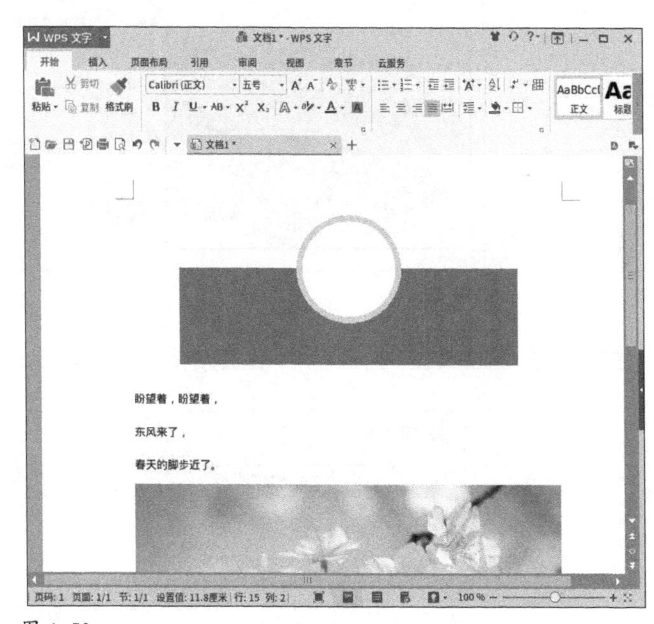

图 4-53

案例　如何将图片与形状结合编辑

01. 切换至“插入”界面，单击“形状”按钮，在“基本形状”中选择“云形”命令，如图 4-54 所示。

02. 此时光标为“+”形状，按住鼠标左键并拖曳，绘制出云形形状并选中。切换至“绘图工具”界面，单击工具栏中“填充”按钮右侧的下三角按钮，在弹出的下拉式菜单中选择“图片或纹理”，在右侧弹出的“图片来源”中单击“本地图片”，如图 4-55 所示。

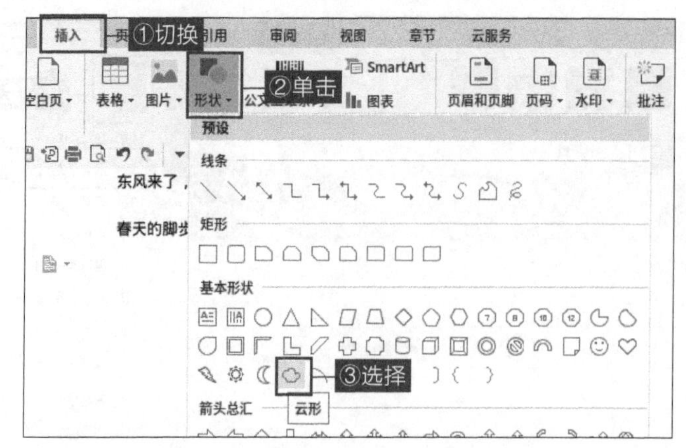

图 4-54

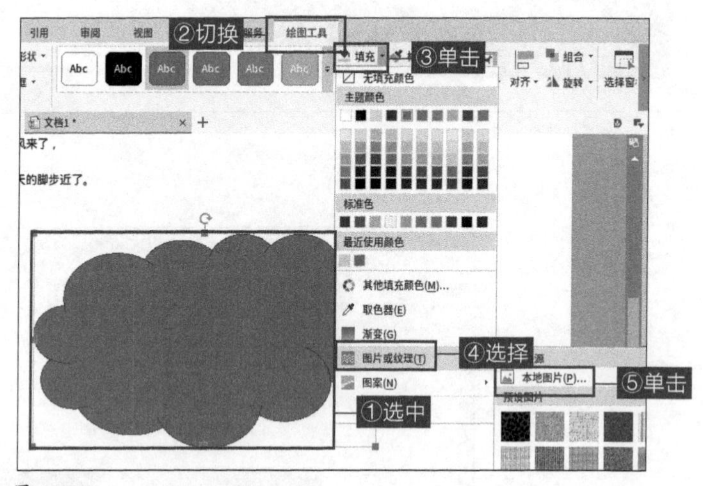

图 4-55

03. 在弹出的“选择纹理”对话框中，选择要使用的图片并单击“打开”按钮，如图 4-56 所示。

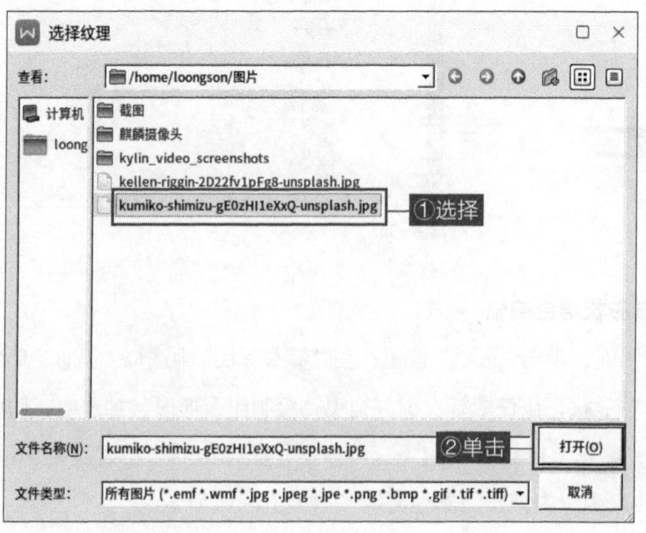

图 4-56

04. 此时图片已显示在形状框内，单击工具栏中“轮廓”按钮右侧的下三角按钮，在弹出的下拉式菜单中选择“无线条颜色”命令，效果如图 4-57 所示。

05. 由于在 WPS 文字中默认插入的图片是嵌入式的，因而图片此时就好比单个的特大字符，无法随意移动位置。为了美观和方便排版，需要调整图片的环绕方式，此处可将其环绕方式设置为“衬于文字下方”。选中图片，切换至“绘图工具”界面，单击工具栏中“环绕”按钮，在弹出的下拉式菜单中选择“衬于文字下方”命令，如图 4-58 所示。

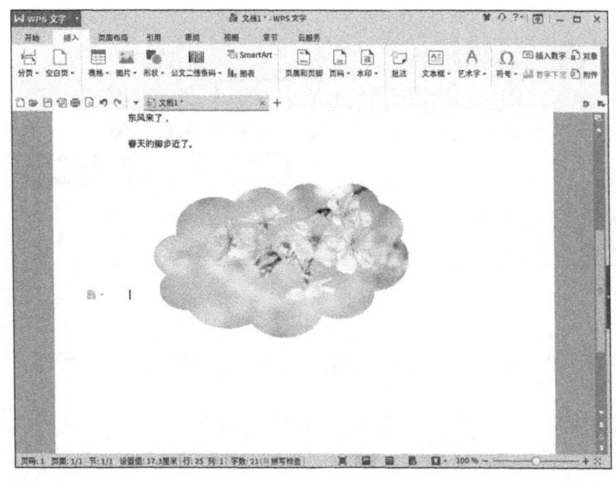

图 4-57

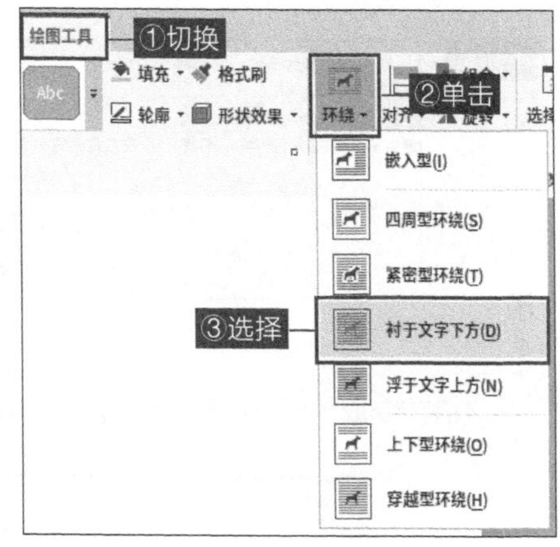

图 4-58

06. 调整文字与图片的位置，效果如图 4-59 所示。

图 4-59

4.3.3 文本框的插入与编辑

在编辑文档时，为了实现特殊的版面效果，用户可能需要安排一些文本框。文本框可以看作特殊的形状对象，主要用来在文档中建立特殊文本。

1. 插入文本框

01. 切换至“插入”界面，单击“文本框”按钮的下半部分，在弹出的下拉式菜单中选择“横向”命令，如图 4-60 所示。

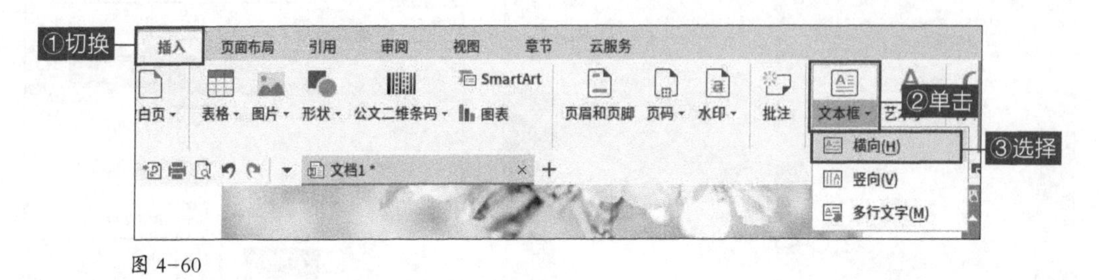

图 4-60

02. 此时指针变成“+”形状，按住鼠标左键并拖曳，即可绘制一个横向文本框，如图 4-61 所示。

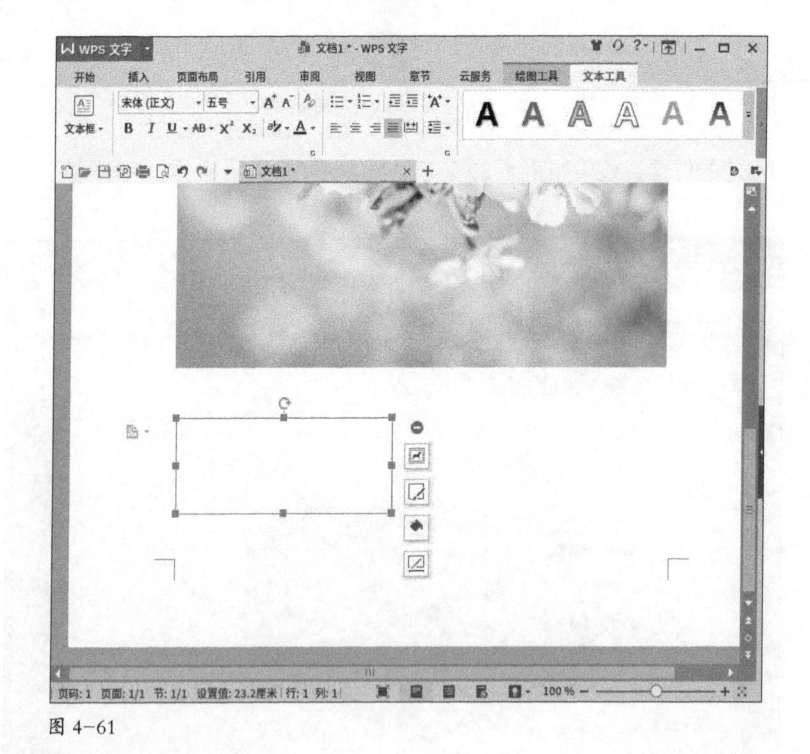

图 4-61

2. 编辑文本框

01. 选中文本框，切换至“绘图工具”界面，单击工具栏中“填充”按钮右侧的下三角按钮，在弹出的下拉式菜单中选择“浅绿，着色 6，浅色 60%”命令，如图 4-62 所示。

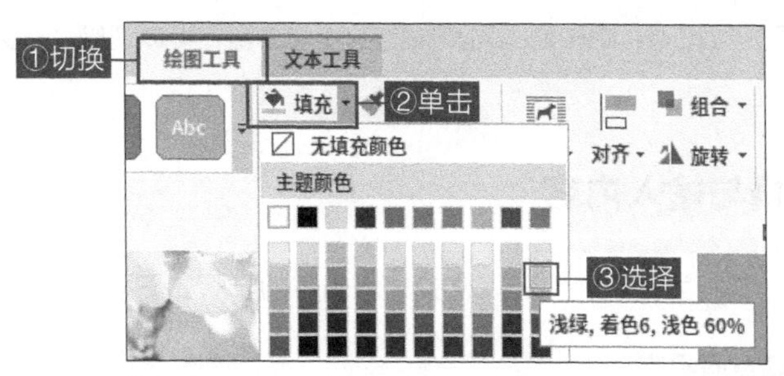

图 4-62

02. 单击工具栏中“轮廓”按钮右侧的下三角按钮，在弹出的下拉式菜单中选择“无线条颜色”命令，如图 4-63 所示。

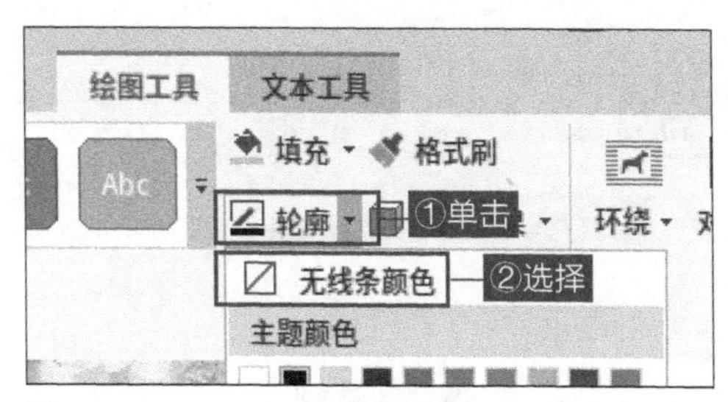

图 4-63

03. 在文本框中输入“春天”，设置文本的字体、字号和颜色等，设置方法详见 4.5.1 小节。效果如图 4-64 所示。

图 4-64

4.4 表格制作

表格由一行或多行单元格组成，用于显示数字、文本和图片等其他项，以便用户进行快速引用和分析。表格中的项被组织为行和列。用户通过对表格的制作与编辑，可以清晰地描述文档内容，使文档内容更有条理。

4.4.1　创建表格与输入内容

以“调查问卷表”文档为案例，创建表格并输入内容的步骤如下。

案例　如何创建一个调查问卷表

01. 创建一个新文档，标题为“调查问卷表”，设置标题字体为宋体、字号为二号、加粗、居中，设置完成后如图 4-65 所示。

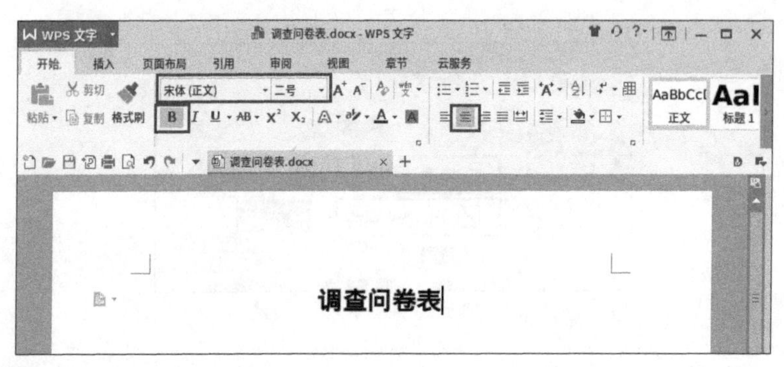

图 4-65

02. 切换至“插入”界面，单击工具栏中的“表格”按钮，在弹出的下拉式菜单中选择“插入表格”命令，如图 4-66 所示。

03. 打开“插入表格”对话框，在“表格尺寸”组合框中的“列数”和“行数”微调框内分别输入“1”和“2”，单击“确定”按钮，如图 4-67 所示。

04. 2×1 的表格已经插入文档中了，如图 4-68 所示。

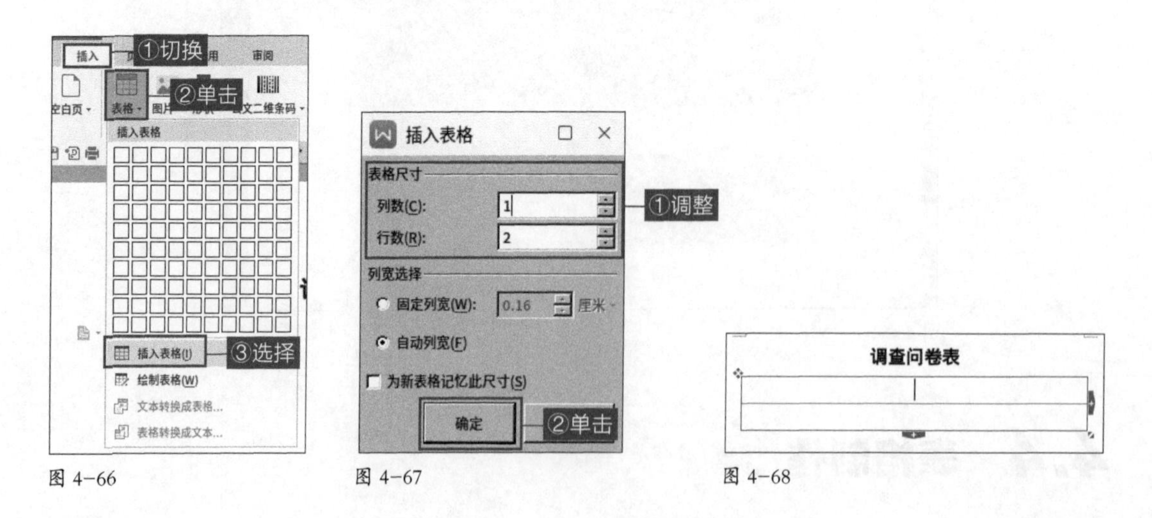

图 4-66　　图 4-67　　图 4-68

05. 在表格中输入需要调查的信息，将表头字体、字号设置为宋体、四号、加粗，并对颜色进行设置，其余文本内容的字体、字号设置为宋体、小四、加粗，如图 4-69 所示。

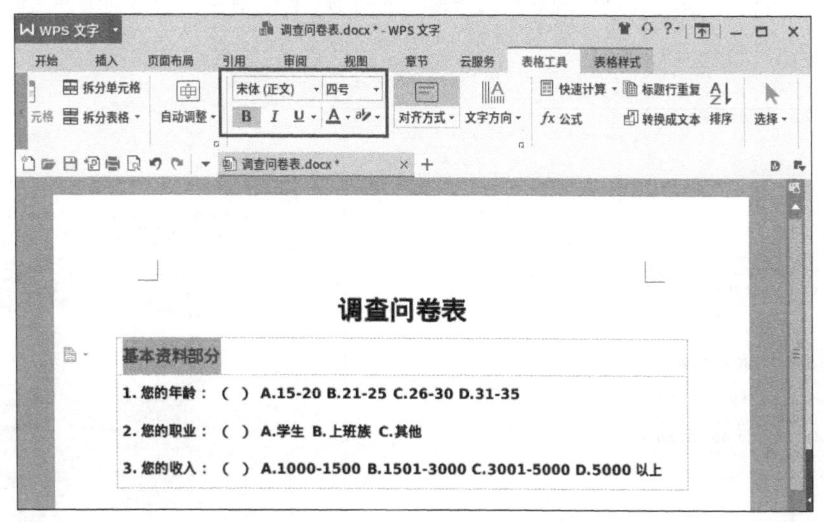

图 4-69

4.4.2　编辑与美化表格

继续“调查问卷表”的案例，运用基础操作编辑表格，使文档风格简约且上下一致，形成良好的输出效果。

案例　如何优化调查问卷表

01. 选中整个表格，右击，在弹出的快捷菜单中选择“边框和底纹”命令，如图 4-70 所示。

02. 打开“边框和底纹”对话框，切换至“边框”选项卡，在“设置”组合框中选择“无”选项，单击“确定”按钮，如图 4-71 所示。

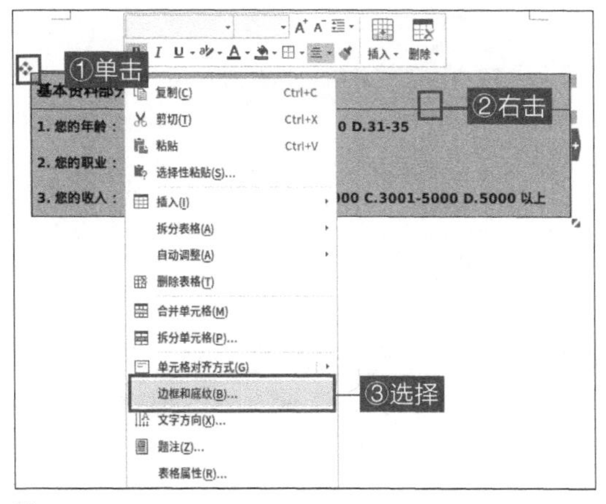

图 4-70

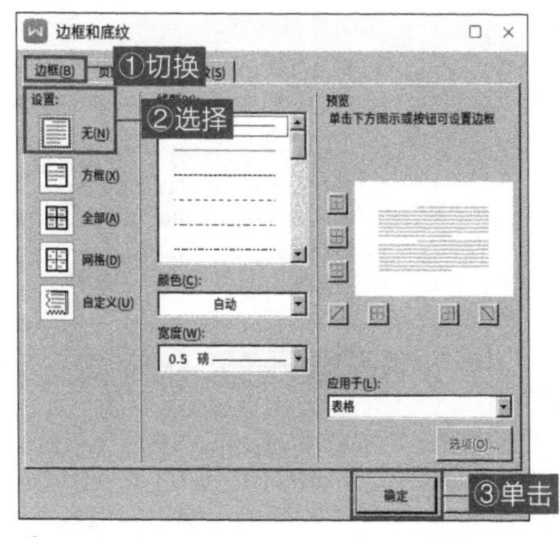

图 4-71

03. 单击表格下方的“+”可以添加行，添加两行，完善调查表的问答内容，如图 4-72 所示。使用同样的方法再插入一个 3×5 的表格。

04. 选中新插入的表格，打开“边框和底纹”对话框，切换至“边框”选项卡，在“设置”组合框中选择“全部”选项，在“线型”列表框中选择一种线型，在“颜色”下拉列表框中选择颜色，单击“确定”按钮，如图 4-73 所示。

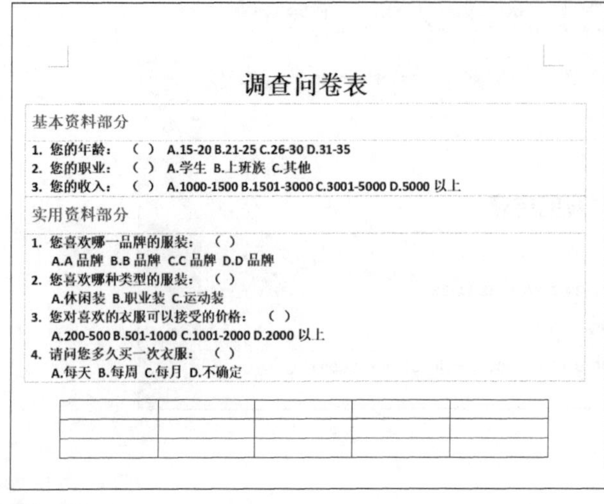

图 4-72

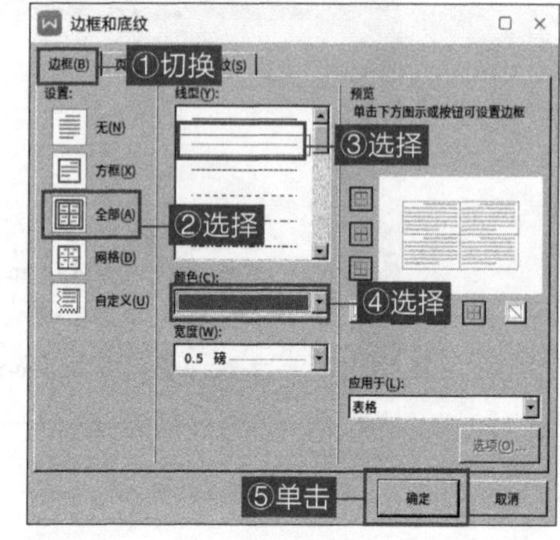

图 4-73

05. 选中需要合并的单元格，右击，在弹出的快捷菜单中选择“合并单元格”命令，如图 4-74 所示。

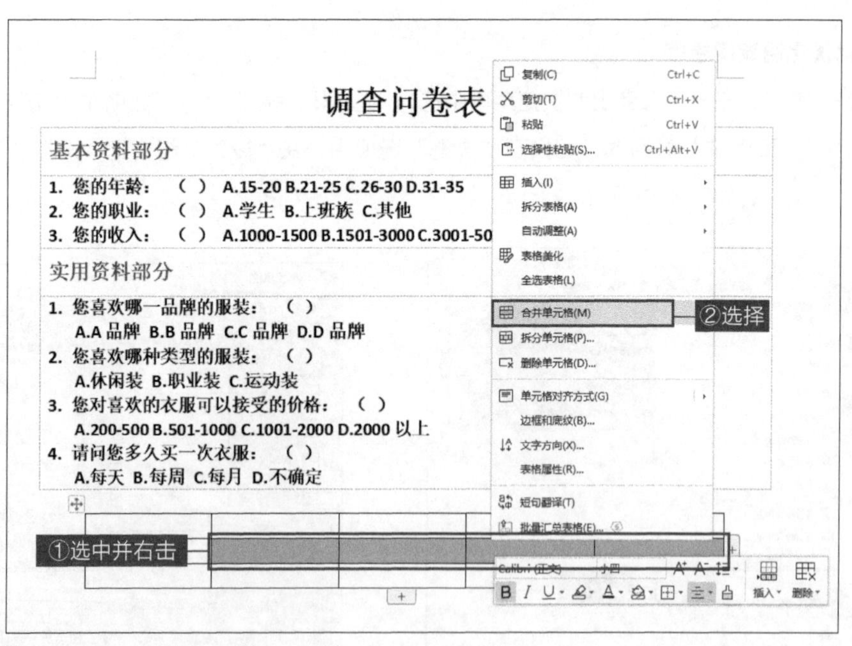

图 4-74

06. 在表格内输入需要调查的信息后，适当调整表格的大小和位置，选中整个表格，切换至“表格工具”界面，单击工具栏中“对齐方式”按钮的下半部分，在弹出的下拉式菜单中选择“中部两端对齐”命令，如图 4-75 所示。

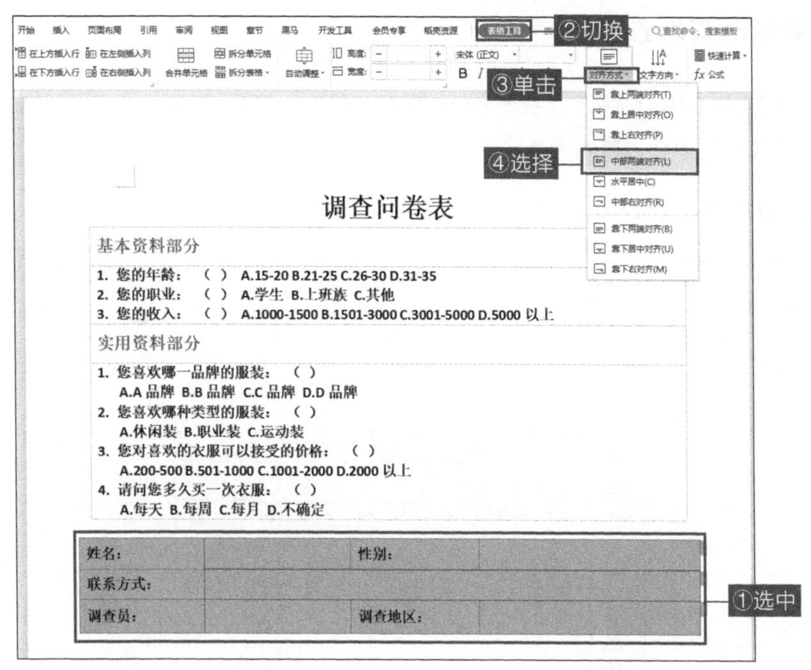

图 4-75

07. 设置完成后，最终效果如图 4-76 所示。

调查问卷表

基本资料部分

1. 您的年龄：（ ） A.15-20 B.21-25 C.26-30 D.31-35
2. 您的职业：（ ） A.学生 B.上班族 C.其他
3. 您的收入：（ ） A.1000-1500 B.1501-3000 C.3001-5000 D.5000 以上

实用资料部分

1. 您喜欢哪一品牌的服装：（ ）
   A.A 品牌 B.B 品牌 C.C 品牌 D.D 品牌
2. 您喜欢哪种类型的服装：（ ）
   A.休闲装 B.职业装 C.运动装
3. 您对喜欢的衣服可以接受的价格：（ ）
   A.200-500 B.501-1000 C.1001-2000 D.2000 以上
4. 请问您多久买一次衣服：（ ）
   A.每天 B.每周 C.每月 D.不确定

姓名：		性别：	
联系方式：			
调查员：		调查地区：	

图 4-76

4.5 排版设置

在 WPS 文字中对文档进行排版，通常会用到字符格式设置和段落格式设置，本节将介绍这两种排版设置操作。

4.5.1 字符格式设置

字符格式是指文档中单个字符或若干字符所具有的格式，包括“字体”“字号”“文字颜色”等，本小节将介绍两种字符格式设置的方法。

1. 在“开始”界面中设置字符格式

（1）更改字体、字号等。

在“开始”界面中可以进行字体宋体 (正文)、字号小二、文字颜色 A、高亮显示的设置，效果如图 4-77 所示。

图 4-77

（2）文字应用格式。

在“开始”界面中选择文字的应用格式，包括加粗 **B**、倾斜 *I*、下画线 U、删除线 AB、字符上下标 X^2 X_2，对应效果如图 4-78 所示。

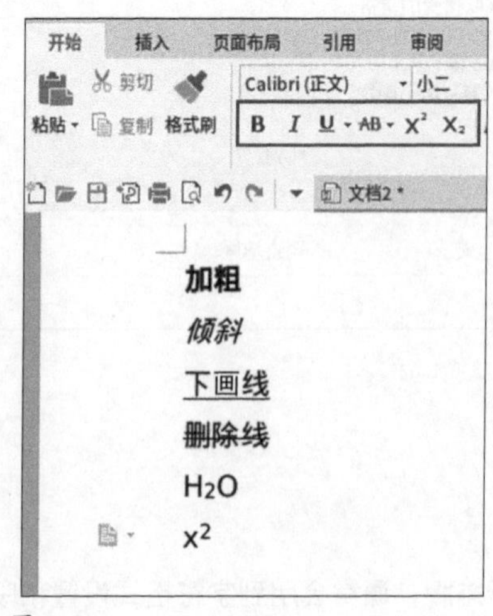

图 4-78

2. 在“字体”对话框中设置字符格式

在“开始”界面的字体设置区域右下角有一个展开键，如图 4-79 所示。

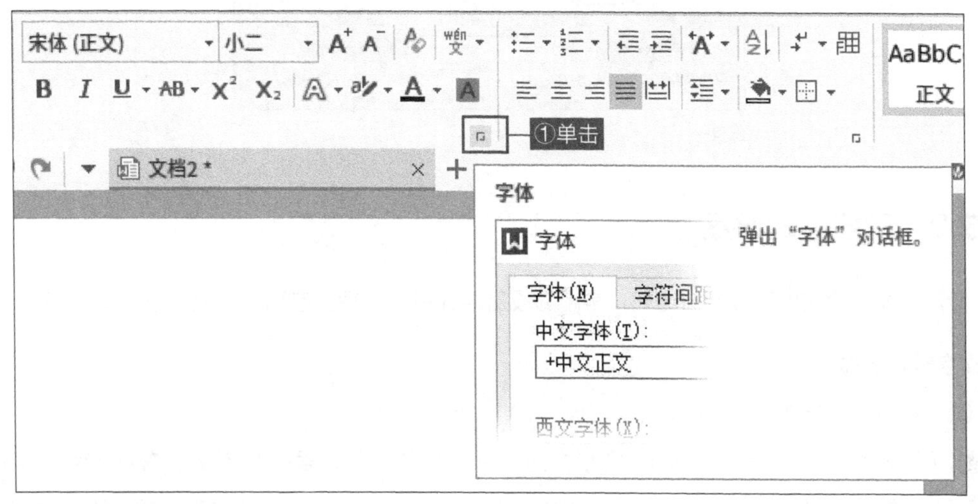

图 4-79

单击展开键，弹出“字体”对话框，如图 4-80 所示。

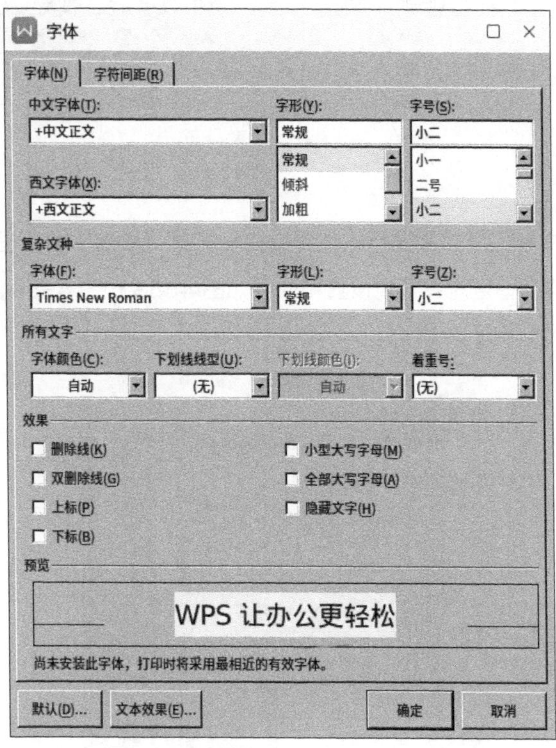

图 4-80 （注：“下划线”应为“下画线”，余同）

“字体”对话框内可完成的字符格式设置更多，包括字符的缩放、间距等，如图 4-81 所示，可以按需进行设置。

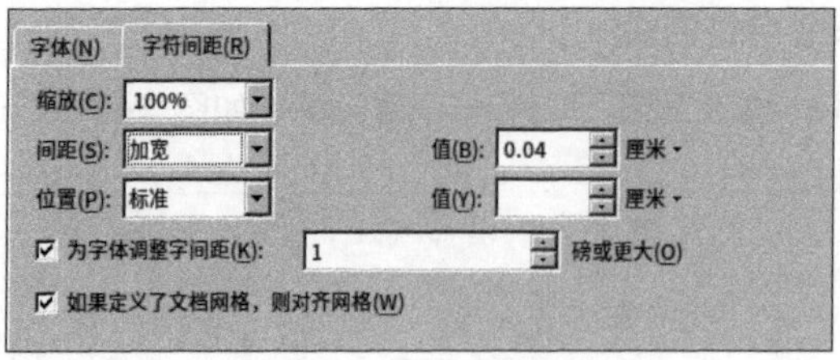

图 4-81

4.5.2　段落格式设置

段落格式是指应用于段落的格式，常用的段落格式设置包括文字对齐方式、段落间距等。

1. 文字对齐方式

（1）水平对齐方式。

水平对齐方式决定段落边缘的外观和方向，包括左对齐、居中对齐、右对齐、两端对齐和分散对齐，如图 4-82 所示。例如，在一个左对齐（最常见的对齐方式）段落中，段落的左边缘和左页边距是相齐的。

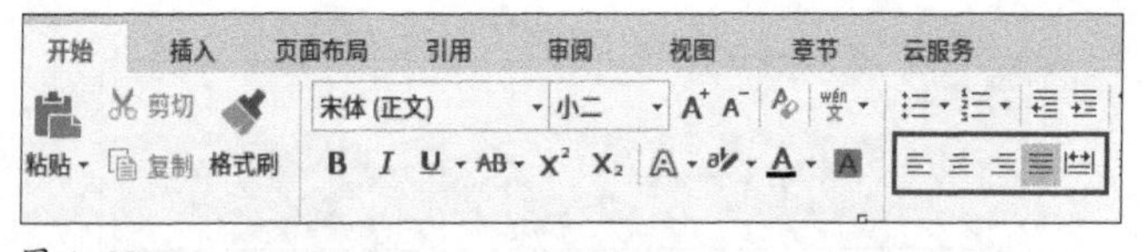

图 4-82

（2）垂直对齐方式。

垂直对齐方式决定文本相对于所在行的位置变化，打开“段落”对话框进行设置，其打开方式和“字体”对话框的类似，垂直对齐方式设置和效果如图 4-83 和图 4-84 所示。

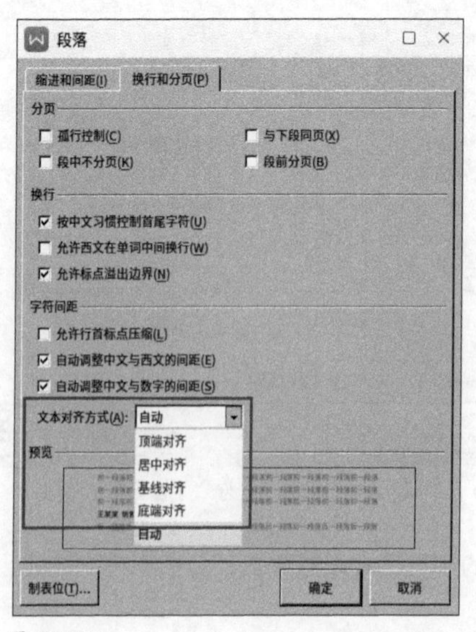

图 4-83

2. 设置行距

行距是从一行文字的底部到另一行文字底部的间距，如段落顶部间距、段落底部间距、文本行垂直间距等。

01. 选取要修改的文字。

02. 在“开始”界面中，单击“行距”右侧下三角按钮，如图 4-85 所示，选择需要设置的行距。

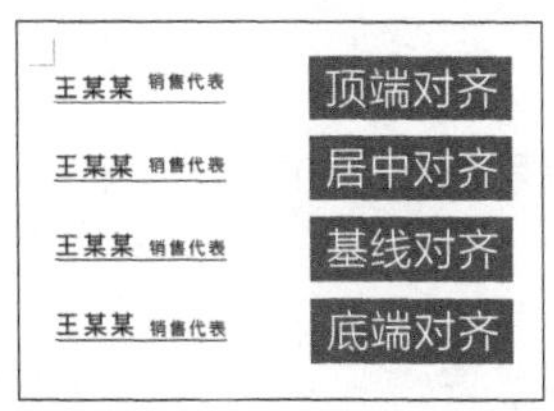

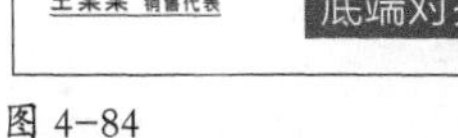

图 4-84

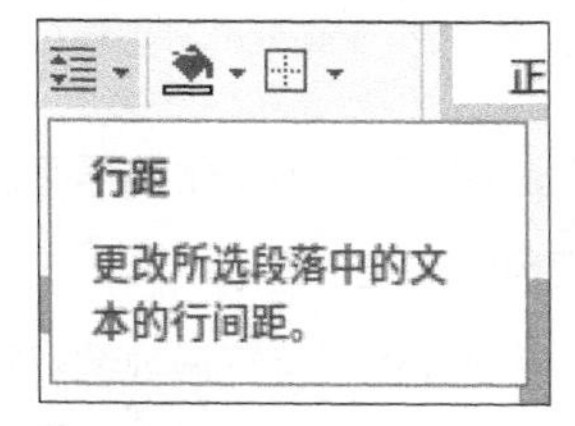

图 4-85

若要设置更加精确的行距值，可以打开“段落”对话框，切换至“缩进和间距”选项卡，在“间距”中进行操作设置，如图 4-86 所示。

- 设置每个段落顶部的间距，在“段前”微调框中，选择或输入值。
- 设置每个段落底部的间距，在“段后”微调框中，选择或输入值。
- 设置文本行之间的垂直间距，单击“行距”框中的选项，在“设置值”框中还可选择或输入倍数值。

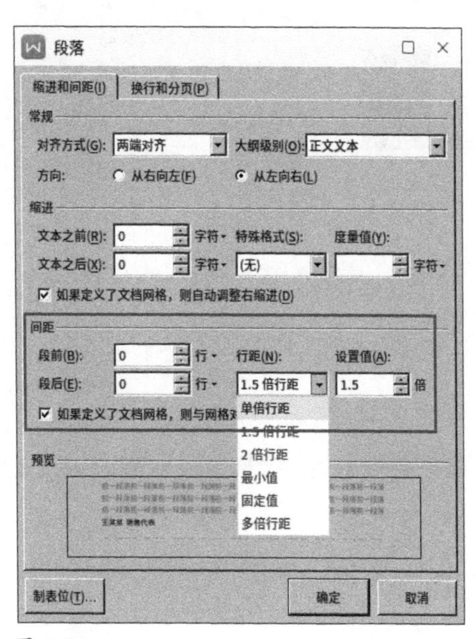

图 4-86

4.5.3 项目符号和编号

文档中常会使用项目符号或编号来列举条目，使其清晰美观，在 WPS 文字中可使用自动编号来完成。

- 项目符号：用符号作为条目的标示。
- 编号：仅定义 1 级编号，适用于较简单的文章结构。
- 多级编号：可定义多达 9 级的编号格式，适用于复杂的文章结构。

> **注意：**
>
> 设置编号后输入内容，按“Enter”键后编号和符号会自动延续，其中编号的数字将自动加 1。如不需要延续，按“Backspace”键删除。

WPS 文字提供了符合本土化编号习惯的编号列表和编号格式，如“①”“1)”“第一节”等。

（1）添加项目符号和编号。

01. 将光标置于需要设置项目符号或编号的段落，或者选取段落。

02. 切换至“开始”界面，单击“项目符号”或“编号”右侧下三角按钮，选择合适的项目符号或编号，如图 4-87 所示。

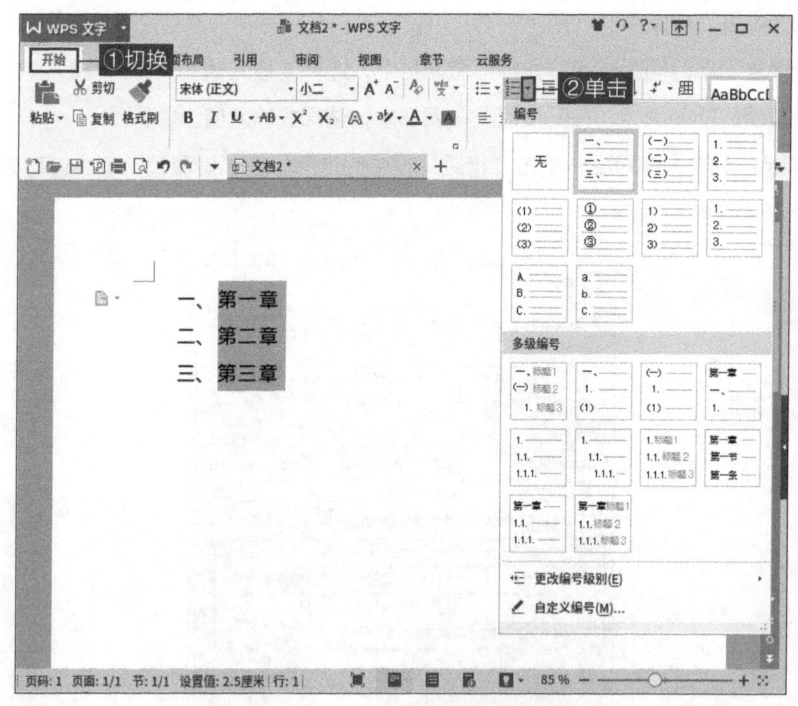

图 4-87

03. 如需更改项目符号或编号的样式，可以单击“自定义编号”进行修改，然后选择应用编号的范围。

04. 单击“确定”按钮，完成设置。

（2）删除项目符号和编号。

01. 将光标置于需要删除项目符号或编号的段落，或者选取段落。

02. 切换至“开始”界面，单击“项目符号”或“编号”右侧的下三角按钮，在下拉式菜单中选择“无”。

（3）自定义多级编号。

写长文档时常用到多级编号，以保证各级条目的编号格式一致。如系统预设的编号格式不能满足要求，可参照如下步骤进行自定义。

01. 将光标置于需要设置项目符号或编号的段落，或者选取段落。

02. 切换至“开始”界面，选择“项目符号”下拉式菜单中的“自定义项目符号”，在弹出的“项目符号和编号”对话框中切换至“多级编号”选项卡，单击“自定义”按钮，弹出“自定义多级编号列表”对话框，如图 4-88 和图 4-89 所示。

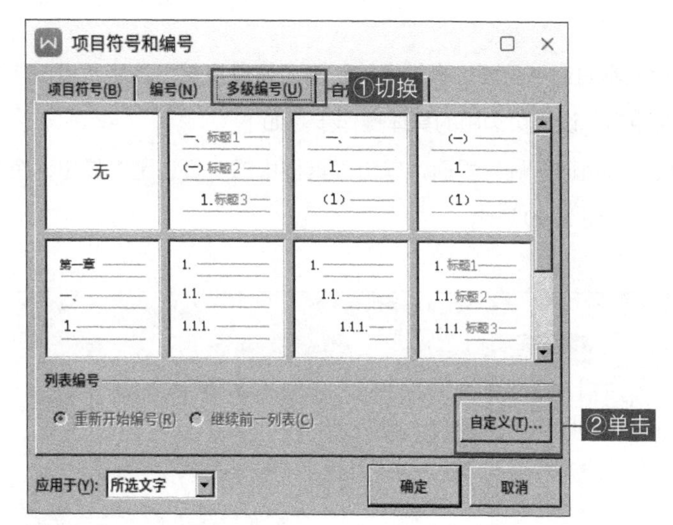

图 4-88

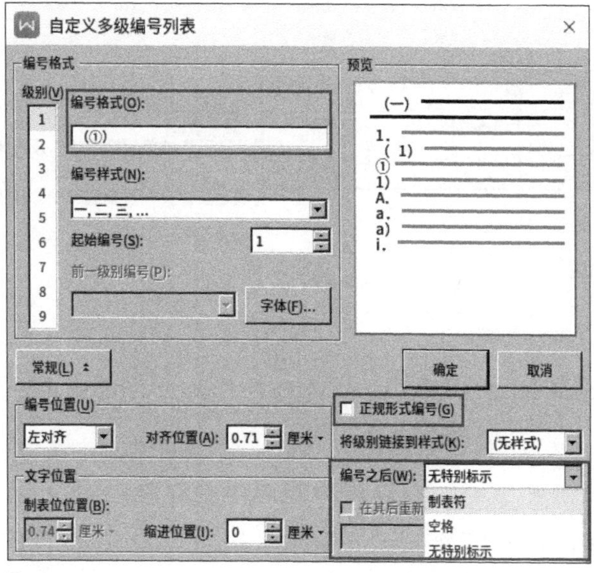

图 4-89

03. 设置完成后单击“确定”按钮。

4.6 页面设置与打印

编辑文档时可以根据需要设置页面，包括页边距、纸张等。文档编辑完成后，通常需要将其打印出来，本节将对页面设置和打印两个功能进行介绍。

4.6.1 页面设置

为了真实反映文档的实际页面效果，在进行编辑操作之前，必须先对页面效果进行设置。

1. 设置页边距

页边距通常是指文本内容与页面边缘之间的距离。通过设置页边距，可以使文档的正文部分与页面边缘保持合适的距离。设置页边距的具体操作步骤如下。

01. 打开文档，切换至“页面布局”界面，单击工具栏中的“页边距”按钮，在弹出的下拉式菜单中选择“适中”命令，如图 4-90 所示。

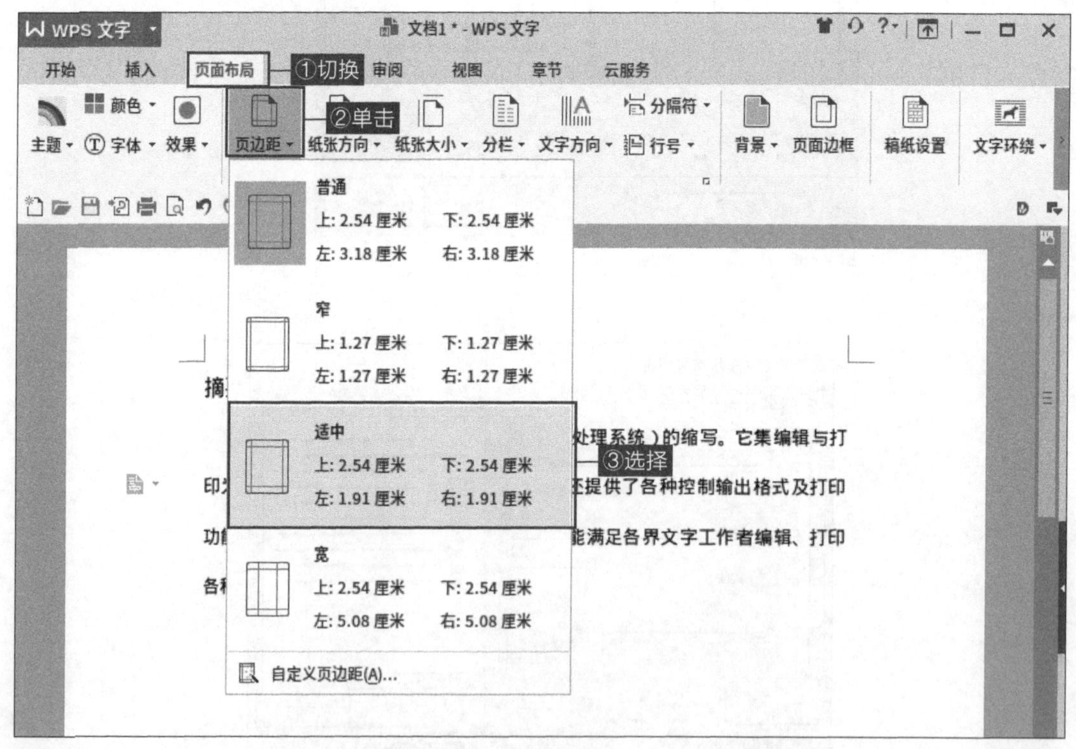

图 4-90

02. 设置效果如图 4-91 所示。

03. 若需自定义页边距，可在“页面布局”界面中单击右下角的方块，打开“页面设置”对话框，切换至“页边距”选项卡，在“页边距”组合框中设置文档的页边距，然后在“方向”组合框中单击“纵向”选项，设置完成后单击“确定”按钮即可，如图 4-92 所示。

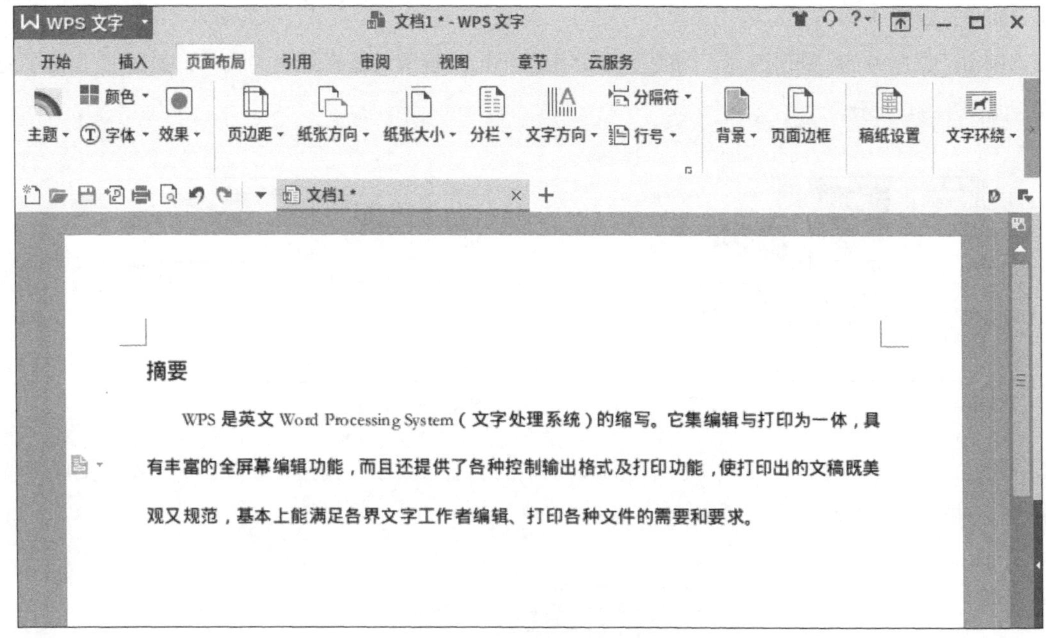

图 4-91

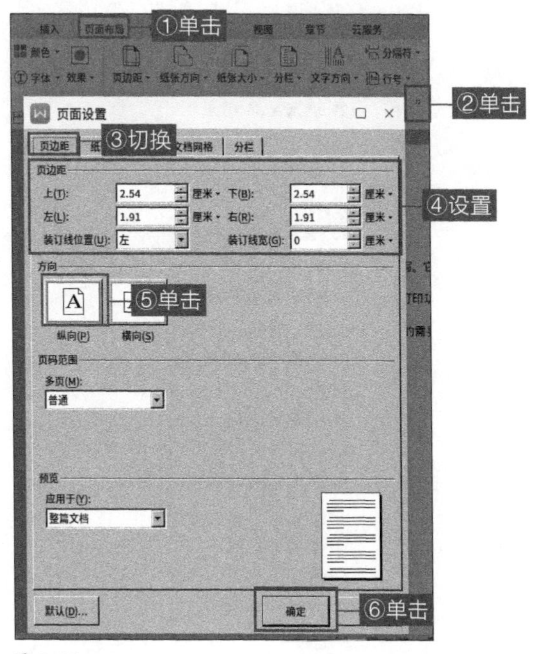

图 4-92

2．设置纸张大小和方向

除了设置页边距以外，在 WPS 文字中用户还可以非常方便地设置纸张大小和方向，具体操作步骤如下。

01. 切换至“页面布局”界面，单击工具栏中的“纸张方向”按钮，在弹出的下拉式菜单中选择“纵向”命令，如图 4-93 所示。

02. 单击工具栏中的“纸张大小”按钮，在弹出的下拉式菜单中选择纸张的大小，如选择“A4”命令，如图 4-94 所示。

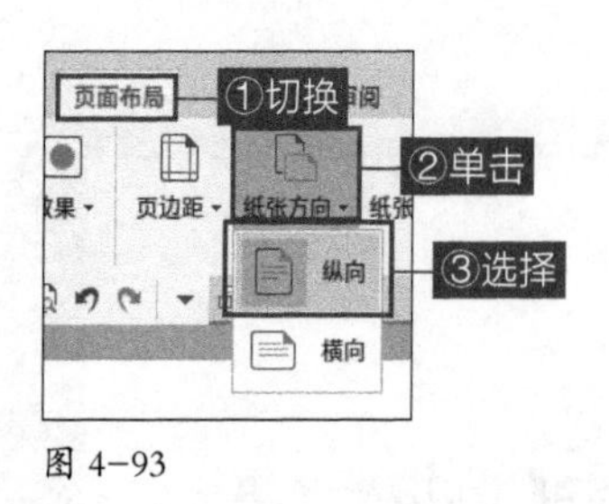

图 4-93

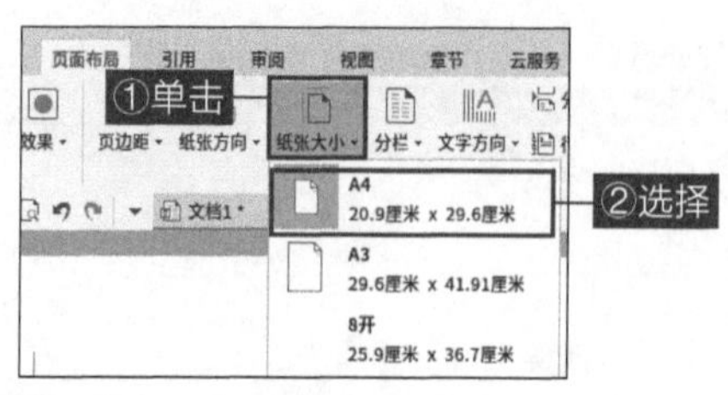

图 4-94

03. 此外，还可以自定义纸张大小。单击工具栏中的“纸张大小”按钮，在弹出的下拉式菜单中选择“其他页面大小”命令，如图 4-95 所示。

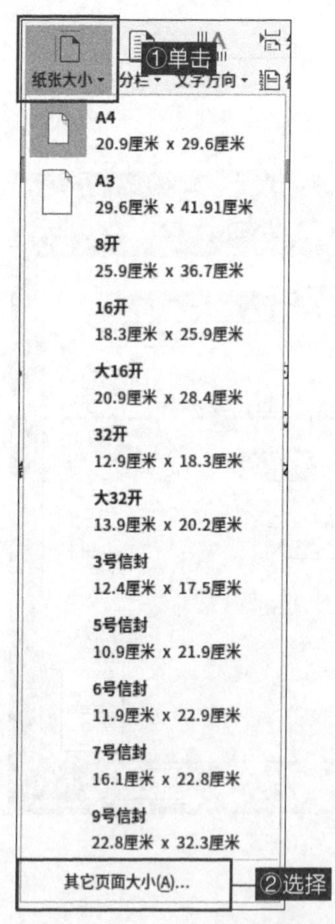

图 4-95 （注：“其它”应为“其他”，余同）

04. 弹出“页面设置”对话框，自动切换至“纸张”选项卡，自动选择“纸张大小”组合框中的“自定义大小”选项，在“宽度”和“高度”微调框中设置其大小，设置完毕后，单击“确定”按钮即可，如图 4-96 所示。

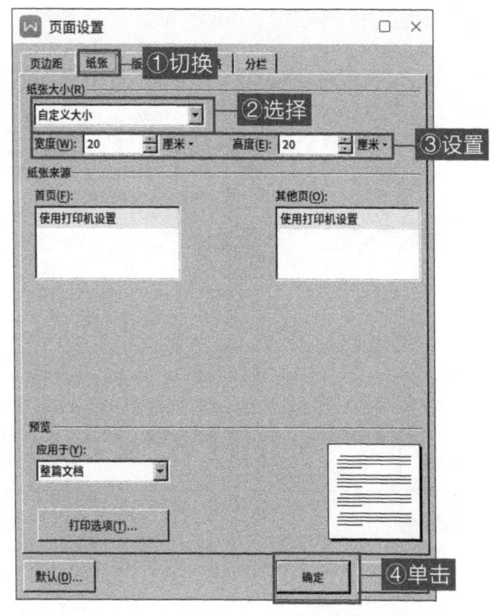

图 4-96

3. 设置文档网格

在设定了页边距和纸张大小之后，页面的基本版式就已经确定了，但若要精确指定文档的每页所占行数以及每行所占字数，则需要设置文档网格。具体操作步骤如下。

01. 切换至“页面布局”界面，单击页面设置展开键，打开“页面设置”对话框。

02. 切换至“文档网格”选项卡，在“网格”组合框中单击“指定行和字符网格”单选按钮，然后在“每行”和“每页”微调框中调整字符在每行中的个数以及行在每页中的个数，其他选项保持默认，如图 4-97 所示。

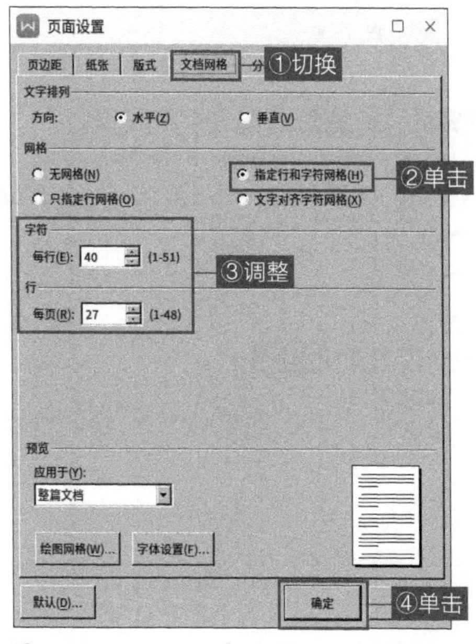

图 4-97

03. 设置完毕后，单击“确定”按钮，效果如图 4-98 所示。

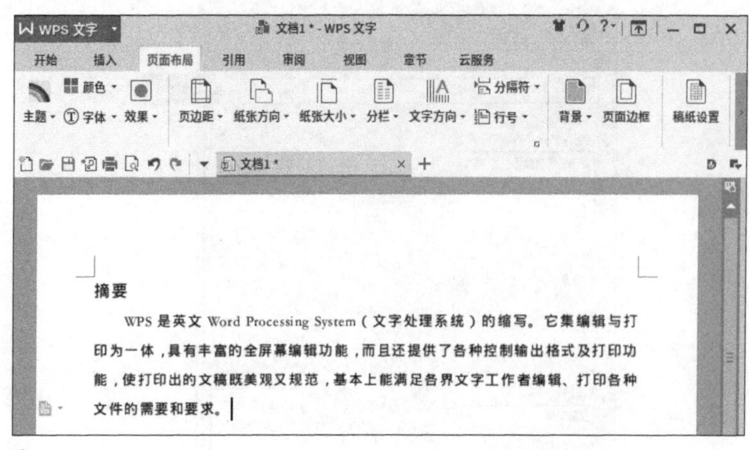

图 4-98

4.6.2 打印

根据需要选择是否打印，在打印设置中选择打印方式。

单击“快速访问工具栏”中的“打印”按钮，或单击“WPS 文字”按钮，在下拉式菜单中选择“打印”选项，单击“打印”或“打印预览”进行相关操作，如图 4-99 和图 4-100 所示。在“打印预览”选项卡中，可以进行“直接打印”或“更多设置”操作，如图 4-101 所示。

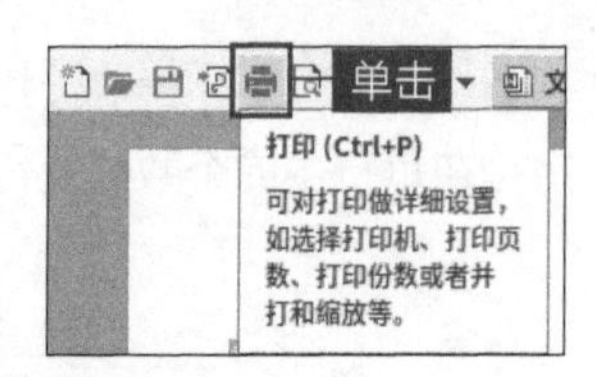

图 4-99

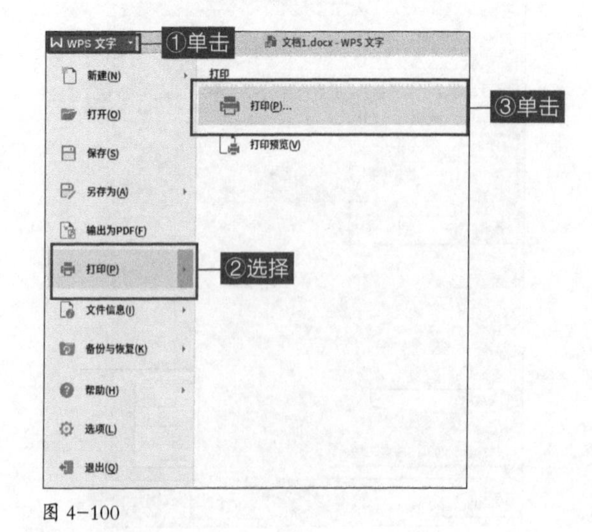

图 4-100

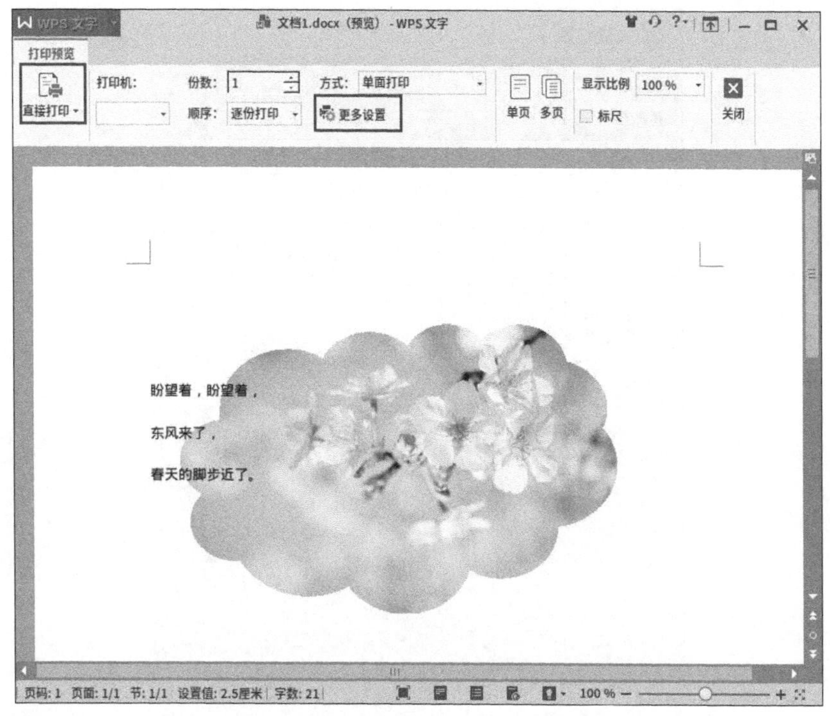

图 4-101

单击“直接打印”弹出“打印”对话框，在对话框中可以对打印的相关内容进行设置，常用的包括打印机、页码范围和份数，除此之外还可以设置缩放打印，如图 4-102 所示。

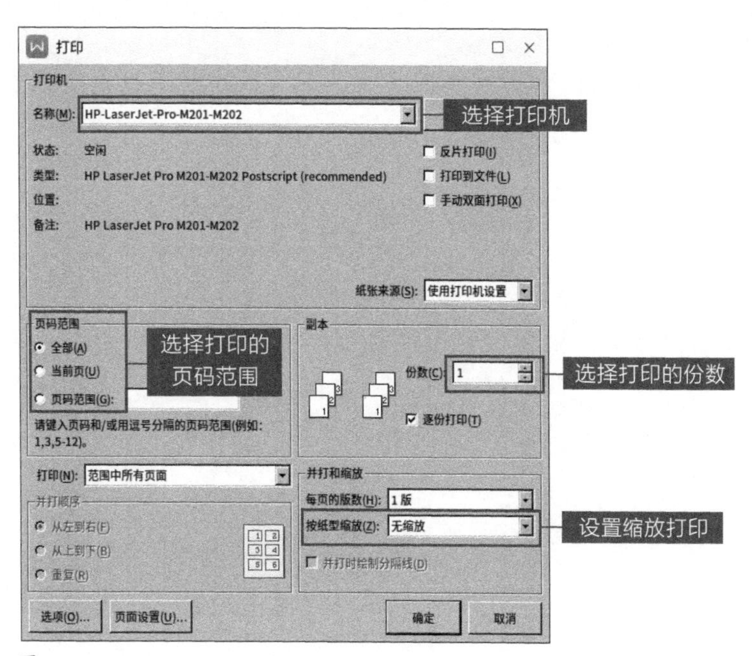

图 4-102

单击“页面设置”按钮可以打开“页面设置”对话框，可以设置打印文件的页边距和方向，如图 4-103 所示。

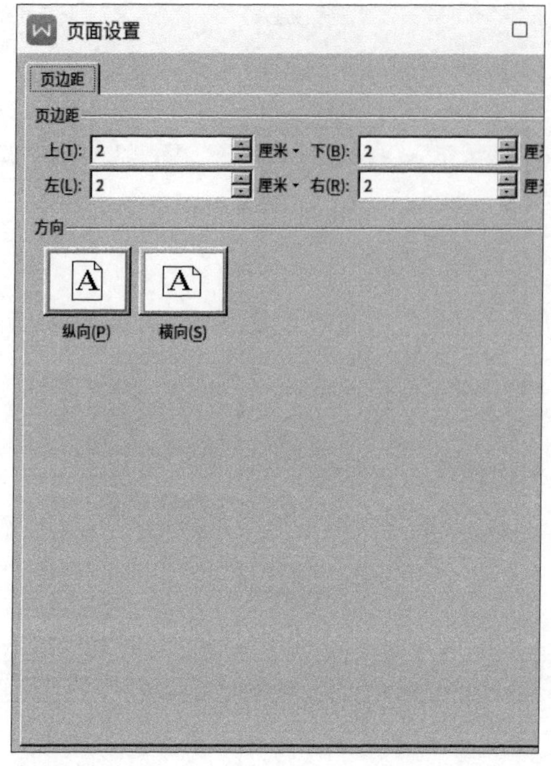

图 4-103

第 05 章

电子表格软件 WPS 表格

WPS 表格是 WPS Office 办公软件 3 件套之一，是一个专业处理表格和数据的应用，可以帮助用户存储和处理复杂数据，实现高效办公。

5.1 WPS 表格软件介绍

本节将介绍 WPS 表格的界面区域、工作簿和工作表的基础操作。

5.1.1 WPS 表格界面简介

WPS 表格的界面区域如图 5-1 所示。

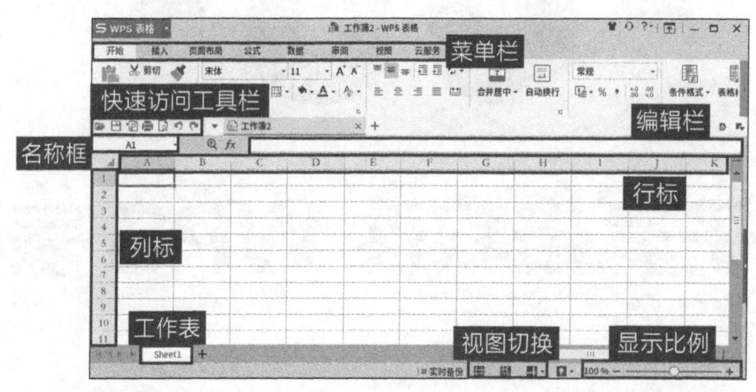

图 5-1

5.1.2 WPS 表格中工作簿和工作表的基本操作

工作簿的基本操作包括新建和保存，工作表的基本操作主要为插入、删除、移动、复制、重命名等。

1. 工作簿的基本操作

工作簿是指用来存储处理工作数据的文件，它是 WPS 表格工作区中一个或多个工作表的集合。

（1）新建工作簿。

01. 启动 WPS 表格后，单击界面中的“新建”图标按钮，如图 5-2 所示。

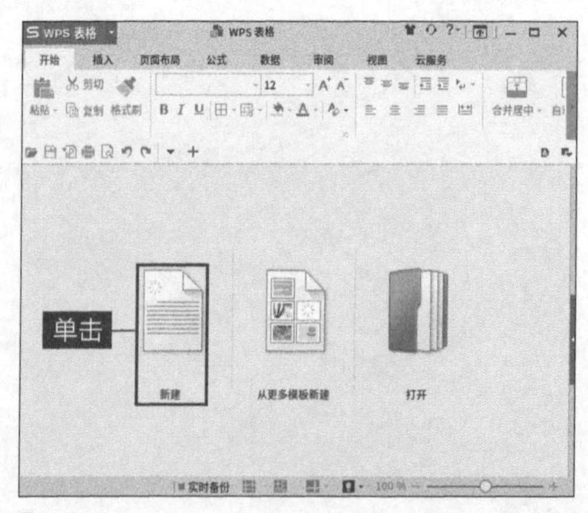

图 5-2

02. 即可创建一个名为“工作簿 1”的空白工作簿，如图 5-3 所示。

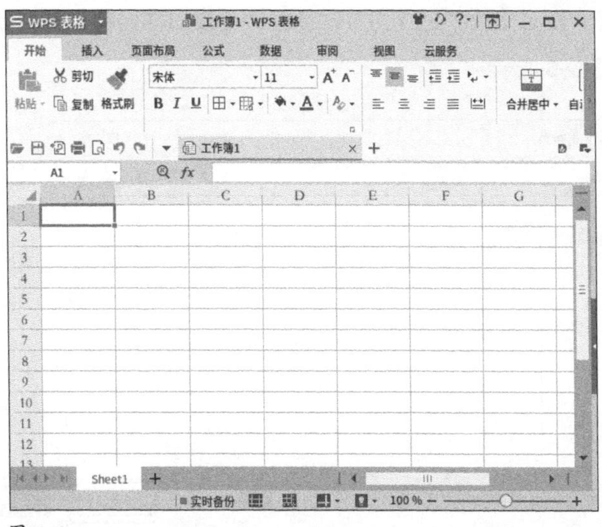

图 5-3

03. 也可以单击界面左上角的“WPS 表格”按钮，在弹出的下拉式菜单中选择“新建”命令，在打开的子菜单中选择“新建”命令，从而新建一个工作簿，如图 5-4 所示。

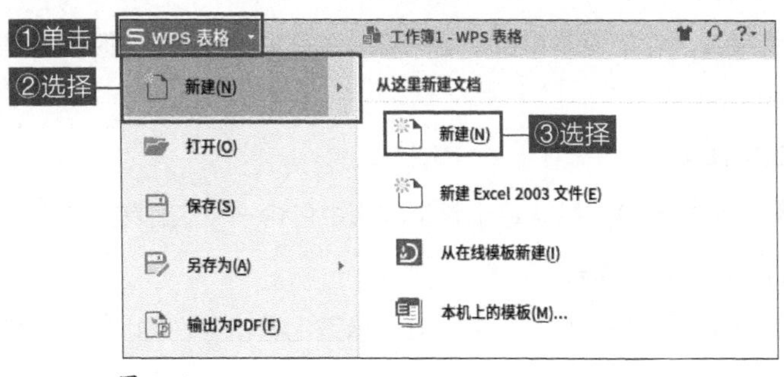

图 5-4

（2）保存工作簿。

对已有的工作簿进行操作后的保存可以直接单击“快速访问工具栏”中的“保存”按钮，若工作簿为新建后未保存过，或已有工作簿需另存为，可以进行以下操作。

01. 单击“WPS 表格”按钮，在弹出的下拉式菜单中选择“保存”或“另存为”，如图 5-5 所示。

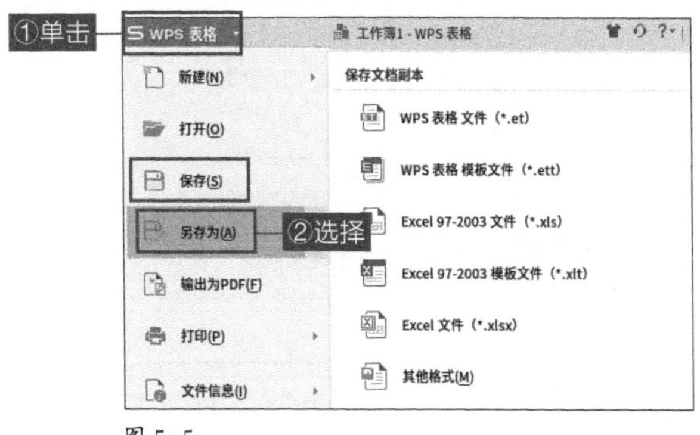

图 5-5

02. 若选择“另存为”，在弹出的“另存为”对话框中修改文件名称，选择要保存的文件位置，单击“保存”按钮，如图 5-6 所示。

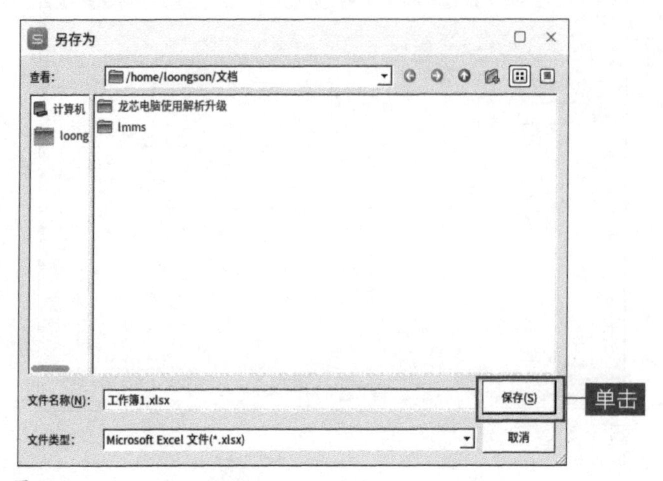

图 5-6

2. 工作表的基本操作

工作表是 Excel 完成工作的基本单位，用户可以对其进行插入、删除工作表、移动或复制工作表、重命名等基本操作。

（1）插入和删除工作表。

工作表是工作簿的组成部分，默认每个新工作簿中包含一个工作表，名称为“Sheet1”。用户可以根据工作需要插入和删除工作表。

01. 打开工作簿“工作簿 1”，在工作表“Sheet1”标签上右击，在弹出的快捷菜单中选择“插入”命令，如图 5-7 所示。

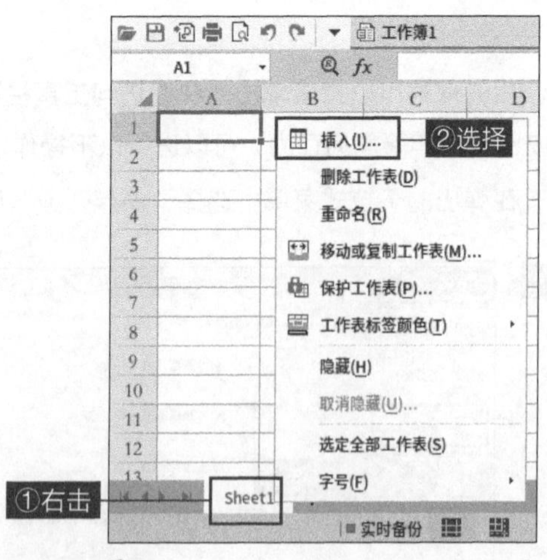

图 5-7

02. 弹出“插入工作表”对话框，在“插入数目”微调框内输入“1”，单击“当前工作表之后”单选按钮，单击“确定”按钮，如图 5-8 所示。

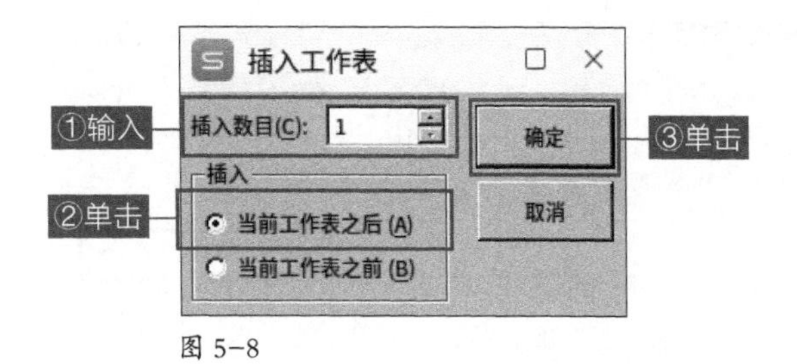

图 5-8

03. 或在工作表列表区的右侧单击新增工作表按钮，新的工作表“Sheet2”已经插入在工作表“Sheet1”的右侧，如图 5-9 所示。

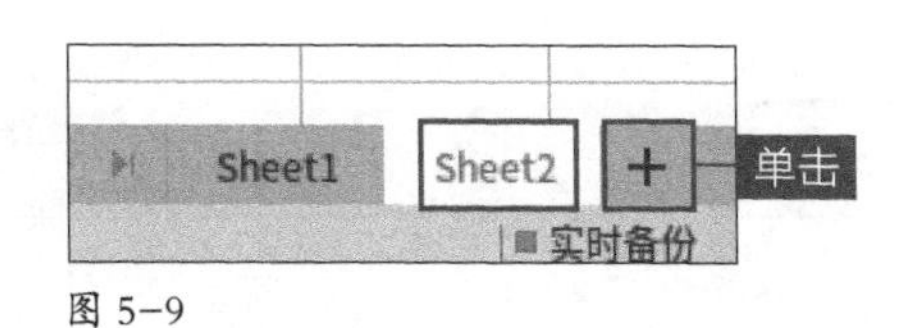

图 5-9

04. 删除工作表的操作非常简单，选中要删除的工作表标签，右击，在弹出的快捷菜单中选择“删除工作表”命令即可，如图 5-10 所示。

（2）移动或复制工作表。

移动或复制工作表是日常办公中常用的操作，既可以在同一工作表中移动或复制工作表，也可以在不同工作簿中移动或复制工作表。

01. 打开工作簿“工作簿 1”，在工作表“Sheet1”标签上右击，在弹出的快捷菜单中选择“移动或复制工作表”命令。

02. 弹出“移动或复制工作表”对话框，在“将选定工作表移至工作簿”下拉列表框中默认选择当前工作簿“工作簿 1”选项，在“下列选定工作表之前”列表框中选择“Sheet1”选项，勾选“建立副本”复选框，单击“确定”按钮，如图 5-11 所示。

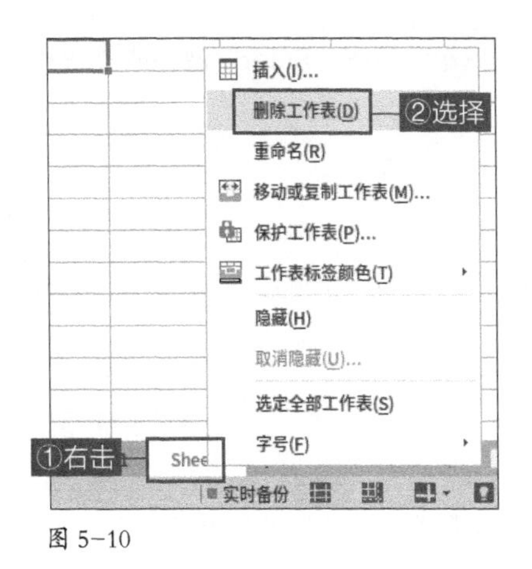

图 5-10

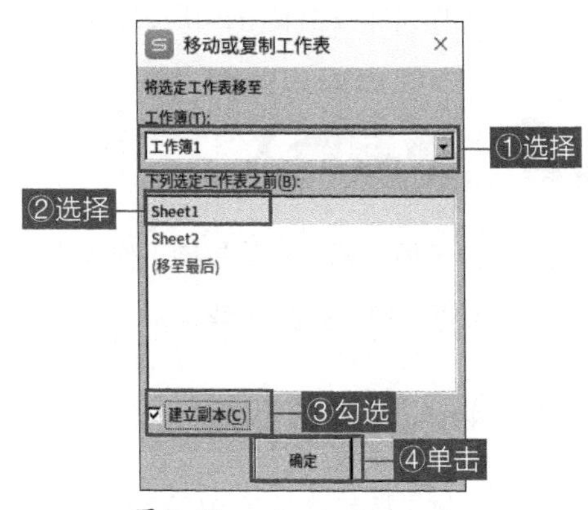

图 5-11

03. 若在“移动或复制工作表”对话框中的“将选定工作表移至工作簿”下拉列表框中选择“(新工作簿)”并单击“确定”按钮，则工作表将移动或复制到不同的工作簿中，如图 5-12 所示。

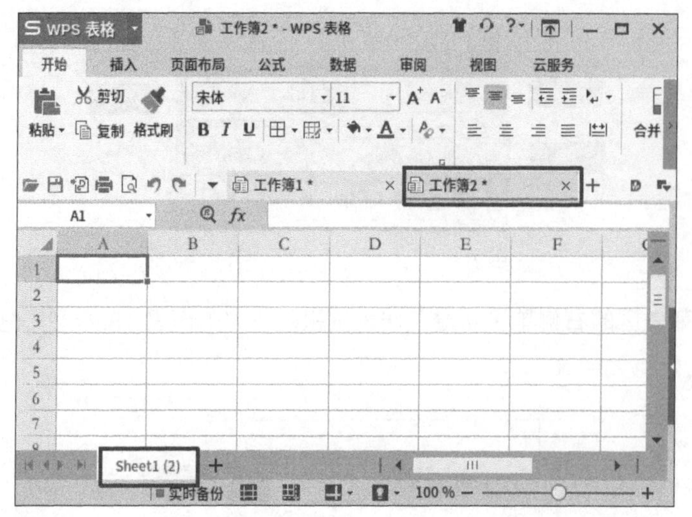

图 5-12

（3）重命名工作表。

默认情况下，工作簿中的工作表名称为“Sheet1”“Sheet2”等。在日常办公中，用户可以根据实际需要为工作表重新命名。

01. 在工作表“Sheet1”标签上右击，在弹出的快捷菜单中选择“重命名”命令，此时工作表标签“Sheet1”文字呈黑色，工作表名称处于可编辑状态，输入合适的工作表名称，如图 5-13 所示。

图 5-13

02. 或者在工作表标签上双击，快速地为工作表重命名，编辑输入后按“Enter”键完成重命名。

5.2 数据输入

创建工作表后的第一步就是向工作表中输入各种数据。工作表中常用的数据类型包括文本型数据、货币型数据、日期型数据等。

5.2.1 输入文本型数据

文本型数据是指字符或者数值和字符的组合。输入文本型数据的具体操作步骤如下。

01. 打开工作簿“超市进货单”，选中要输入文本的单元格“A1”，输入“蔬菜采购信息表”，按“Enter”键即可，如图 5-14 所示。

02. 使用同样的方法输入其他的文本型数据即可，如图 5-15 所示。

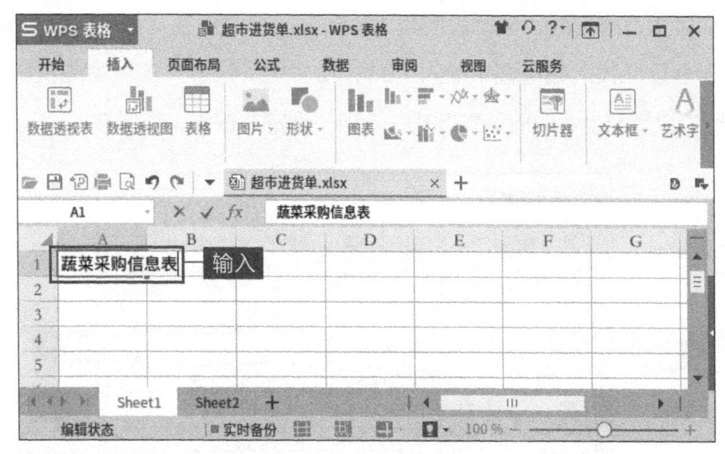

图 5-14

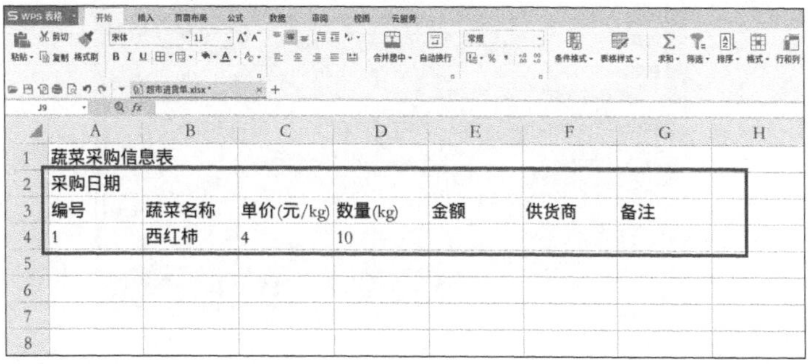

	A	B	C	D	E	F	G	H
1	蔬菜采购信息表							
2	采购日期							
3	编号	蔬菜名称	单价(元/kg)	数量(kg)	金额	供货商	备注	
4	1	西红柿	4	10				
5								
6								
7								
8								

图 5-15

5.2.2 输入货币型数据

货币型数据用于表示一般货币格式。如果要输入货币型数据，首先要输入常规数字，然后设置单元格格式即可。输入货币型数据的具体操作步骤如下。

01. 选中要输入货币型数据的单元格，切换至“开始”界面，单击工具栏中的“单元格格式”对话框启动器按钮，如图 5-16 所示。

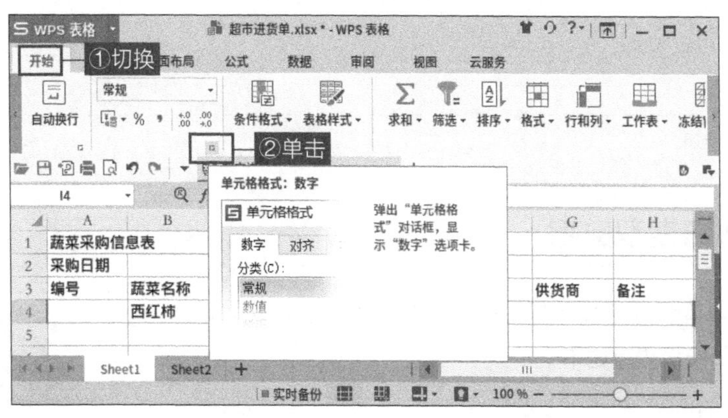

图 5-16

02. 打开“单元格格式”对话框，自动切换至“数字”选项卡，在“分类”列表框中选择“货币”选项，在右侧的“小数位数”微调框中输入“2”，在“货币符号”下拉列表框中选择“¥”选项，在“负数”列表框中选择一个合适的负数形式，单击“确定”按钮，如图 5-17 所示。

图 5-17

03. 设置完成后，效果如图 5-18 所示。

WPS 表格　开始　插入　页面布局　公式　数据　审阅　视图　云服务

剪切　粘贴　复制　格式刷　宋体　11　合并居中　自动换行　常规　条件格式　表格样式　求和　筛选

超市进货单.xlsx*

J12　fx

	A	B	C	D	E	F	G
1	蔬菜采购信息表						
2	采购日期						
3	编号	蔬菜名称	单价(元/kg)	数量(kg)	金额	供货商	备注
4	1	西红柿	4	10	¥40.00		
5							
6							
7							
8							

图 5-18

5.2.3 输入日期型数据

日期型数据是工作表中经常使用的一种数据类型。在单元格中输入日期的具体操作步骤如下。

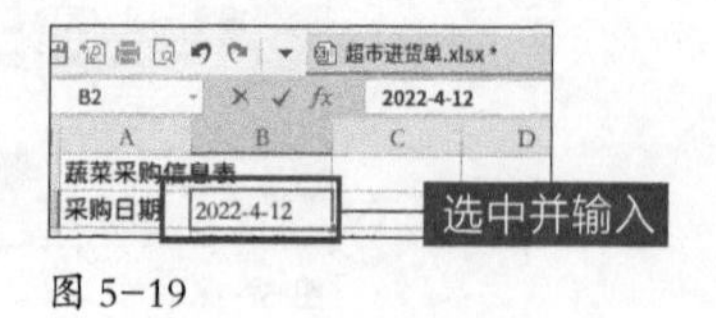

图 5-19

01. 选中单元格“B2”，输入“2022-4-12”，中间用“-”隔开，如图 5-19 所示。

02. 按“Enter”键，由于 WPS 表格默认的日期格式为“2001/3/7”，此时看到的日期为“2022/4/12”。

03. 如果对日期格式不满意，可以进行自定义。选中单元格“B2”，切换至“开始”界面，单击工具栏中的“单元格格式”对话框启动器按钮，打开“单元格格式”对话框，自动切换至“数字”选项卡，在“分类”列表框中选择“日期”选项，在右侧的“类型”列表框中选择“2001 年 3 月 7 日”选项，单击“确定”按钮，如图 5-20 所示。

04. 设置后的效果如图 5-21 所示。

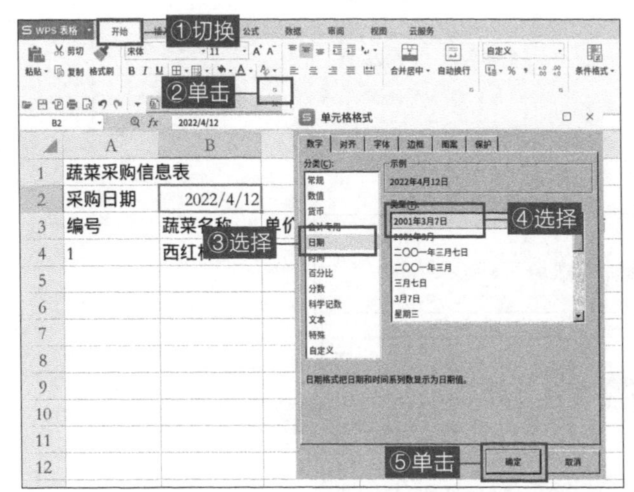

图 5-20

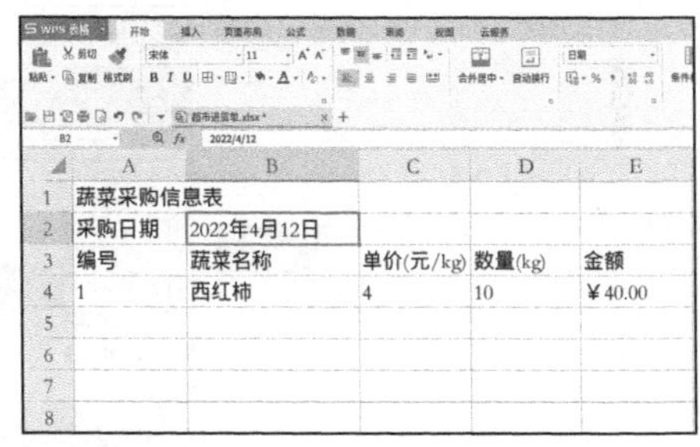

图 5-21

5.3 设置表格格式

WPS 表格的表格格式设置常用到单元格格式、表格样式、条件格式等。

5.3.1 设置单元格格式

单元格格式的设置主要包括设置字体格式、对齐格式、边框和底纹等。

1. 设置字体格式

在编辑工作表的过程中，可以用设置字体格式的方式突出显示某些单元格。设置字体格式的具体操作步骤如下。

01. 打开工作簿“超市进货单”，选中单元格“A1”，切换至“开始”界面，单击工具栏中的“字体设置”对话框启动器，如图 5-22 所示。

02. 打开“单元格格式”对话框，切换至“字体”选项卡，在“字体”列表框中选择“华文楷体”选项，在“字形”列表框中选择“粗体”选项，在“字号”列表框中选择“20”选项，单击“确定”按钮，如图 5-23 所示。

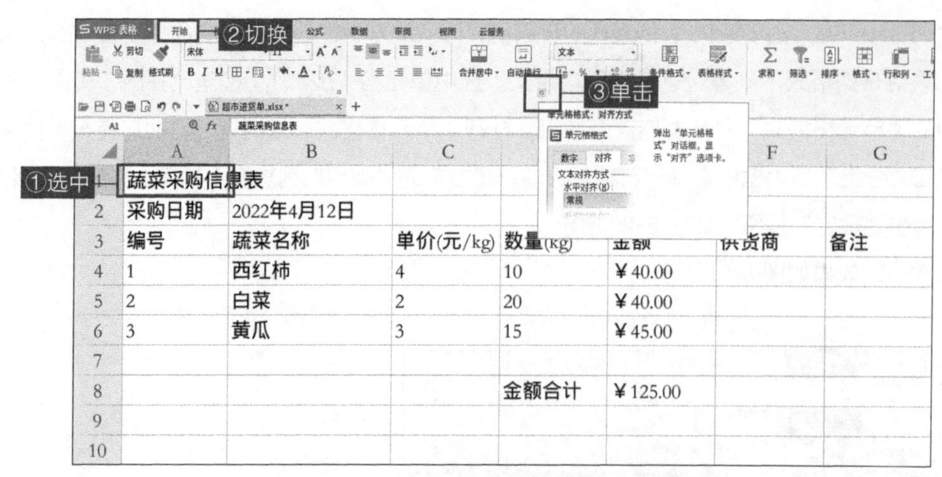

图 5-22

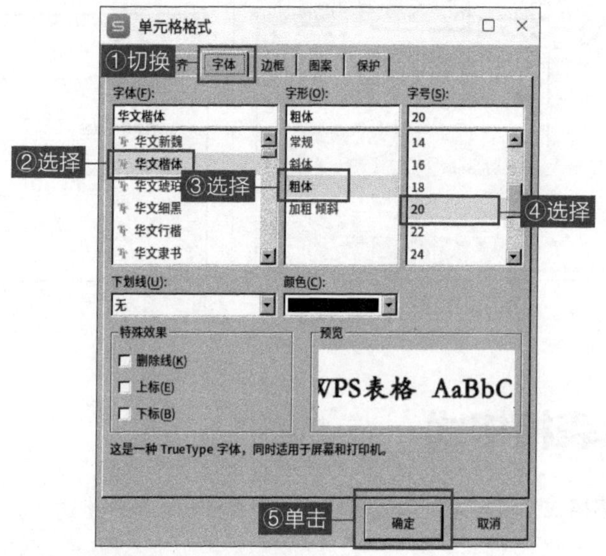

图 5-23

03. 使用同样的方法设置其他单元格区域的字体格式，效果如图 5-24 所示。

	A	B	C	D	E	F	G
1	蔬菜采购信息表						
2	采购日期	2022年4月12日					
3	编号	蔬菜名称	单价(元/kg)	数量(kg)	金额	供货商	备注
4	1	西红柿	4	10	¥40.00		
5	2	白菜	2	20	¥40.00		
6	3	黄瓜	3	15	¥45.00		
7							
8				金额合计	¥125.00		
9							

图 5-24

2．合并和拆分单元格

在编辑工作表的过程中，经常需要合并和拆分单元格，具体操作步骤如下。

01. 选中要合并的单元格区域“A1:G1”，然后切换至“开始”界面，单击工具栏中的“合并居中”按钮的上半部分，单元格区域“A1:G1”被合并为一个单元格，如图 5-25 所示。

图 5-25

02. 如果要拆分单元格，先选中要拆分的单元格，切换至“开始”界面，单击工具栏中的“合并居中”按钮的下半部分，在弹出的下拉式菜单中选择“取消合并单元格”命令，如图 5-26 所示。

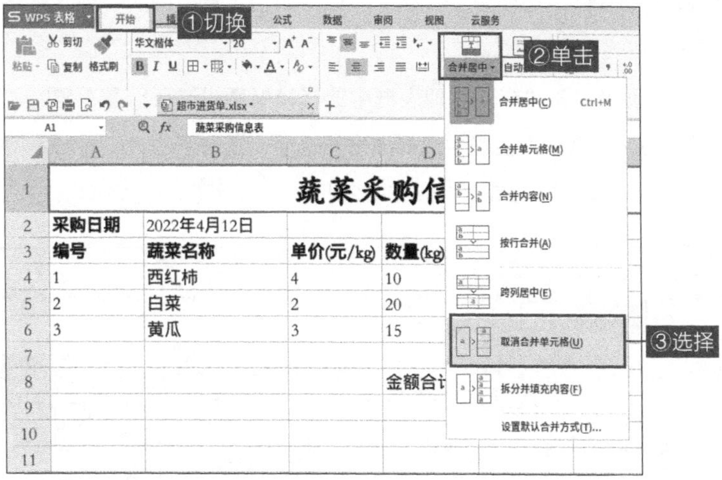

图 5-26

03. 使用“单元格格式”对话框也可以合并单元格。选中要合并的单元格，按“Ctrl+1”组合键打开“单元格格式”对话框，切换至“对齐”选项卡，在“文本控制”组合框中勾选“合并单元格”复选框，单击“确定”按钮，如图 5-27 所示。

3．设置行高和列宽

为了使工作表看起来更加整齐，可以调整行高和列宽。调整列宽的具体操作步骤如下。

01. 将鼠标指针放在要调整列宽的列标右侧的分隔线上，按住鼠标左键拖曳鼠标调整列宽，并在上方显示宽度值，拖曳至合适的列宽即可释放鼠标左键，如图 5-28 所示。

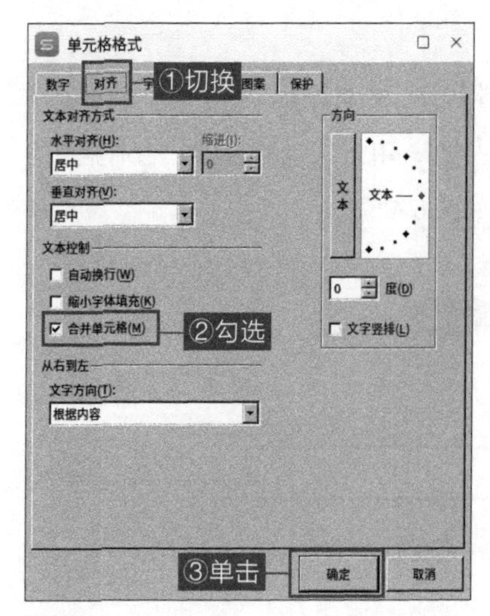

图 5-27

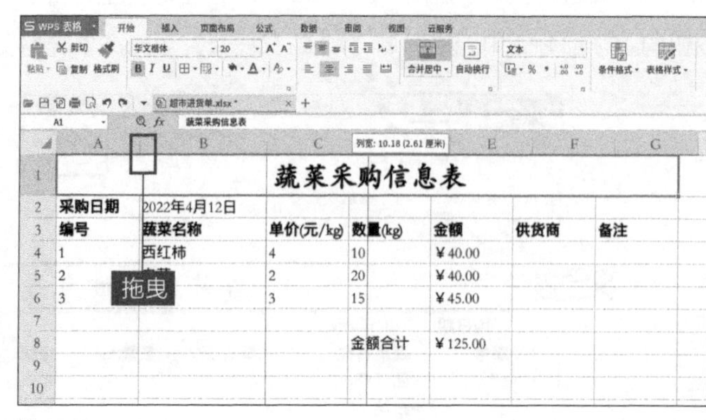

图 5-28

02. 双击分隔线也可以调整列宽。

03. 使用同样的方法调整其他列的列宽和行高即可。

4．添加边框和底纹

为了使工作表看起来更加美观，可以为表格添加边框和底纹，具体操作步骤如下。

01. 选中单元格区域“A3:G8”，切换至“开始”界面，单击工具栏中的“单元格格式”对话框启动器按钮，弹出“单元格格式”对话框。

02. 切换至“边框”选项卡，在“样式”列表框中选择较粗直线选项，在右侧的“预置”组合框中单击“外边框”按钮，在“样式”列表框中选择细虚线选项，在右侧的“预置”组合框中单击“内部”按钮。设置完成后，单击“确定”按钮，如图 5-29 所示。

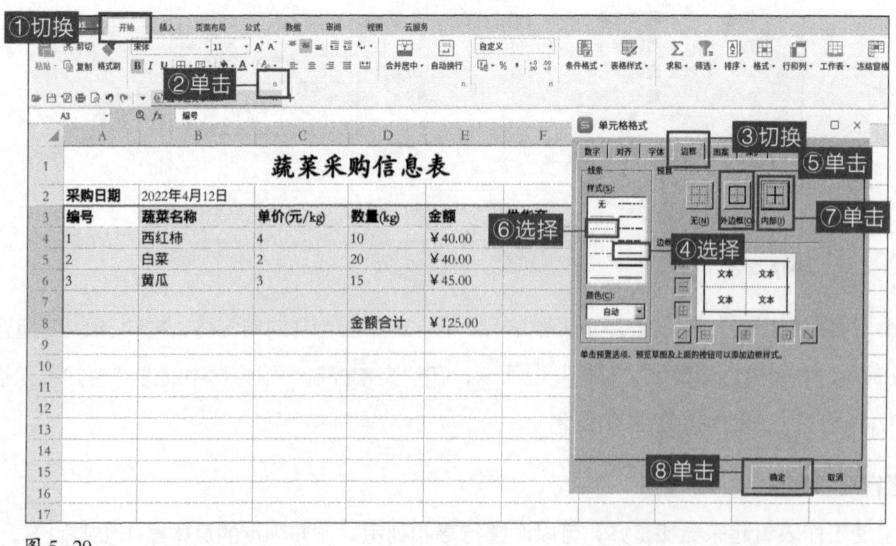

图 5-29

03. 设置效果如图 5-30 所示。

蔬菜采购信息表						
采购日期	2022年4月12日					
编号	蔬菜名称	单价(元/kg)	数量(kg)	金额	供货商	备注
1	西红柿	4	10	¥40.00		
2	白菜	2	20	¥40.00		
3	黄瓜	3	15	¥45.00		
			金额合计	¥125.00		

图 5-30

04. 选中单元格区域“E4:E8”，使用相同的方法打开“单元格格式”对话框，切换至“图案”选项卡，在“颜色”组合框中选择一种合适的颜色，单击“确定”按钮，如图 5-31 所示。

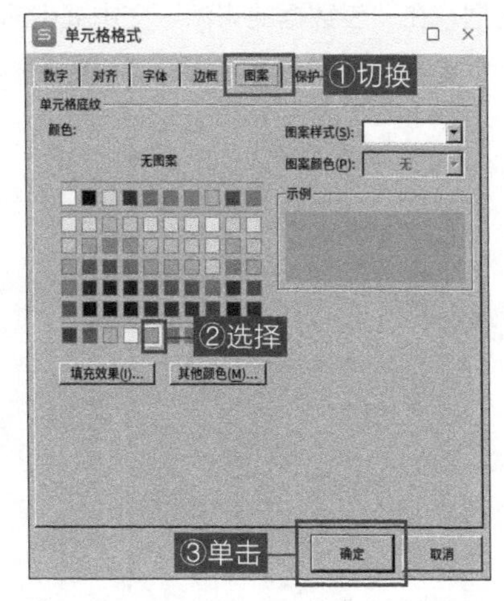

图 5-31

05. 设置完成后效果如图 5-32 所示。

蔬菜采购信息表						
采购日期	2022年4月12日					
编号	蔬菜名称	单价(元/kg)	数量(kg)	金额	供货商	备注
1	西红柿	4	10	¥40.00		
2	白菜	2	20	¥40.00		
3	黄瓜	3	15	¥45.00		
			金额合计	¥125.00		

图 5-32

5.3.2 套用表格样式

通过套用表格样式可以快速设置一组单元格的格式，并将其转化为表格，具体操作步骤如下。

01. 选中单元格区域“A2:G10”，切换至“开始”界面，单击工具栏中的“表格样式”按钮。

02. 在弹出的下拉式菜单中选择“表样式浅色 18”，如图 5-33 所示。

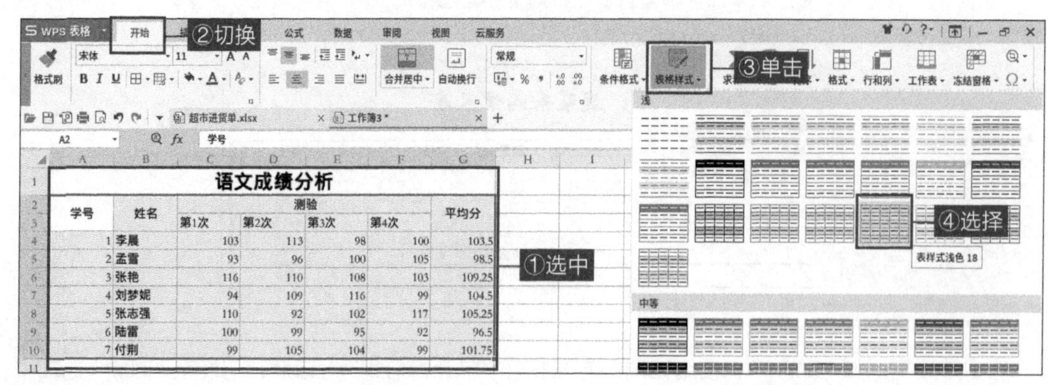

图 5-33

03. 弹出“套用表格样式”对话框，在“表数据的来源”文本框中输入公式“=$A$2:$G$10”，单击“转换成表格，并套用表格样式”单选按钮，勾选“表包含标题”复选框，单击“确定”按钮，如图 5-34 所示。

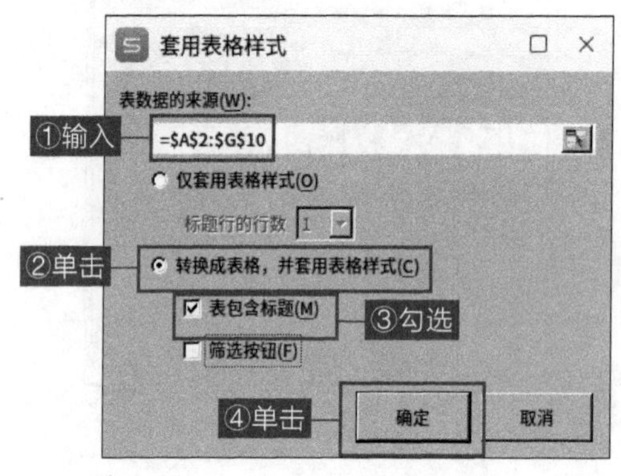

图 5-34

04. 应用样式后效果如图 5-35 所示。

语文成绩分析						
学号	姓名	测验				平均分
		第1次	第2次	第3次	第4次	
1	李晨	103	113	98	100	103.5
2	孟雪	93	96	100	105	98.5
3	张艳	116	110	108	103	109.25
4	刘梦妮	94	109	116	99	104.5
5	张志强	110	92	102	117	105.25
6	陆雷	100	99	95	92	96.5
7	付荆	99	105	104	99	101.75

图 5-35

5.3.3 使用条件格式

使用条件格式功能，可以根据条件使用数据条、图标和色阶，以突出显示相关单元格、强调异常值，以及实现数据的可视化效果。

1. 添加数据条

使用数据条功能，可以快速为数组插入底纹颜色，并根据数值自动调整带颜色的数据条的长度，具体操作步骤如下。

01. 选中单元格区域“C4:F10”，切换至“开始”界面，单击工具栏中的“条件格式”按钮，在弹出的下拉式菜单中选择“数据条”→“渐变填充”→“紫色数据条”命令，如图 5-36 所示。

图 5-36

02. 效果如图 5-37 所示。

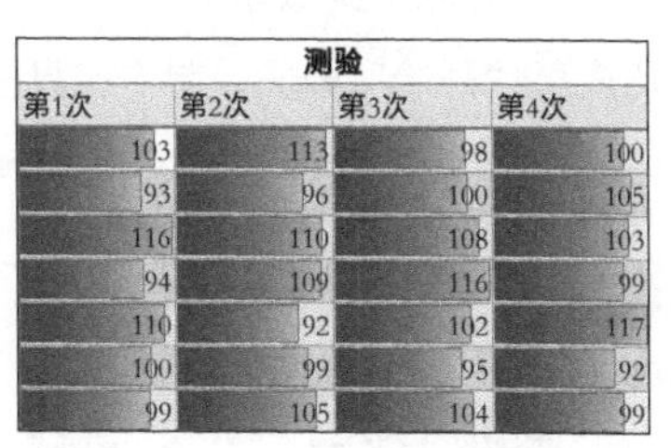

测验			
第1次	第2次	第3次	第4次
103	113	98	100
93	96	100	105
116	110	108	103
94	109	116	99
110	92	102	117
100	99	95	92
99	105	104	99

图 5-37

2. 添加图标

使用图标集功能，可以快速为数组插入图标，并根据数值自动调整图标的类型和方向，具体操作步骤如下。

01. 选中单元格区域“G4:G10”，切换至“开始”界面，单击工具栏中的“条件格式”按钮，在弹出的下拉式菜单中选择“图标集”→“方向”→“三向箭头”命令，如图 5-38 所示。

02. 效果如图 5-39 所示。

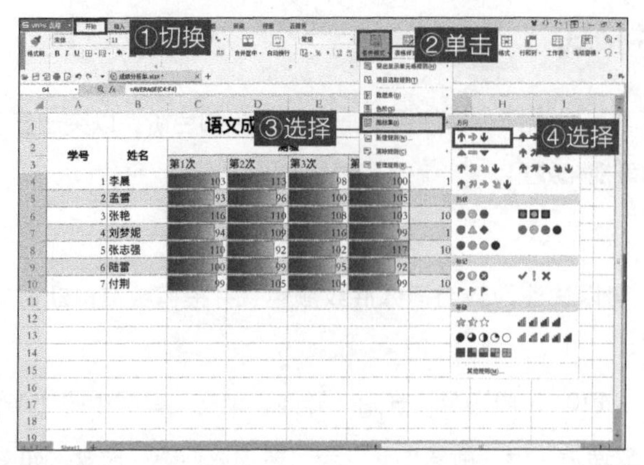

图 5-38

学号	姓名	测验				平均分
		第1次	第2次	第3次	第4次	
1	李晨	103	113	98	100	103.5
2	孟雪	93	96	100	105	98.5
3	张艳	116	110	108	103	109.25
4	刘梦妮	94	109	116	99	104.5
5	张志强	110	92	102	117	105.25
6	陆雷	100	99	95	92	96.5
7	付荆	99	105	104	99	101.75

语文成绩分析

图 5-39

3. 添加色阶

使用色阶功能，可以快速为数组插入色阶，以颜色的亮度高低和渐变程度来显示不同的数值，如双色渐变、三色渐变等。添加色阶的具体操作步骤如下。

01. 选中单元格区域“G4:G10”，切换至“开始”界面，单击工具栏中的“条件格式”按钮，在弹出的下拉式菜单中选择“色阶”→“白 - 绿色阶”命令，如图 5-40 所示。

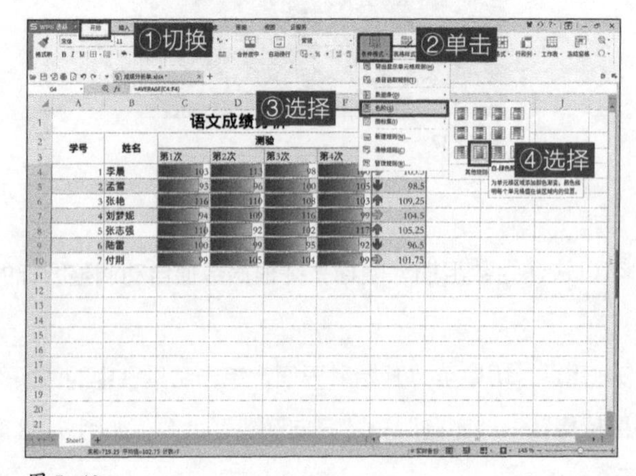

图 5-40

02. 效果如图 5-41 所示。

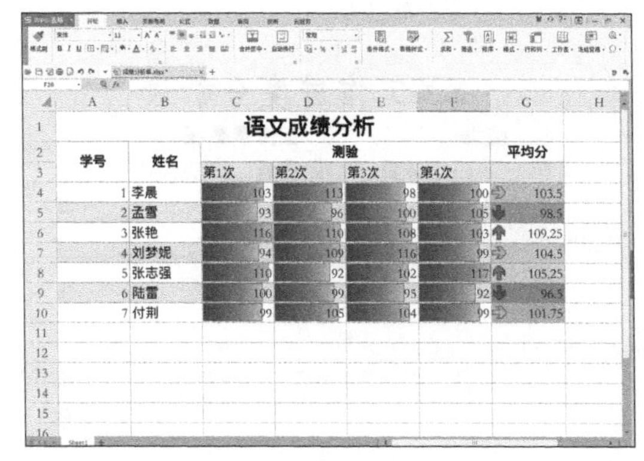

语文成绩分析

学号	姓名	测验				平均分
		第1次	第2次	第3次	第4次	
1	李晨	103	113	98	100	103.5
2	孟雪	93	96	100	105	98.5
3	张艳	116	110	108	103	109.25
4	刘梦妮	94	109	116	99	104.5
5	张志强	110	92	102	117	105.25
6	陆雷	100	99	95	92	96.5
7	付荆	99	105	104	99	101.75

图 5-41

5.4 常用公式和函数

除了制作表格外，WPS 表格还具有强大的计算能力，熟练使用 WPS 表格的公式与函数功能可以更加便捷地工作。

5.4.1 公式的使用

在 WPS 表格中，使用公式可以快速执行计算，在单元格中输入公式，公式字符要在英文半角状态下输入。公式以等号“=”开头，后面与数学公式相同。加、减、乘、除、乘方等符号分别是“+”“-”“*”“/”“^”，如“=(100-20+30)/5*7”。

1. 输入公式

用户既可以在单元格中输入公式，也可以在编辑栏中输入公式。在工作表中输入公式的具体操作步骤如下。

01. 打开工作簿“工作进度分析表”，选中单元格“D4”，输入公式“=C4/B4”，如图 5-42 所示。

工作进度分析表.xlsx *

AVERAGE　fx　=C4/B4

XX工作进度分析表

数据 / 工作	工作量数据		
工作	任务量	完成量	完成率
work1	27	14	=C4 / B4
work2	34	30	
work3	19	15	
work4	30	20	
work5	39	16	

选中并输入

图 5-42

02. 输入完毕，按“Enter”键即可，如图 5-43 所示。

	A	B	C	D
1	XX工作进度分析表			
2	数据	工作量数据		
3	工作	任务量	完成量	完成率
4	work1	27	14	51.85%
5	work2	34	30	
6	work3	19	15	
7	work4	30	20	
8	work5	39	16	

图 5-43

2．编辑公式

输入公式后，还可以对其进行编辑，主要包括修改公式和复制公式。

（1）修改公式。

修改公式的具体操作步骤如下。

01. 双击要修改公式的单元格“D4”，此时公式进入修改状态，可进行修改操作，如图 5-44 所示。

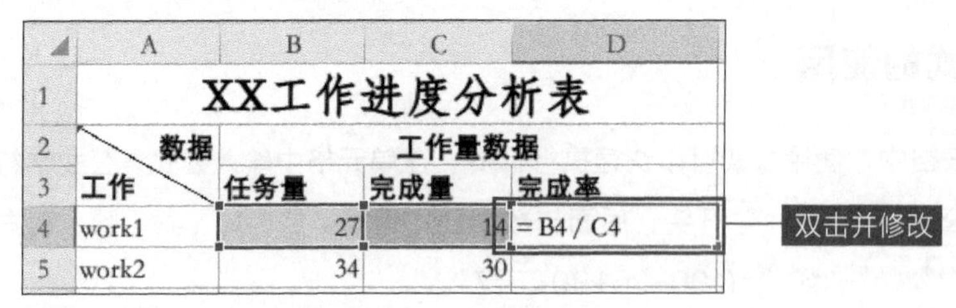

	A	B	C	D
1	XX工作进度分析表			
2	数据	工作量数据		
3	工作	任务量	完成量	完成率
4	work1	27	14	= B4 / C4
5	work2	34	30	

图 5-44

02. 修改完毕后，按“Enter”键即可，如图 5-45 所示。

	A	B	C	D
1	XX工作进度分析表			
2	数据	工作量数据		
3	工作	任务量	完成量	完成率
4	work1	27	14	192.86%
5	work2	34	30	
6	work3	19	15	
7	work4	30	20	
8	work5	39	16	

图 5-45

（2）复制公式。

用户既可以对公式进行单个复制，也可以进行快速填充。

01. 单个复制公式。选中要复制公式的单元格“D4”，然后按“Ctrl+C”组合键，如图 5-46 所示。

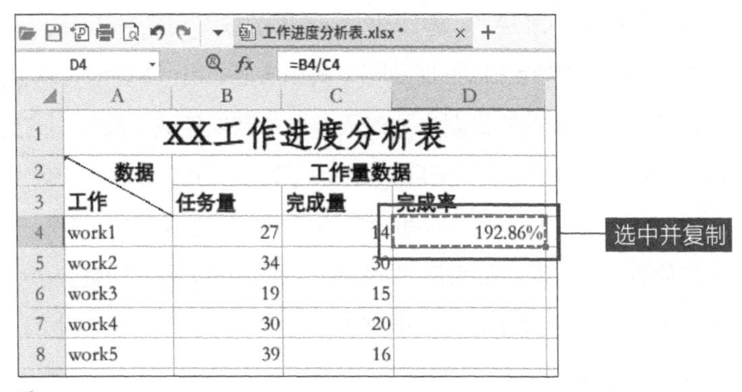

	A	B	C	D
1	XX工作进度分析表			
2	数据	工作量数据		
3	工作	任务量	完成量	完成率
4	work1	27	14	192.86%
5	work2	34	30	
6	work3	19	15	
7	work4	30	20	
8	work5	39	16	

图 5-46

02. 选中公式要粘贴的单元格“D5”，然后按“Ctrl+V”组合键，如图 5-47 所示。

工作进度分析表.xlsx *　D5　=B5/C5

	A	B	C	D
1	XX工作进度分析表			
2	数据	工作量数据		
3	工作	任务量	完成量	完成率
4	work1	27	14	192.86%
5	work2	34	30	113.33%
6	work3	19	15	
7	work4	30	20	
8	work5	39	16	

选中并粘贴

图 5-47

03. 快速填充公式。选中要复制公式的单元格“D5”，然后将鼠标指针移动到单元格的右下角，此时鼠标指针变为“+”形状，按住鼠标左键不放，向下拖曳至其他单元格区域中，如图 5-48 所示。

工作进度分析表.xlsx *　D5　=B5/C5

	A	B	C	D
1	XX工作进度分析表			
2	数据	工作量数据		
3	工作	任务量	完成量	完成率
4	work1	27	14	192.86%
5	work2	34	30	113.33%
6	work3	19	15	126.67%
7	work4	30	20	150.00%
8	work5	39	16	243.75%
9				

图 5-48

5.4.2 常用函数

常用函数分为日期与时间函数和数学与统计函数，熟练运用函数可以提高办公效率。

1. 日期与时间函数

日期与时间函数是处理日期型或日期时间型数据的函数，常用的日期与时间函数包括 DATE、

DATEDIF、MONTH、DAY、TODAY、WEEKDAY 等函数。

- DATE 函数的功能是返回代表特定日期的序列号。其语法格式是：DATE(year,month,day)。
- DATEDIF 函数主要用于计算两个日期之间的天数、月数或年数，其返回的值是两个日期之间的年、月、日间隔数。其语法格式是：DATEDIF(Start_Date,End_Date,Unit)。

其中，Start_Date 为一个日期，代表时间段内的第一个日期或起始日期，End_Date 为一个日期，代表时间段内的最后一个日期或结束日期，Unit 为所需信息的返回类型。

- MONTH 函数是一种常用的日期函数，它能够返回以序列号表示的日期中的月份。其语法格式是：MONTH(serial_number)。

其中，参数 serial_number 表示一个日期，包括要查找月份的日期。该函数还可以指定加双引号表示日期的文本，如“2022 年 4 月 14 日”。如果该参数为日期以外的文本，则返回错误值“#VALUE!”。

- DAY 函数的功能是返回用序列号（整数 1~31）表示的某日期的天数。其语法格式是：DAY(serial_number)。
- TODAY 函数的功能是返回日期格式的系统当前日期。其语法格式是：TODAY()。
- WEEKDAY 函数的功能是返回某日期的星期数。在默认情况下，它的值为 1（星期天）~7（星期六）之间的一个整数，其语法格式是：WEEKDAY(serial_number,return_type)。

其中，参数 serial_number 是要返回星期数的日期。return_type 为返回值类型，如果 return_type 为数字 1 或省略，则 1~7 表示星期天到星期六；如果 return_type 为数字 2，则 1~7 表示星期一到星期天；如果 return_type 为数字 3，则 0~6 表示星期一到星期天。

以计算公司员工信息表中当前日期、星期数及员工工龄为例，介绍日期与时间函数的使用方法，具体操作步骤如下。

01. 打开工作簿“员工信息表”，选中单元格“F2”，输入函数公式“=TODAY()”，然后按“Enter”键。该公式表示“返回系统当前日期”，如图 5-49 所示。

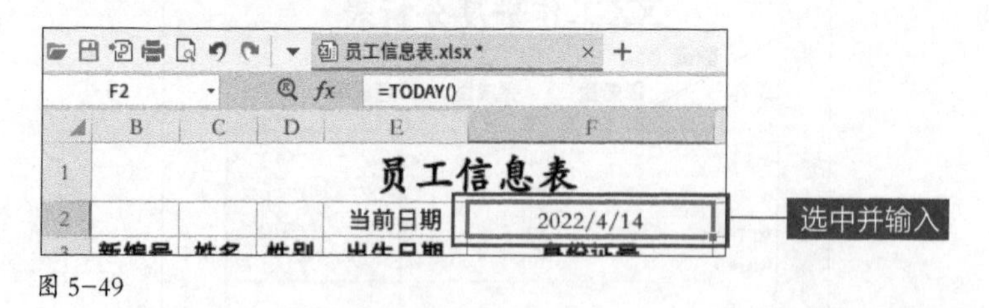

图 5-49

02. 当前日期输入完成后，计算当前星期数，选中单元格“G2”，输入函数公式“=WEEKDAY(F2)”，然后按“Enter”键。该公式表示“将日期转化为星期数”，如图 5-50 所示。

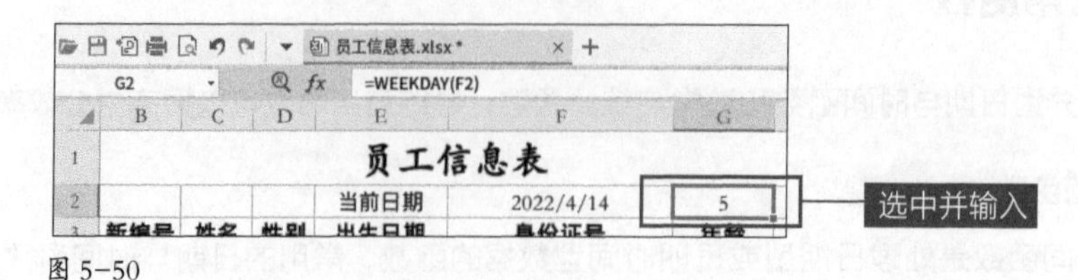

图 5-50

03. 选中单元格“G2”，切换至“开始”界面，单击工具栏中的“单元格格式”对话框启动器按钮，弹出“单元格格式”对话框，切换至“数字”选项卡，在“分类”列表框中选择“日期”选项，在“类型”列表框中选择“星期三”选项，单击“确定”按钮，如图 5-51 所示。

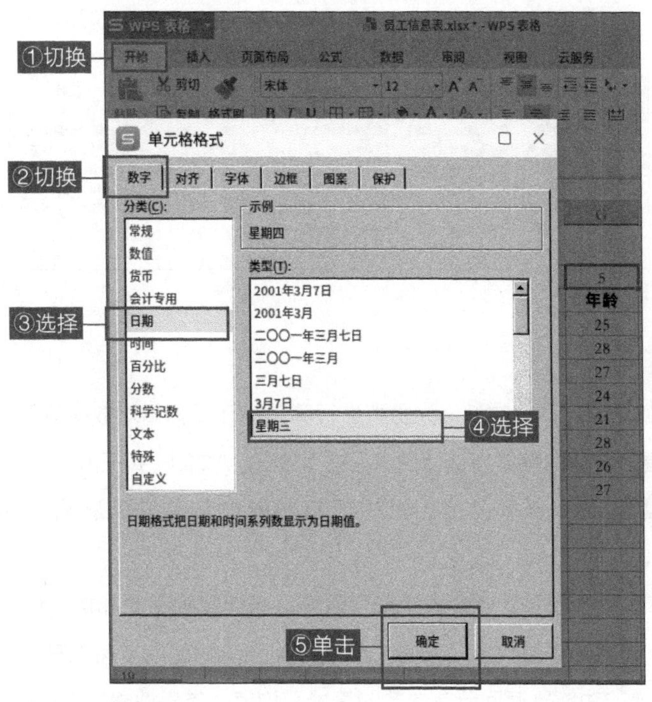

图 5-51

04. 返回工作表，此时单元格“G2”中的数字就转换成了星期数，如图 5-52 所示。

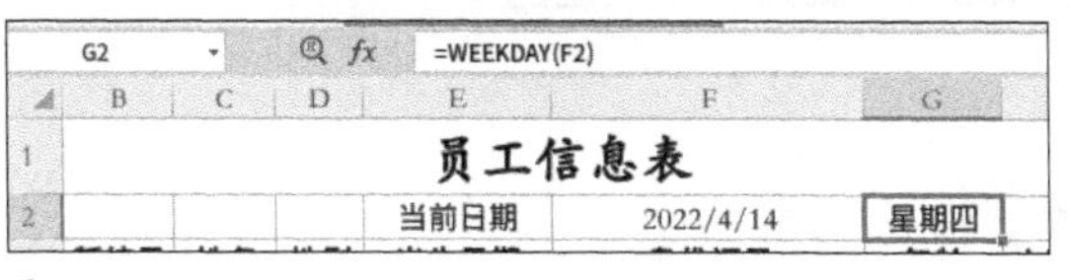

图 5-52

05. 选中单元格“I4”，输入函数公式“=CONCATENATE(DATEDIF(H4,TODAY(),"y")," 年 ",DATEDIF(H4,TODAY(),"ym"), " 个月 ",DATEDIF(H4,TODAY(),"md"), " 天 ")”，按“Enter”键，如图 5-53 所示。公式中 CONCATENATE 函数的功能是将几个文本字符串合并为一个文本字符串。

新编号	姓名	性别	出生日期	身份证号	年龄	入职时间	工龄
SD0001	李雷	女	1997/4/1	520000199704016249	25	2020/9/4	1年7个月24天
SD0002	刘丽	女	1994/5/20	520000199405201205	28	2013/4/29	
SD0003	肖海洋	男	1995/11/29	520000199511290868	27	2018/7/6	
SD0004	邱天	女	1998/1/17	520000199801172063	24	2021/1/26	
SD0005	张旭	男	2001/12/25	520000200112254686	21	2022/3/2	
SD0006	马明亮	男	1994/7/31	520000199407312408	28	2020/2/9	
SD0007	李泽风	男	1996/9/16	520000199609163492	26	2019/4/19	
SD0008	郑易	女	1995/10/27	520000199510271013	27	2015/6/1	

图 5-53

06. 此时，员工工龄已计算出来，将单元格“I4”中的公式向下填充到单元格“I11”中，如图 5-54 所示。

=CONCATENATE(DATEDIF(H4,TODAY(),"y"),"年",DATEDIF(H4,TODAY(),"ym"),"个月",DATEDIF(H4,TODAY(),"md"),"天")

员工信息表

			当前日期	2022/4/14	星期四		
新编号	姓名	性别	出生日期	身份证号	年龄	入职时间	工龄
SD0001	李雷	女	1997/4/1	520000199704016249	25	2020/9/4	1年7个月24天
SD0002	刘丽	女	1994/5/20	520000199405201205	28	2013/4/29	8年11个月30天
SD0003	肖海洋	男	1995/11/29	520000199511290868	27	2018/7/6	3年9个月22天
SD0004	邱天	女	1998/1/17	520000199801172063	24	2021/1/26	1年3个月2天
SD0005	张旭	男	2001/12/25	520000200112254686	21	2022/3/2	0年1个月26天
SD0006	马明亮	男	1994/7/31	520000199407312408	28	2020/2/9	2年2个月19天
SD0007	李泽风	男	1996/9/16	520000199609163492	26	2019/4/19	3年0个月9天
SD0008	郑易	女	1995/10/27	520000199510271013	27	2015/6/1	6年10个月27天

图 5-54

2. 数学与统计函数

数学与统计函数是指通过数学和统计函数进行简单的计算，如对数字取整、计算单元格区域中的数值总和或平均值。常用的数学与统计函数包括 SUM、AVERAGE 函数等。

- SUM 函数的功能是计算单元格区域中所有数值的和。其语法格式是: SUM(number1, number2,number3,…)。

函数最多可指定 30 个参数 , 各参数用逗号隔开；当计算相邻单元格区域数值之和时，使用冒号指定单元格区域；参数如果是数值以外的文本，则返回错误值“#VALUE!”。

- AVERAGE 函数的功能是返回所有参数的算术平均值。其语法格式是: AVERAGE (number1, number2,…)。

参数 number1、number2 等是计算平均值的 1~30 个参数。

5.5 数据分析

数据的排序、筛选、分类汇总是 WPS 表格中经常使用的 3 种功能，使用这些功能可以对工作表中的数据进行处理和分析。

5.5.1 数据的排序

为了方便查看表格中的数据，用户可以按照一定的顺序对工作表中的数据进行重新排序。数据排序主要包括简单排序、复杂排序，可根据需要自行选择。

1. 简单排序

简单排序就是设置单一条件进行排序。

按照“姓名”的拼音首字母，对工作表中的数据进行升序排列。具体操作步骤如下。

01. 打开工作簿“成绩单”，选中单元格区域“A2：H11”，切换至“数据”界面，单击工具栏中的“排序”按钮，如图 5-55 所示。

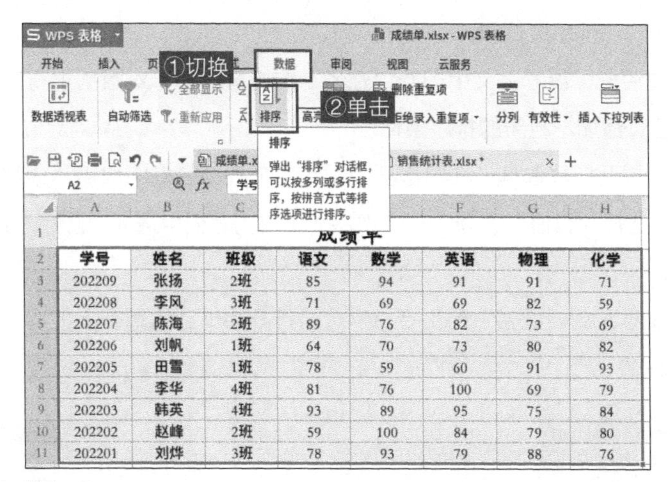

学号	姓名	班级	语文	数学	英语	物理	化学
202209	张扬	2班	85	94	91	91	71
202208	李风	3班	71	69	69	82	59
202207	陈海	2班	89	76	82	73	69
202206	刘帆	1班	64	70	73	80	82
202205	田雪	1班	78	59	60	91	93
202204	李华	4班	81	76	100	69	79
202203	韩英	4班	93	89	95	75	84
202202	赵峰	2班	59	100	84	79	80
202201	刘烨	3班	78	93	79	88	76

图 5-55

02. 在弹出的“排序”对话框中，勾选“数据包含标题”复选框，在“主要关键字”下拉列表框中选择“姓名”选项，在“排序依据”下拉列表框中选择“数值”选项，在“次序”下拉列表框中选择“升序”选项，单击“确定”按钮，如图 5-56 所示。

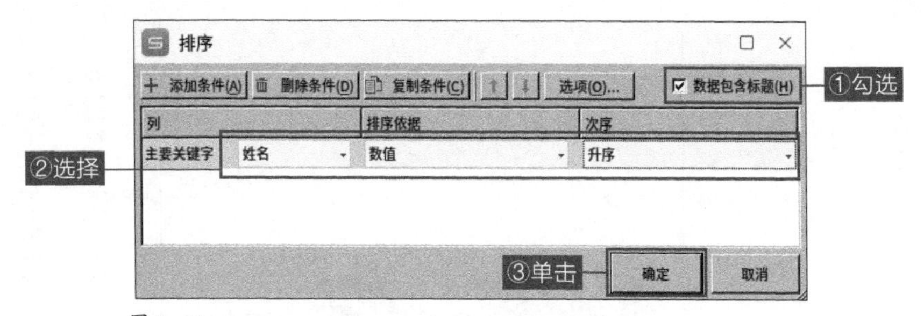

图 5-56

03. 界面中表格根据 B 列“姓名”的拼音首字母进行升序排列，如图 5-57 所示。

成绩单

学号	姓名	班级	语文	数学	英语	物理	化学
202207	陈海	2班	89	76	82	73	69
202203	韩英	4班	93	89	95	75	84
202208	李风	3班	71	69	69	82	59
202204	李华	4班	81	76	100	69	79
202206	刘帆	1班	64	70	73	80	82
202201	刘烨	3班	78	93	79	88	76
202205	田雪	1班	78	59	60	91	93
202209	张扬	2班	85	94	91	91	71
202202	赵峰	2班	59	100	84	79	80

图 5-57

2. 复杂排序

如果在排序字段里出现相同的内容，它们会保持其原始次序。如果依然要对这些内容按照一定条件进行排序，需要用到多个关键字的复杂排序。

对工作表中的数据进行复杂排序的具体操作步骤如下。

01. 打开工作簿“语数英成绩单”，如图 5-58 所示，选中单元格区域“A2:C29”，切换至“数据”

界面，单击工具栏中的“排序”按钮。

02. 弹出“排序”对话框，参考上文中按照“姓名”的拼音首字母对数据进行升序排列的设置，单击“添加条件”按钮，添加一组新的排序条件。

03. 勾选“数据包含标题”复选框，在“次要关键字”下拉列表框中选择“成绩”选项，在“排序依据”下拉列表框中选择“数值”选项，在“次序”下拉列表框中选择“降序”选项，单击“确定”按钮，如图 5-59 所示。

04. 界面中表格在根据 A 列“姓名”的拼音首字母进行升序排列的基础上按照“分数”的数值进行了降序排列，如图 5-60 所示。

	A	B	C
1	语数英成绩单		
2	姓名	学科	成绩
3	韩英	语文	93
4	韩英	数学	89
5	韩英	英语	95
6	李华	语文	81
7	李华	数学	76
8	李华	英语	100
9	李风	语文	71
10	李风	数学	69
11	李风	英语	69
12	刘烨	语文	78
13	刘烨	数学	93
14	刘烨	英语	79
15	陈海	语文	89
16	陈海	数学	76
17	陈海	英语	82
18	张扬	语文	85
19	张扬	数学	94
20	张扬	英语	91
21	赵峰	语文	59
22	赵峰	数学	100
23	赵峰	英语	84
24	刘帆	语文	64
25	刘帆	数学	70
26	刘帆	英语	73
27	田雪	语文	78
28	田雪	数学	59
29	田雪	英语	60

图 5-58

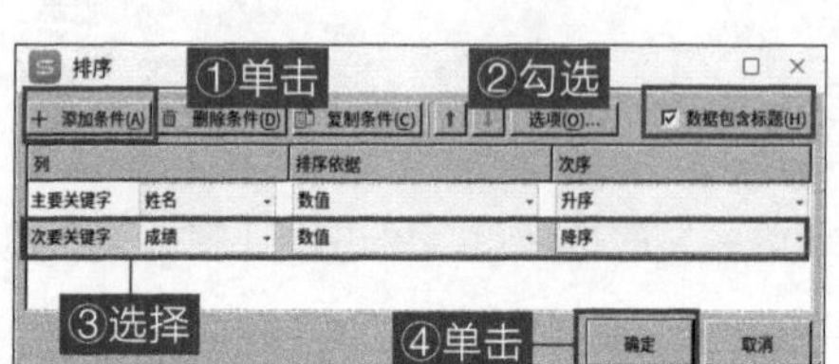

图 5-59

	A	B	C
1	语数英成绩单		
2	姓名	学科	成绩
3	陈海	语文	89
4	陈海	英语	82
5	陈海	数学	76
6	韩英	英语	95
7	韩英	语文	93
8	韩英	数学	89
9	李风	语文	71
10	李风	数学	69
11	李风	英语	69
12	李华	英语	100
13	李华	语文	81
14	李华	数学	76
15	刘帆	英语	73
16	刘帆	数学	70
17	刘帆	语文	64
18	刘烨	数学	93
19	刘烨	英语	79
20	刘烨	语文	78
21	田雪	语文	78
22	田雪	英语	60
23	田雪	数学	59
24	张扬	数学	94
25	张扬	英语	91
26	张扬	语文	85
27	赵峰	数学	100
28	赵峰	英语	84
29	赵峰	语文	59

图 5-60

5.5.2 数据的筛选

使用 WPS 表格时，可以对数据进行筛选，选出有用的信息，从而节省时间。

1. 自动筛选

自动筛选一般用于简单的条件筛选，筛选时将不满足条件的数据暂时隐藏起来，只显示满足条件的数据。

（1）指定数据的筛选。

01. 打开工作簿“成绩单”，选中单元格区域“A2:I11”，切换至“数据”界面，单击工具栏中的“自动筛选”按钮，进入筛选状态，此时各标题字段的右侧会出现一个下拉按钮，单击标题字段“班级”右侧的下拉按钮，如图 5-61 所示。

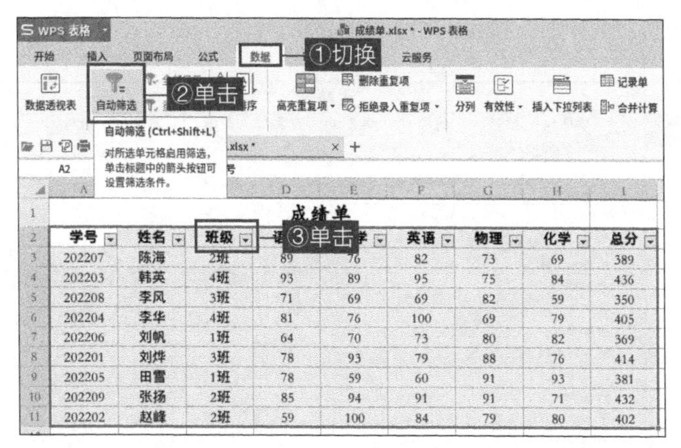

图 5-61

02. 在弹出的筛选列表中，撤销勾选“3 班”和“4 班”复选框，单击“确定”按钮，如图 5-62 所示。

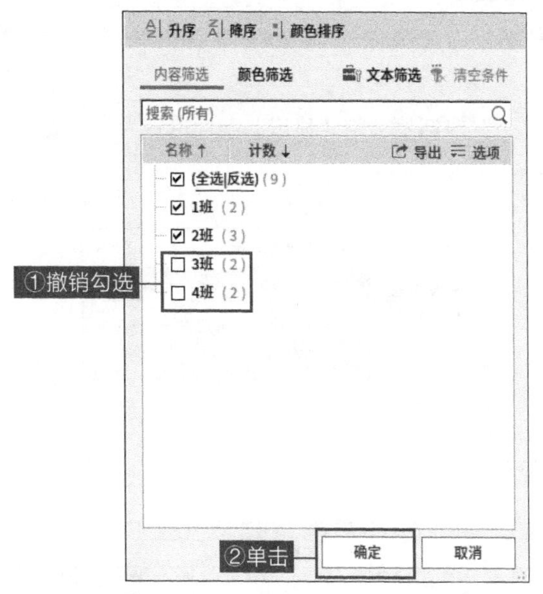

图 5-62

03. 筛选效果如图 5-63 所示。

	A	B	C	D	E	F	G	H	I
1	成绩单								
2	学号	姓名	班级	语文	数学	英语	物理	化学	总分
3	202207	陈海	2班	89	76	82	73	69	389
7	202206	刘帆	1班	64	70	73	80	82	369
9	202205	田雪	1班	78	59	60	91	93	381
10	202209	张扬	2班	85	94	91	91	71	432
11	202202	赵峰	2班	59	100	84	79	80	402

图 5-63

（2）指定条件的筛选。

01. 打开工作簿“成绩单”，撤销之前的筛选，选中单元格区域“A2:I11”，切换至“数据”界面，单击工具栏中的“自动筛选”按钮，进入筛选状态，单击标题字段“学号”右侧的下拉按钮，在弹出的筛选列表中，单击“前十项”按钮，如图 5-64 所示。

图 5-64

02. 弹出“自动筛选前 10 个”对话框，将“显示”条件设置为“最大 5 项”，单击“确定”按钮，如图 5-65 所示。

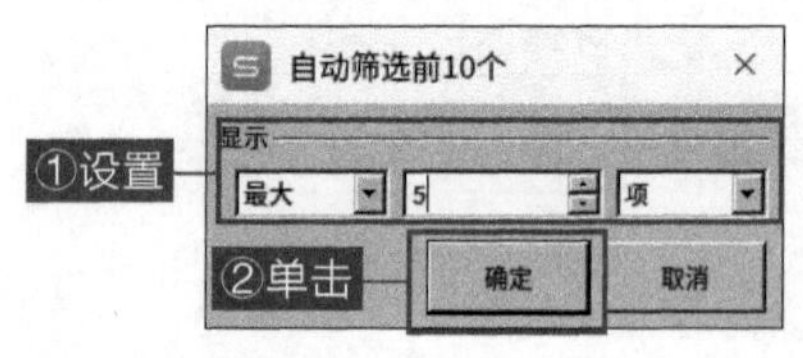

图 5-65

03. 筛选效果如图 5-66 所示。

	A	B	C	D	E	F	G	H	I
1	成绩单								
2	学号	姓名	班级	语文	数学	英语	物理	化学	总分
3	202207	陈海	2班	89	76	82	73	69	389
5	202208	李风	3班	71	69	69	82	59	350
7	202206	刘帆	1班	64	70	73	80	82	369
9	202205	田雪	1班	78	59	60	91	93	381
10	202209	张扬	2班	85	94	91	91	71	432

图 5-66

2. 自定义筛选

在对表格数据进行自定义筛选时，可以设置多个筛选条件，具体操作步骤如下。

01. 打开工作簿“成绩单”，选中单元格区域“A2:J11”，切换至“数据”界面，单击工具栏中的“自动筛选”按钮，进入筛选状态，此时各标题字段的右侧会出现一个下拉按钮，单击标题字段“排名”右侧的下拉按钮。

02. 在弹出的筛选列表中，单击“数字筛选”按钮，在弹出的下拉式菜单中选择“自定义筛选”命令，如图 5-67 所示。

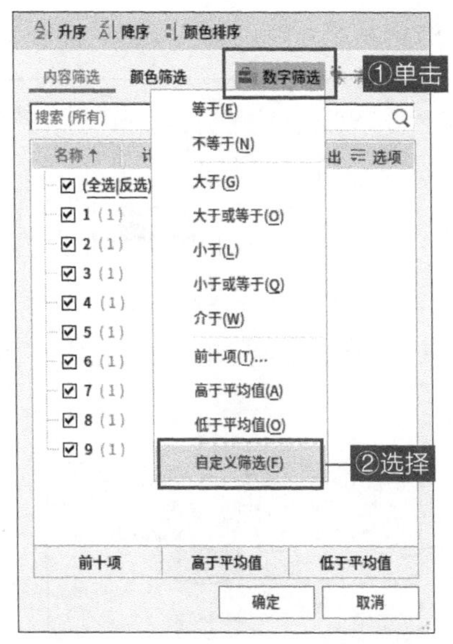

图 5-67

03. 弹出“自定义自动筛选方式”对话框，将“显示行”条件设置为“排名大于或等于 1 与小于 4”，单击“确定”按钮，如图 5-68 所示。

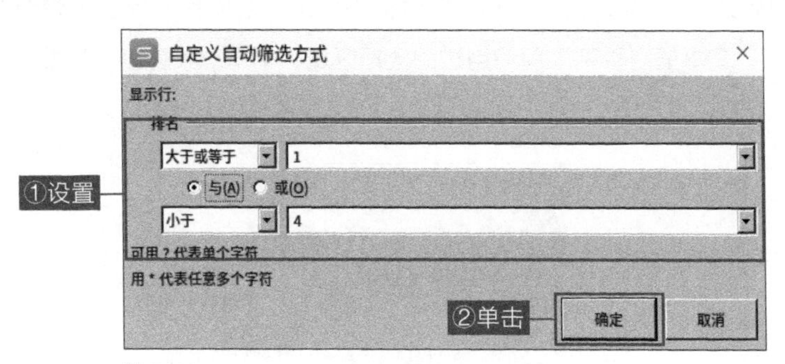

图 5-68

04. 筛选效果如图 5-69 所示。

	A	B	C	D	E	F	G	H	I	J
1	成绩单									
2	学号	姓名	班级	语文	数学	英语	物理	化学	总分	排名
4	202203	韩英	4班	93	89	95	75	84	436	1
8	202201	刘烨	3班	78	93	79	88	76	414	3
10	202209	张扬	2班	85	94	91	91	71	432	2

图 5-69

3. 高级筛选

高级筛选一般用于条件较复杂的筛选操作，其筛选的结果可显示在原数据表格中，不符合条件的记录被隐藏起来；也可以在新的位置显示筛选结果，不符合条件的记录保留在原数据表格中而不会被隐藏起来，这样更加便于数据比对。高级筛选的具体操作步骤如下。

01. 打开工作簿“成绩单”，撤销之前的筛选，切换至“数据”界面，单击工具栏中的“自动筛选”按钮，在不包含数据的区域内输入一个筛选条件。例如，在单元格“H13”中输入“化学”，在单元格“H14”中输入“>80”，如图 5-70 所示。

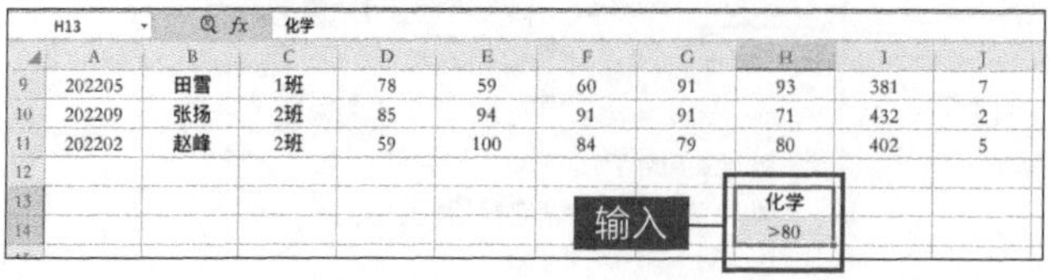

图 5-70

02. 将光标定位在数据区域的任意一个单元格中，单击工具栏中的“高级筛选”对话框启动器按钮，如图 5-71 所示。

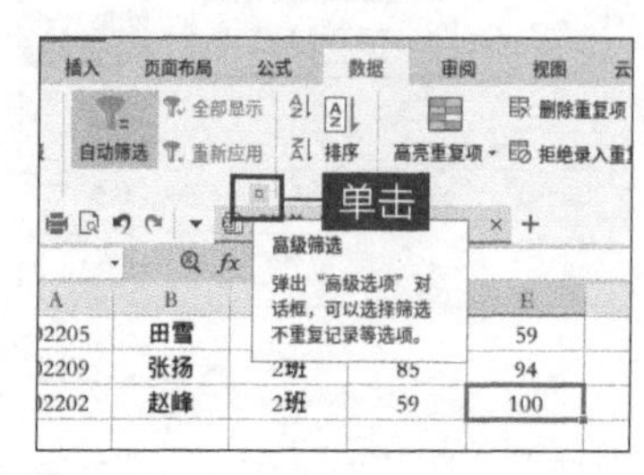

图 5-71

03. 弹出“高级筛选”对话框，在“方式”组合框中单击“在原有区域显示筛选结果”单选按钮，可以在“列表区域”文本框内看到之前使用过的数据区域，单击“条件区域”文本框右侧的“折叠”按钮，如图 5-72 所示。

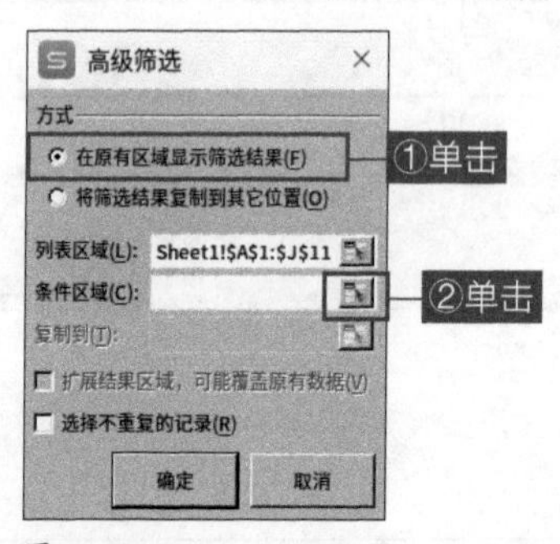

图 5-72

04. 弹出“高级筛选”条件区域对话框，在工作表中选择条件区域“H13:H14”，选择完毕后单击文本框右侧的“展开”按钮，如图 5-73 所示。

图 5-73

05. 返回“高级筛选”对话框，在“条件区域”文本框中显示出设置的条件区域的范围，单击“确定”按钮，如图 5-74 所示。

图 5-74

06. 筛选效果如图 5-75 所示。

	A	B	C	D	E	F	G	H	I	J
1	成绩单									
2	学号	姓名	班级	语文	数学	英语	物理	化学	总分	排名
4	202203	韩英	4班	93	89	95	75	84	436	1
7	202206	刘帆	1班	64	70	73	80	82	369	8
9	202205	田雪	1班	78	59	60	91	93	381	7
12										
13								化学		
14								>80		

图 5-75

5.5.3 数据的分类汇总

分类汇总按某一字段的内容对数据进行分类，并对每一类统计出相应的结果数据。

1. 创建分类汇总

创建分类汇总之前，首先要对工作表中的数据进行排序，具体操作步骤如下。

01. 打开工作簿“成绩单”，选中单元格区域“A2:J11”，如图 5-76 所示，切换至“数据”界面，单击工具栏中的“排序”按钮。

	A	B	C	D	E	F	G	H	I	J
1	成绩单									
2	学号	姓名	班级	语文	数学	英语	物理	化学	总分	排名
3	202207	陈海	2班	89	76	82	73	69	389	6
4	202203	韩英	4班	93	89	95	75	84	436	1
5	202208	李风	3班	71	69	69	82	59	350	9
6	202204	李华	4班	81	76	100	69	79	405	4
7	202206	刘帆	1班	64	70	73	80	82	369	8
8	202201	刘烨	3班	78	93	79	88	76	414	3
9	202205	田雪	1班	78	59	60	91	93	381	7
10	202209	张扬	2班	85	94	91	91	71	432	2
11	202202	赵峰	2班	59	100	84	79	80	402	5

图 5-76

02. 在弹出的“排序”对话框中，首先勾选“数据包含标题”复选框，在“主要关键字”下拉列表框中选择“班级”选项，在“排序依据”下拉列表框中选择“数值”选项，在“次序”下拉列表框中选择“降序”选项，单击“确定”按钮，如图 5-77 所示。

03. 界面中表格根据 C 列“班级”的拼音首字母进行降序排列，如图 5-78 所示。

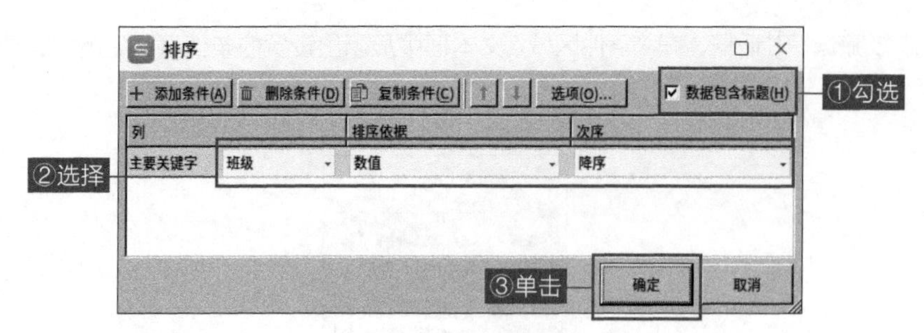

图 5-77

	A	B	C	D	E	F	G	H	I	J
1				成绩单						
2	学号	姓名	班级	语文	数学	英语	物理	化学	总分	排名
3	202203	韩英	4班	93	89	95	75	84	436	1
4	202204	李华	4班	81	76	100	69	79	405	4
5	202208	李风	3班	71	69	69	82	59	350	9
6	202201	刘烨	3班	78	93	79	88	76	414	3
7	202207	陈海	2班	89	76	82	73	69	389	6
8	202209	张扬	2班	85	94	91	91	71	432	2
9	202202	赵峰	2班	59	100	84	79	80	402	5
10	202206	刘帆	1班	64	70	73	80	82	369	8
11	202205	田雪	1班	78	59	60	91	93	381	7

图 5-78

04. 切换至“数据”界面，单击工具栏中的“分类汇总”按钮，如图 5-79 所示。

05. 弹出“分类汇总”对话框，在“分类字段”下拉列表框中选择“班级”选项，在“汇总方式”下拉列表框中选择“求和”选项，在“选定汇总项”列表框中勾选“总分”复选框，撤选“排名”复选框，勾选“替换当前分类汇总”和“汇总结果显示在数据下方”复选框，单击“确定”按钮，如图 5-80 所示。

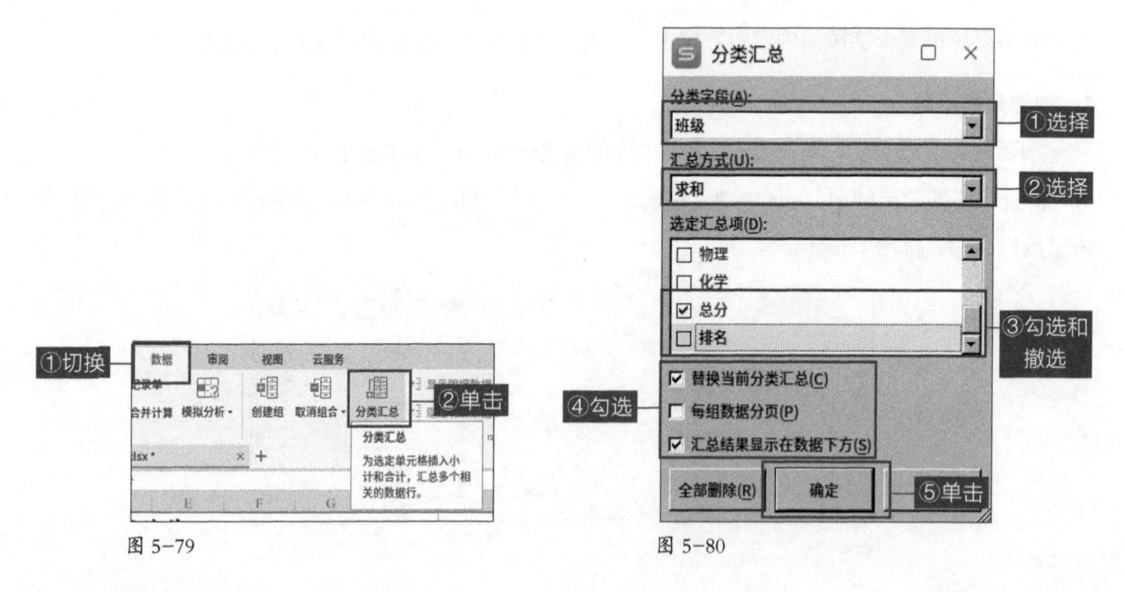

图 5-79　　图 5-80

06. 汇总效果如图 5-81 所示。

2. 删除分类汇总

如果不再需要将工作表里的数据以分类汇总的形式显示出来，则可将刚刚创建的分类汇总删除，具体操作步骤如下。

成绩单									
学号	姓名	班级	语文	数学	英语	物理	化学	总分	排名
202203	韩英	4班	93	89	95	75	84	436	1
202204	李华	4班	81	76	100	69	79	405	4
		4班 汇总						841	
202208	李风	3班	71	69	69	82	59	350	9
202201	刘烨	3班	78	93	79	88	76	414	3
		3班 汇总						764	
202207	陈海	2班	89	76	82	73	69	389	6
202209	张扬	2班	85	94	91	91	71	432	2
202202	赵峰	2班	59	100	84	79	80	402	5
		2班 汇总						1223	
202206	刘帆	1班	64	70	73	80	82	369	8
202205	田雪	1班	78	59	60	91	93	381	7
		1班 汇总						750	
		总计						3578	

图 5-81

01. 打开工作簿“成绩单”，切换至“数据”界面，单击工具栏中的“分类汇总”按钮，弹出“分类汇总”对话框，单击“全部删除”按钮，如图 5-82 所示。

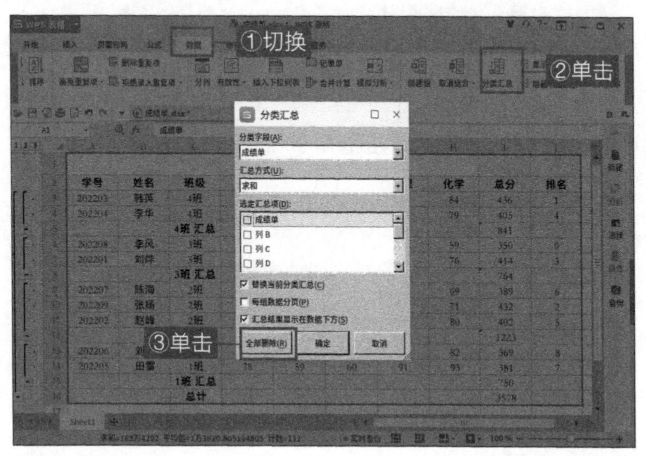

图 5-82

02. 此时工作表恢复到分类汇总前的状态。

5.6 图表制作

图表的本质，是将枯燥的数字展现为生动的图像，以帮助用户理解和记忆。

5.6.1 创建图表

在 WPS 表格中创建图表的方法非常简单，因为系统自带了很多图表类型，用户只需根据实际需要进行选择即可。创建图表后，还可以设计图表布局和图表样式。

1. 插入图表

插入图表的具体操作步骤如下。

01. 打开工作簿“销售统计表”，选择单元格区域“A1:B10”，切换至“插入”界面，单击工具栏中“插入柱形图”右侧的下三角按钮，从弹出的下拉式菜单中选择“簇状柱形图”命令，如图 5-83 所示。

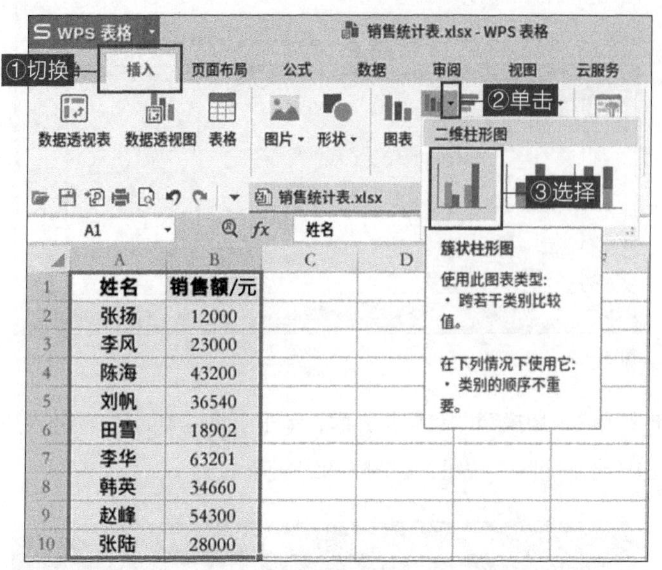

图 5-83

02. 即可在工作表中插入一个簇状柱形图，如图 5-84 所示。

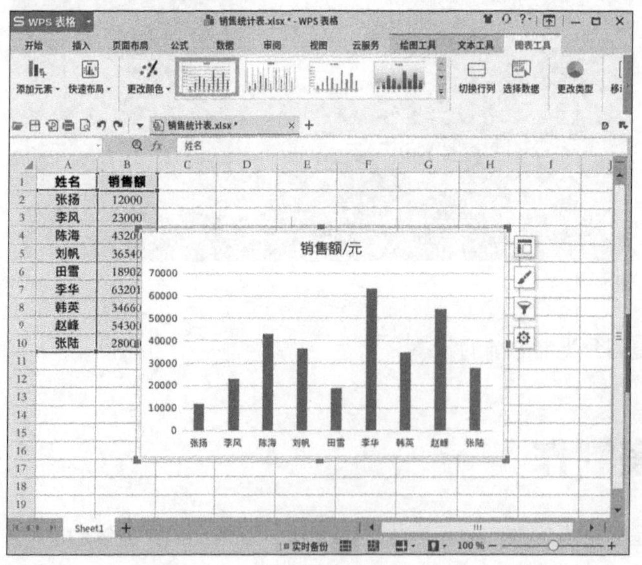

图 5-84

2. 设计图表布局

如果对图表布局不满意，也可以重新进行设计。设计图表布局的具体操作步骤如下。

01. 选中图表，切换至“图表工具”界面，单击工具栏中的“快速布局”按钮，在弹出的下拉式菜单中选择“布局 3”命令，如图 5-85 所示。

02. 所选布局样式应用到图表中的效果如图 5-86 所示。

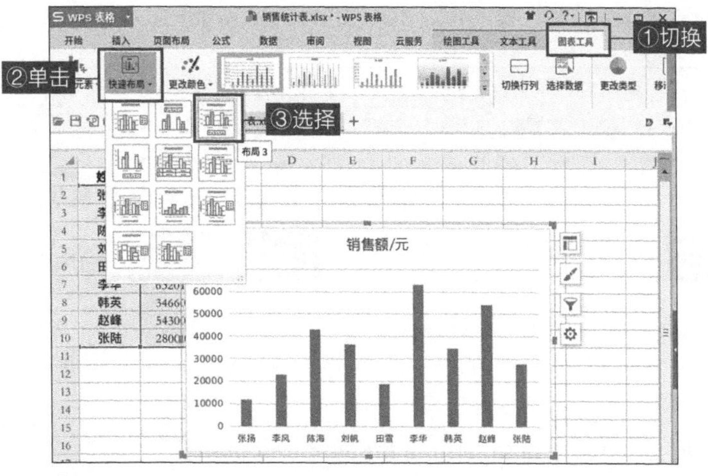

图 5-85

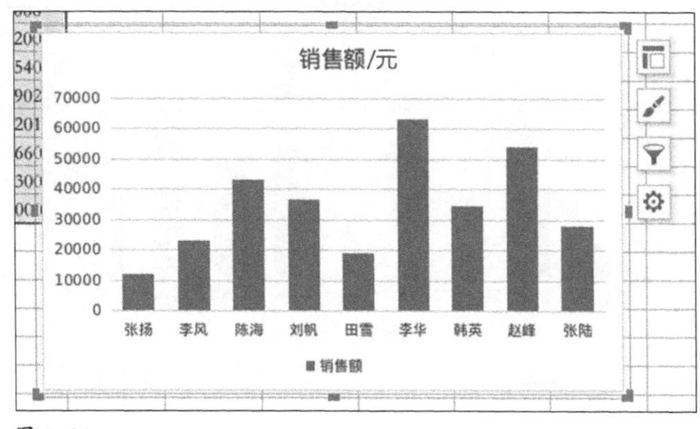

图 5-86

3. 设计图表样式

WPS 表格提供了许多图表样式，用户可以从中选择合适的样式，以便美化图表。设计图表样式的具体操作步骤如下。

01. 选中创建的图表，切换至“图表工具”界面，单击工具栏中“图表样式”的“其他”按钮，如图 5-87 所示。

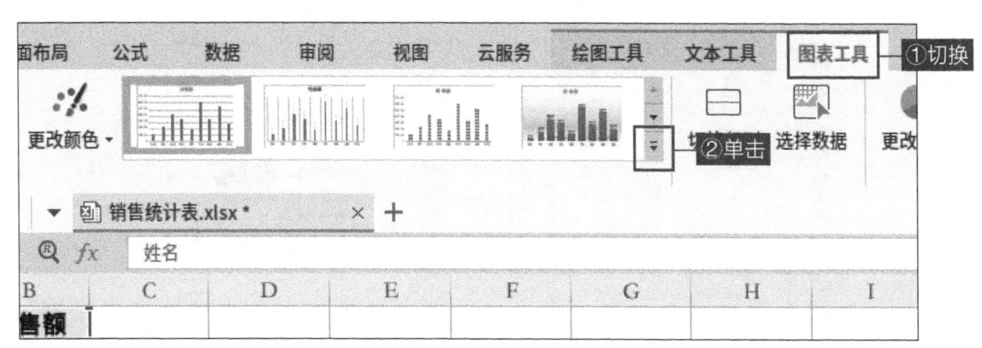

图 5-87

02. 在弹出的下拉式菜单中选择“样式 6”命令，如图 5-88 所示。

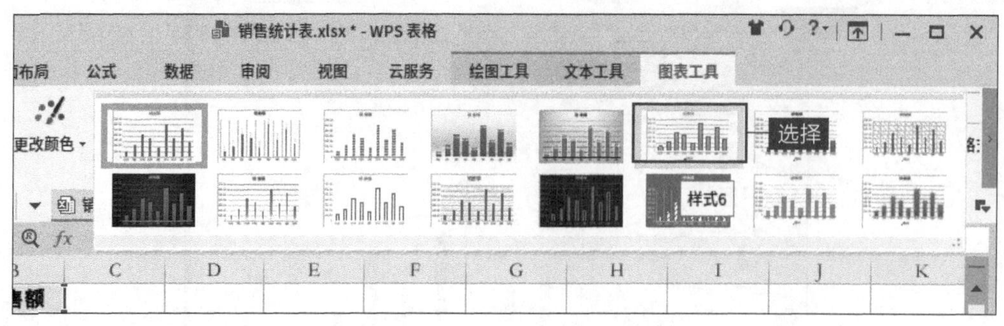

图 5-88

03. 即可将所选的图表样式应用到图表中，效果如图 5-89 所示。

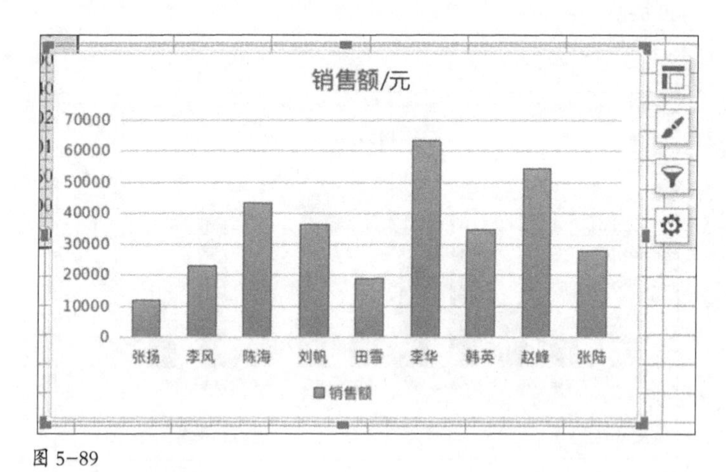

图 5-89

5.6.2 图表的格式设置

为了使创建的图表看起来更加美观，用户可以对图表区域、绘图区等项目的格式进行设置。

1. 设置图表区域格式

设置图表区域格式的具体操作步骤如下。

01. 选中整个图表区域，单击右侧的“设置图表区域格式”图标按钮，如图 5-90 所示。

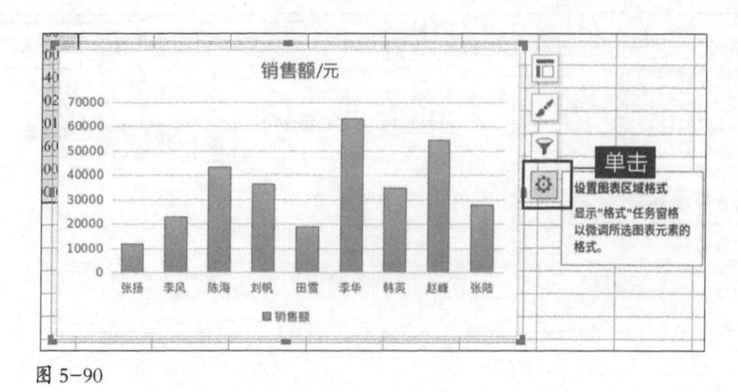

图 5-90

02. 弹出“属性”任务窗格，切换至“图表选项”选项卡，单击“填充与线条”图标按钮，在“填充”组合框中单击“渐变填充”单选按钮，单击右侧“预设渐变”的下拉按钮，如图 5-91 所示。

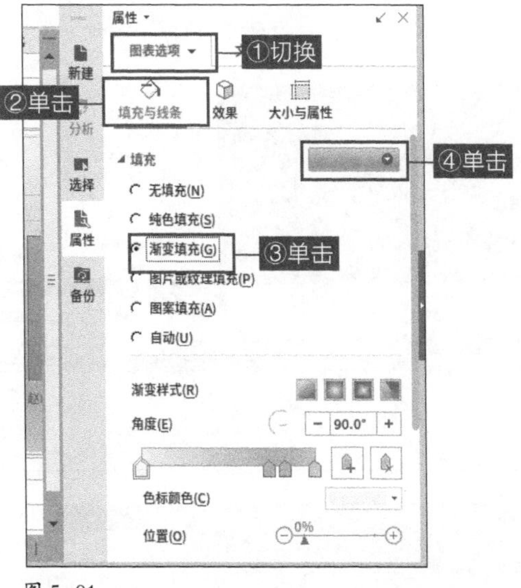

图 5-91

03. 在弹出的下拉式菜单中选择“渐变填充”→“浅绿 - 暗橄榄绿渐变”命令，如图 5-92 所示。

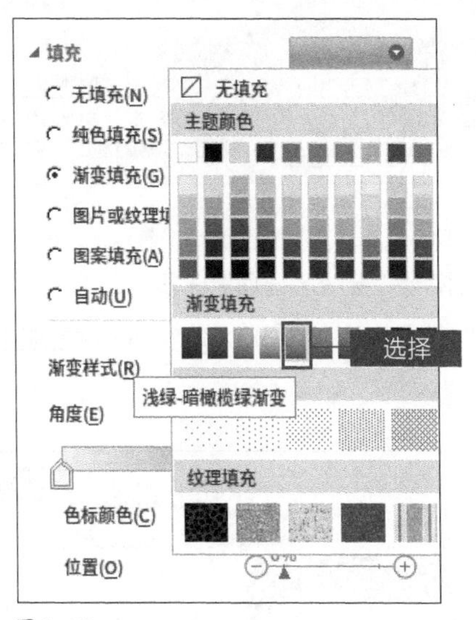

图 5-92

04. 在“角度”右侧的微调框中输入“320.0° ”，在“渐变光圈”组合框中单击“停止点：2(属于 3)”，拖曳滑块将渐变位置调整为“30%”，如图 5-93 所示。

2. 设置绘图区格式

设置绘图区格式的具体操作步骤如下。

01. 选中绘图区，右击，在弹出的快捷菜单中选择“设置绘图区格式”命令，如图 5-94 所示。

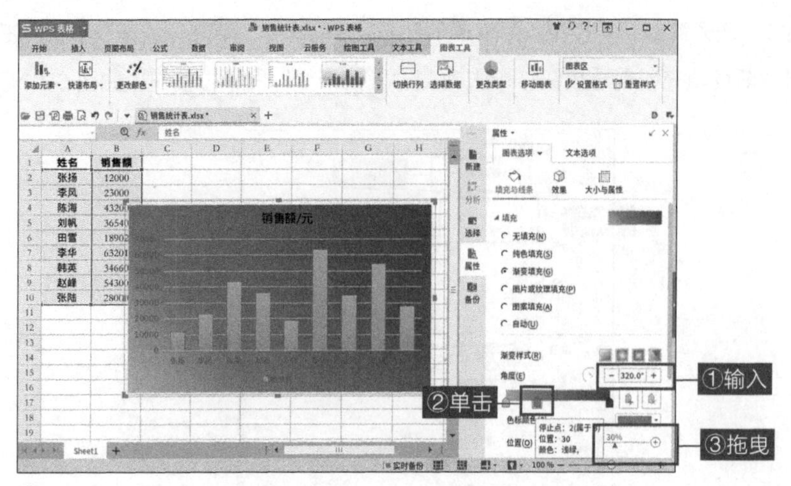

图 5-93

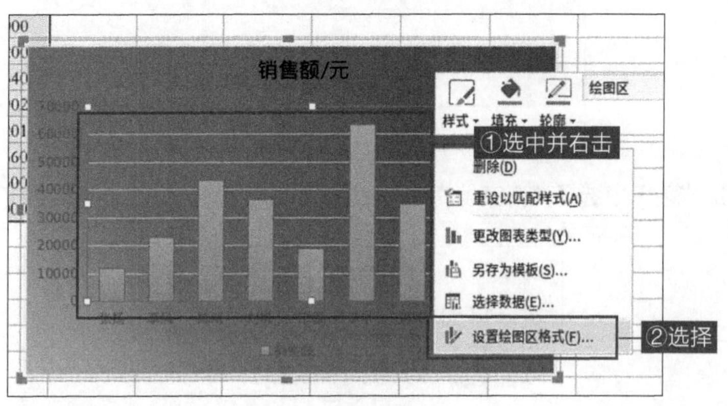

图 5-94

02. 弹出“属性”任务窗格，切换至“绘图区选项”选项卡，单击“填充与线条”图标按钮，在“填充”组合框中单击“纯色填充”单选按钮，单击“颜色”的下拉按钮，在“颜色”的下拉列表框中选择“钢蓝，着色 5，浅色 60%”选项，如图 5-95 所示。

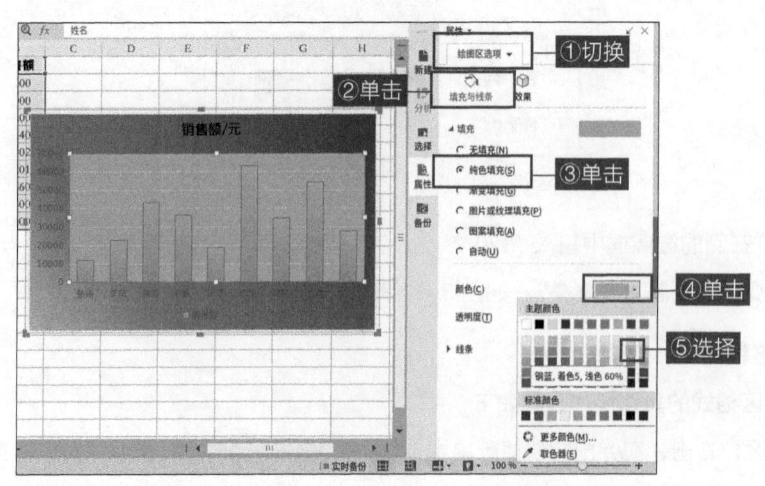

图 5-95

5.7 页面设置与打印

为了使工作表打印出来更加美观，在打印之前还需要对其进行页面设置。

5.7.1 页面设置

在页面设置中可以对工作表的方向、纸张大小以及页边距等要素进行设置。页面设置的具体操作如下。

01. 切换至“页面布局”界面，单击工具栏中的“页面设置”对话框启动器按钮，如图 5-96 所示。

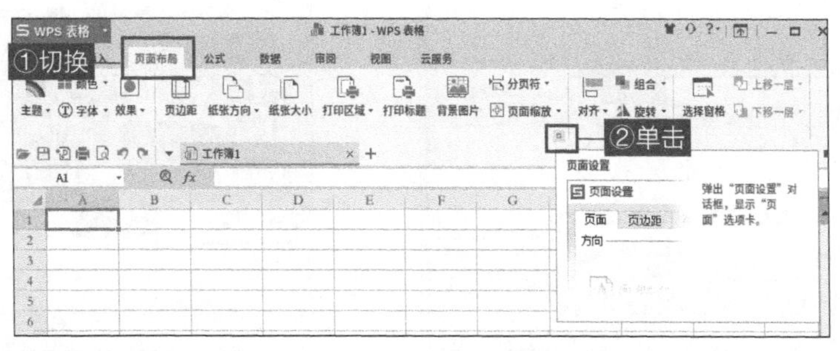

图 5-96

02. 弹出“页面设置”对话框，切换至“页面”选项卡，在“方向”组合框中单击“横向”单选按钮，在“纸张大小”下拉列表框中选择“A4”，如图 5-97 所示。

03. 切换至“页边距”选项卡，在其中设置页边距，设置完毕后单击“确定”按钮即可，如图 5-98 所示。

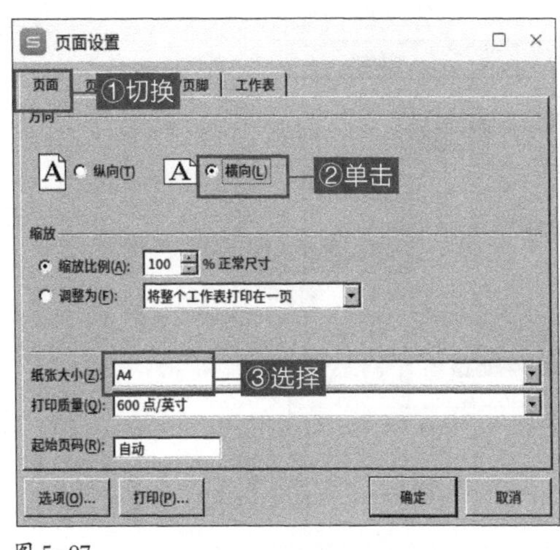

图 5-97

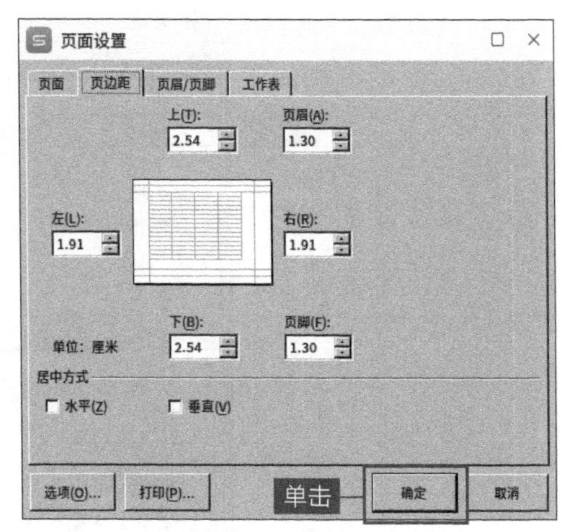

图 5-98

5.7.2 添加页眉和页脚

根据需要为工作表添加页眉和页脚，用户可以直接选用 WPS 表格提供的各种样式，还可以进行自定义。

1. 自定义页眉

为工作表自定义页眉的具体操作步骤如下。

01. 打开“页面设置”对话框，切换至“页眉 / 页脚”选项卡，单击“自定义页眉”按钮，如图 5-99 所示。

02. 弹出“页眉”对话框，在“左”文本框中输入文本“×××× 超市”，选中该文本，单击“字体”按钮，如图 5-100 所示。

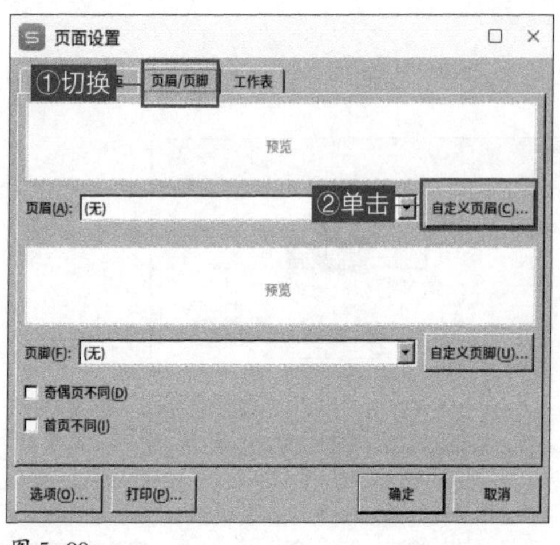

图 5-99

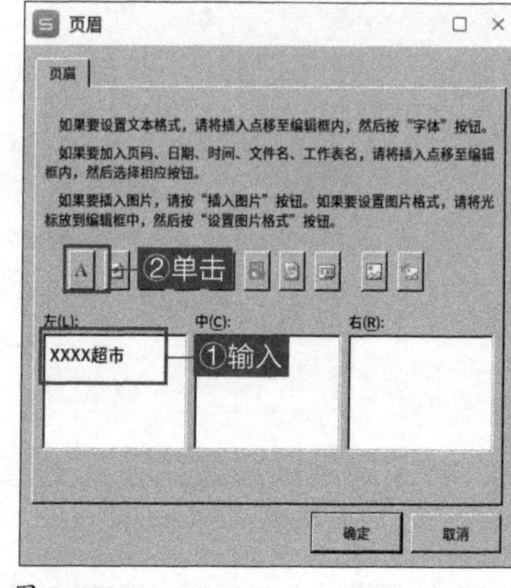

图 5-100

03. 弹出“字体”对话框，在“字体”列表框中选择“华文楷体”选项，在“字形”列表框中选择“常规”选项，在“大小”列表框中选择“11”选项，单击“确定”按钮，如图 5-101 所示。

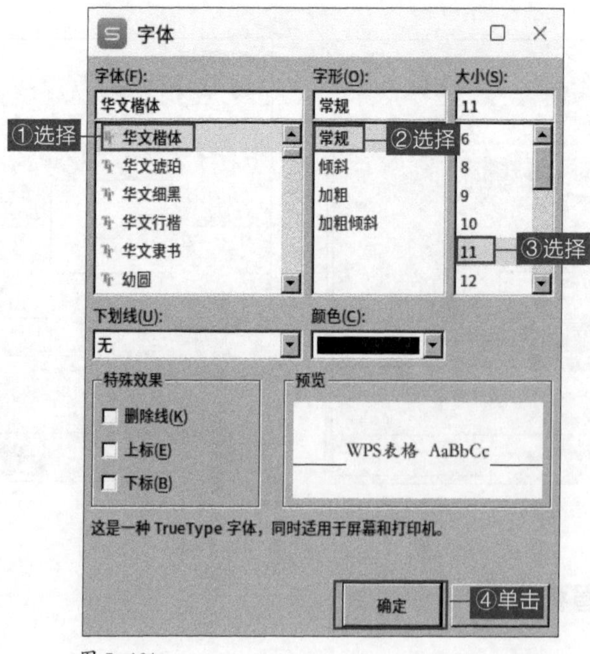

图 5-101

04. 返回“页眉”对话框，单击“确定”按钮返回“页面设置”对话框，继续单击“确定”按钮完成自定义页眉设置。

2. 插入页脚

在“页面设置”对话框内切换至“页眉 / 页脚”选项卡，在“页脚”下拉列表框中选择一种合适的样式，设置完毕后单击“确定”按钮，如图 5-102 所示。

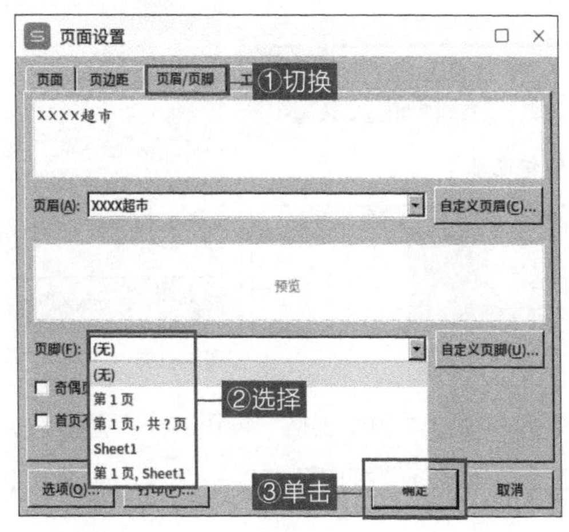

图 5-102

5.7.3 打印设置

在打印之前可以根据自己的实际需要设置工作表的打印区域，设置完毕后可以通过预览页面查看打印效果。打印设置的具体操作步骤如下。

01. 打开“页面设置”对话框，切换至“工作表”选项卡，单击“打印区域”文本框右侧的折叠按钮，如图 5-103 所示。

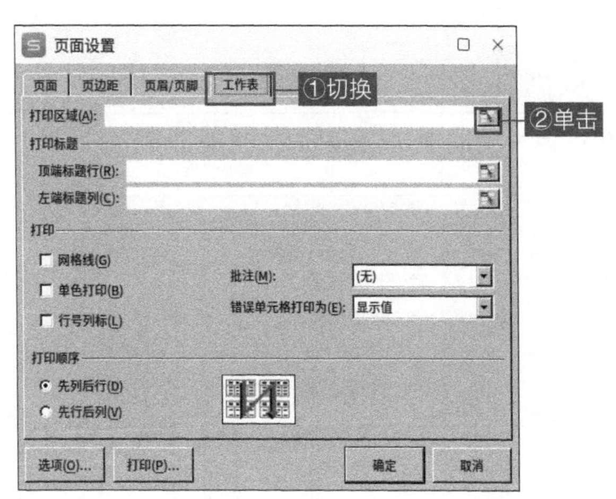

图 5-103

02. 弹出“页面设置”打印区域对话框，在工作表中拖曳鼠标指针选中打印区域，选择完毕后单击“展开”按钮，如图 5-104 所示。

03. 返回“页面设置”对话框，切换至“工作表”选项卡，“打印区域”文本框内显示出打印区域，在“批注”下拉列表框中选择“无”选项，设置完毕后单击“确定”按钮，如图 5-105 所示。

图 5-104

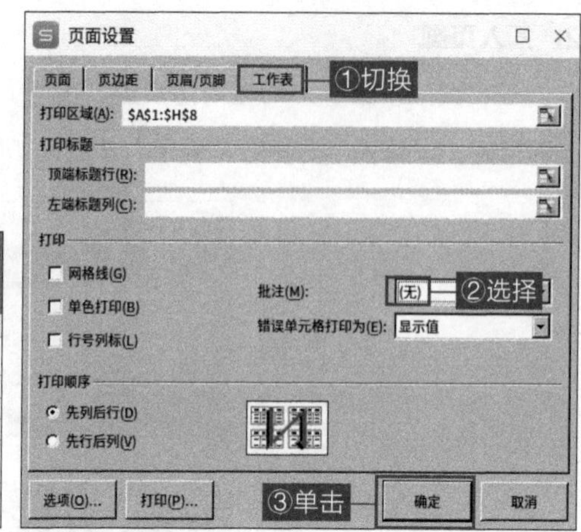

图 5-105

04. 返回 WPS 表格界面，单击左上角“WPS 表格”按钮的下三角按钮，在弹出的下拉式菜单中选择“打印”命令，在右侧子菜单中选择“打印预览”子命令，如图 5-106 所示，页面设置效果如图 5-107 所示。

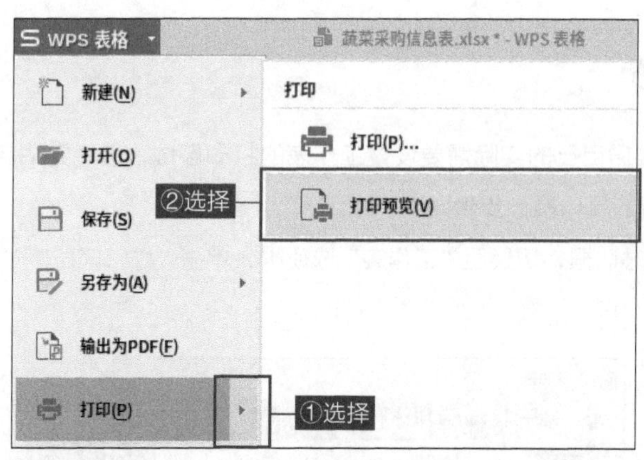

图 5-106

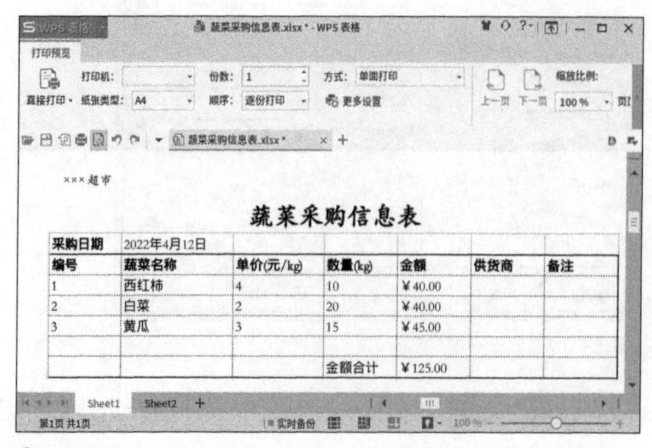

图 5-107

第 06 章

演示文稿软件 WPS 演示

WPS 演示以文字、图片、形状及动画的方式，将演讲者需要表达的内容直观、形象地展示出来，让观众更容易理解演讲者表达的内容。通过熟练运用文本、表格、动画等元素，演讲者能够让演示文稿的内容和形式更加丰富有趣。

6.1 WPS 演示软件介绍

本节将从 WPS 演示的界面讲起，逐步介绍 WPS 演示软件。

6.1.1 WPS 演示界面简介

WPS 演示的界面如图 6-1 所示，与 WPS 文字和 WPS 表格的界面类似。

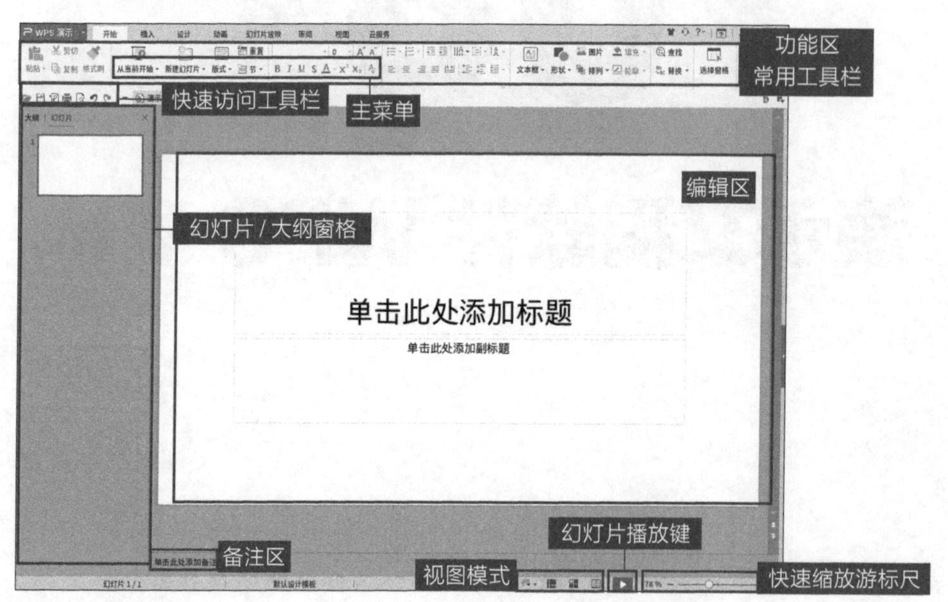

图 6-1

- 幻灯片 / 大纲窗格：在此可以查看和切换所有幻灯片。
- 编辑区：在此编辑演示文稿的内容。
- 备注区：在此添加幻灯片的备注。

6.1.2 WPS 演示中的基本操作

在使用 WPS 演示之前，首先要熟悉其基本操作。本小节将介绍如何创建、保存、输出演示文稿。

1. 创建与保存演示文稿

演示文稿的创建和保存与 WPS 文字的类似，因此这里不再进行详细讲解，只讲解其在创建和保存时与 WPS 文字不同的部分。

01. 在“开始菜单”中打开 WPS 演示，单击“新建空白文档”按钮，或单击演示文档快速访问工具栏后的“+”按钮右侧的下三角按钮，在下拉式菜单中单击“新建”，如图 6-2 所示。

02. 单击左上角“WPS 演示”按钮，在下拉式菜单中单击“保存”选项，如图 6-3 所示。

03. 单击快速访问工具栏中的“保存”按钮，如图 6-4 所示。若在保存文稿前未执行过保存命令，则界面内将弹出“另存为”对话框，选择需要保存的位置，单击“保存”即可，如图 6-5 所示。

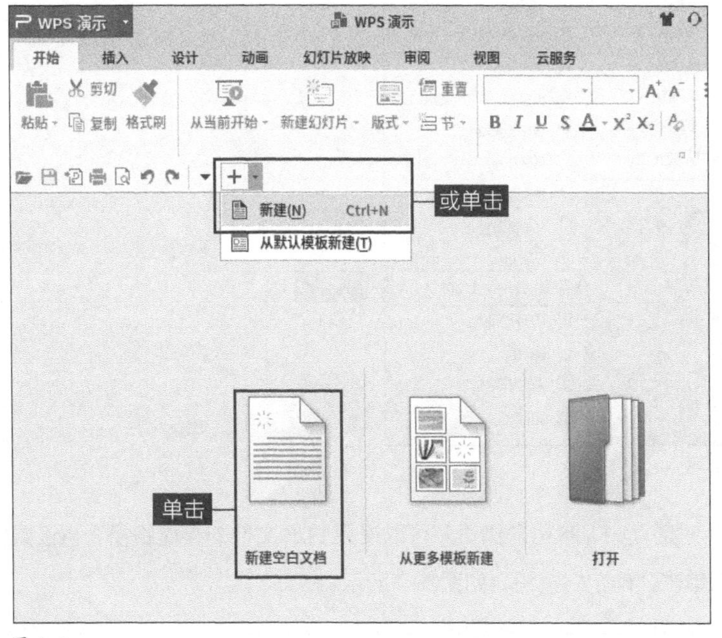

图 6-2

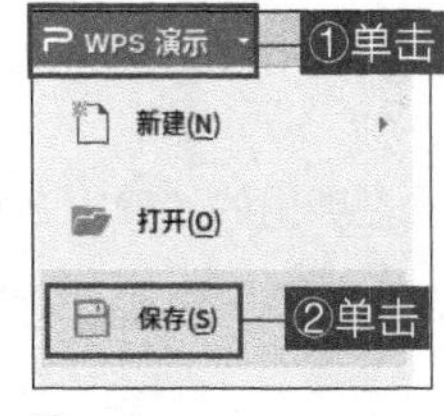

图 6-3

图 6-4

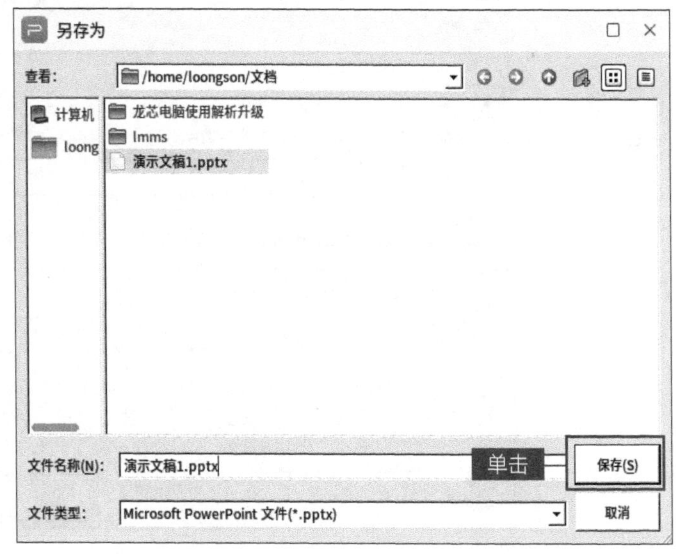

图 6-5

2. 输出演示文稿

演示文稿可以输出为 PDF 格式的文件，方便观众传播和阅读，具体操作步骤如下。

01. 单击左上角“WPS 演示”按钮右侧的下三角按钮，在下拉式菜单中单击“文件”选项，在右侧菜单中单击“输出为 PDF 格式”选项，如图 6-6 所示。

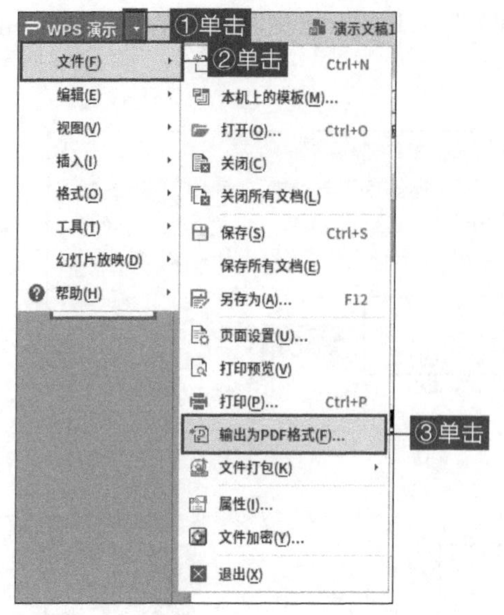

图 6-6

02. 在弹出的“输出 PDF 文件”对话框中，单击“浏览”可以设置 PDF 文件的存储路径，再设置输出范围和输出选项，设置完成后单击“确定”按钮，如图 6-7 所示。

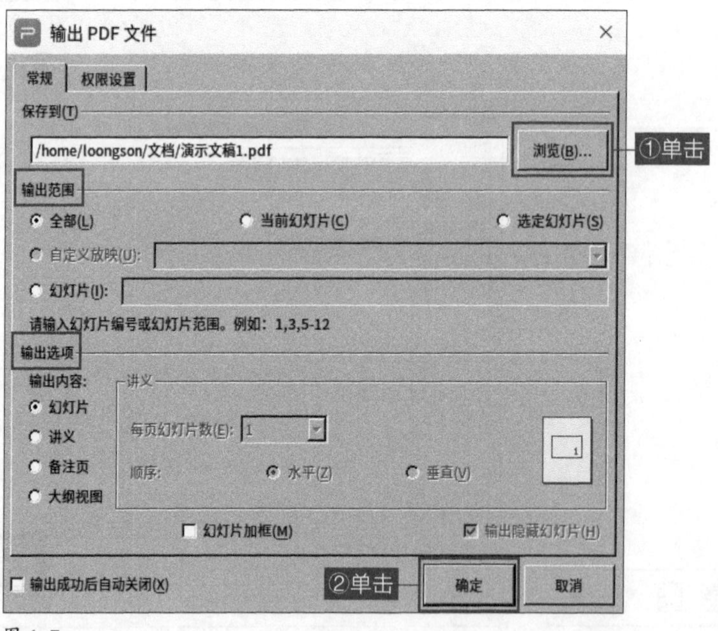

图 6-7

6.2 演示文稿的使用

在使用演示文稿时，幻灯片的基本操作是必不可少的，将文字、图片、形状、表格、动画等元素运用到幻灯片中可以使演示文稿更加形象生动，提升观感。

6.2.1 幻灯片的基本操作

本小节主要讲解幻灯片的基本操作，包括新建、删除、移动和复制、修改版式等。

1. 新建幻灯片

在左侧的幻灯片列表中要插入幻灯片的位置右击，在弹出的快捷菜单中选择“新建幻灯片”，如图 6-8 所示。

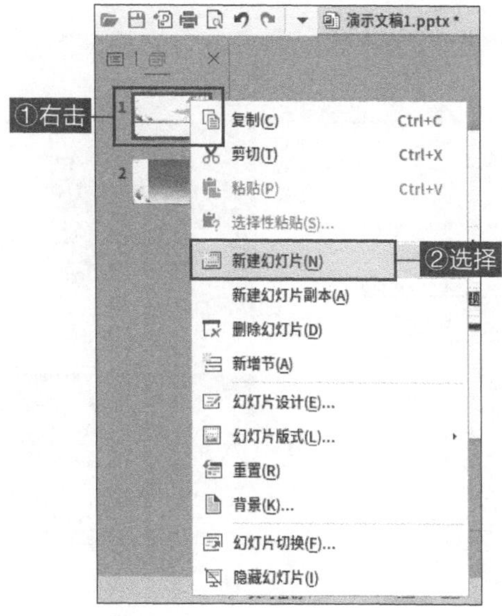

图 6-8

此时即可在选中幻灯片的下方插入一张新的幻灯片，并自动应用幻灯片版式，如图 6-9 所示。

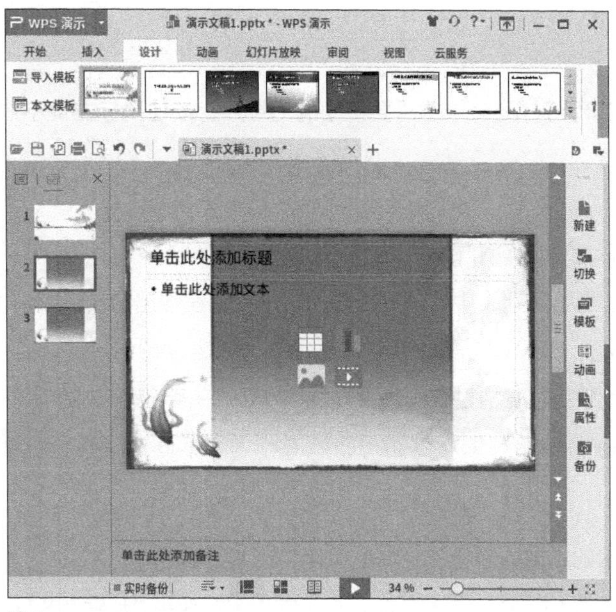

图 6-9

2．删除幻灯片

在左侧的幻灯片列表中右击要删除的幻灯片，在弹出的快捷菜单中选择“删除幻灯片”，或按“Delete”键即可将选中的幻灯片删除，如图 6-10 所示。

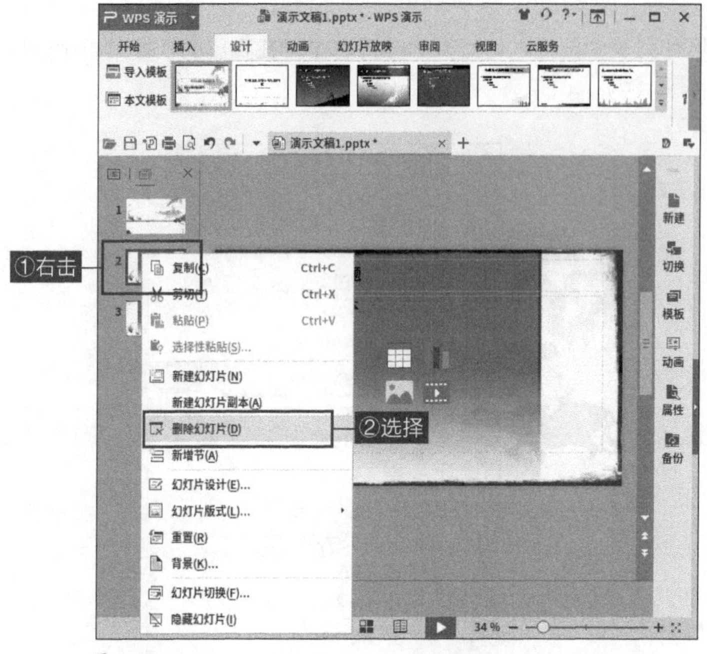

图 6-10

3．移动和复制幻灯片

在制作演示文稿的过程中，可以将同一版式的幻灯片复制到其他文稿中，也可以随时调整每一张幻灯片的次序。

（1）移动幻灯片。

在演示文稿左侧的幻灯片列表中选择要移动的幻灯片，按住鼠标左键不放，拖曳至要移动的位置后释放鼠标左键即可。

（2）复制幻灯片。

复制幻灯片的具体操作步骤如下。

01. 在演示文稿左侧的幻灯片列表中右击要复制的幻灯片，在弹出的快捷菜单中选择“复制”，或按“Ctrl+C”组合键进行复制。

02. 在左侧的幻灯片列表中要粘贴幻灯片的位置右击，在弹出的快捷菜单中选择“粘贴”，或按“Ctrl+V”组合键进行粘贴，即可复制一张版式和内容相同的幻灯片，如图 6-11 所示。

4．修改幻灯片的版式

用户可以对幻灯片的版式进行修改，具体操作步骤如下。

01. 在 WPS 演示界面的左侧选择一张幻灯片，在主菜单中切换至“开始”界面，在工具栏中单击“版式”按钮。

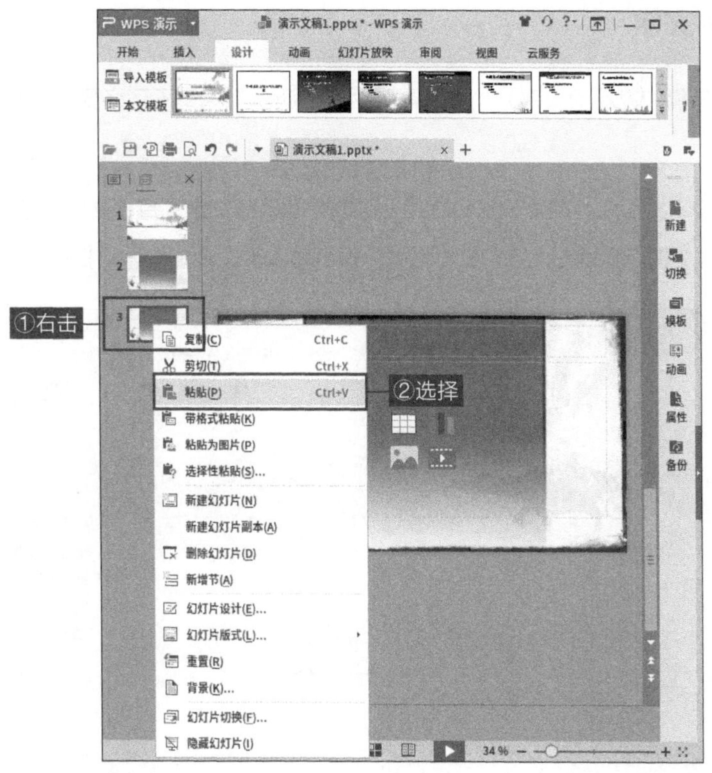

图 6-11

02. 在弹出的下拉式菜单中选择一款版式，对幻灯片的版式进行修改，这里选择“空白”版式，如图 6-12 所示。

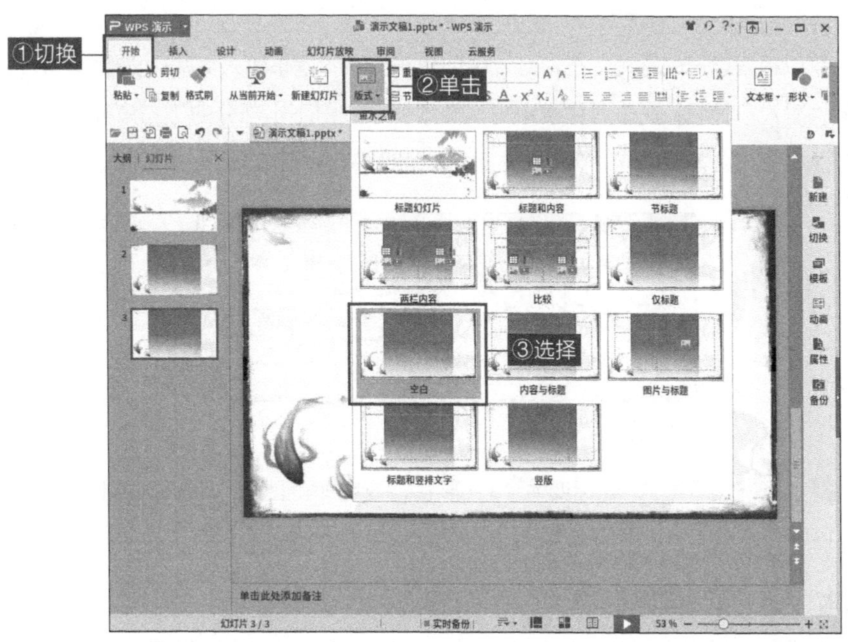

图 6-12

6.2.2　编排文字

文字是演示文稿的重要组成部分，一个直观明了的演示文稿少不了必要的文字说明。

1. 输入文本

创建 WPS 演示文稿后，在第一张幻灯片上可以看到两行文字，每行文字周围各有一个方框，这个方框就是文本框。将光标插入上方的文本框中，即可输入文本，如输入“标题”，如图 6-13 所示。

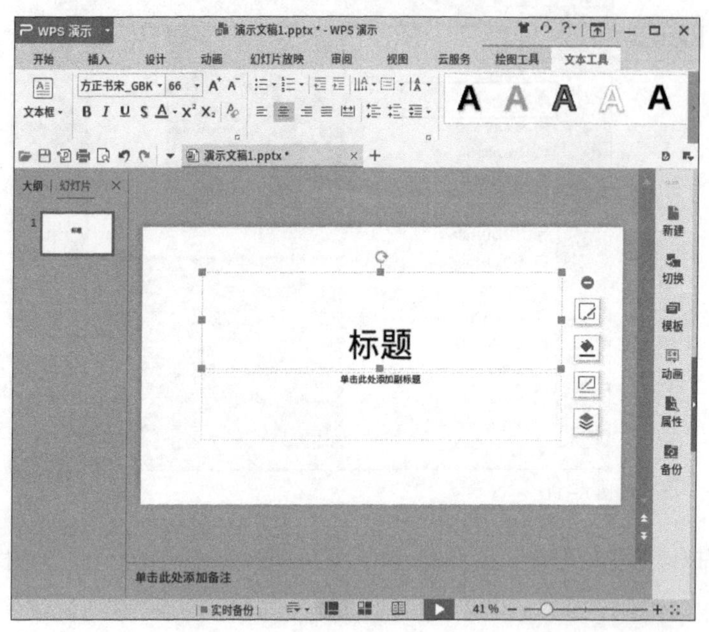

图 6-13

用户也可以根据自己的需求，在幻灯片中创建新的文本框来输入文本，具体操作步骤如下。

01. 切换至“插入”界面，在工具栏中单击“文本框”按钮下半部分的下三角按钮，在弹出的下拉式菜单中选择“横向文本框”或“竖向文本框”，如图 6-14 所示。

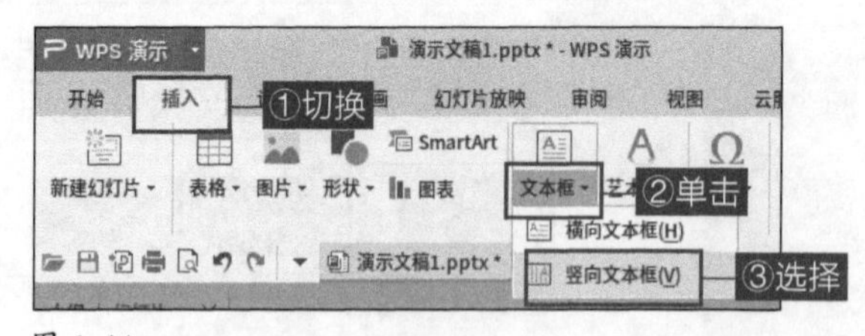

图 6-14

02. 这里选择“竖向文本框”，光标变为“+”形状，拖曳即可创建一个新的文本框，输入文字后可以看到文字是竖向显示的，如图 6-15 所示。

2. 编辑文本

输入文本后用户可以设置文本的字体格式和段落格式，对文本进行美化，使用户阅读体验更好。编辑文本的方法与 WPS 文字的类似，在这里主要讲解不同之处。

文本主要通过修改工具栏中的字体组和段落组的设置来美化。在创建文稿后，可以在“开始”界面中看到工具栏中的字体组和段落组，但是其处于灰色状态，无法进行操作，如图 6-16 所示。

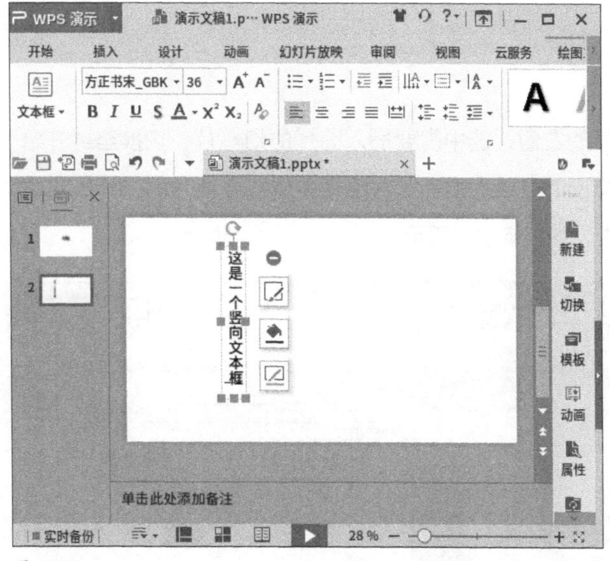

图 6-15

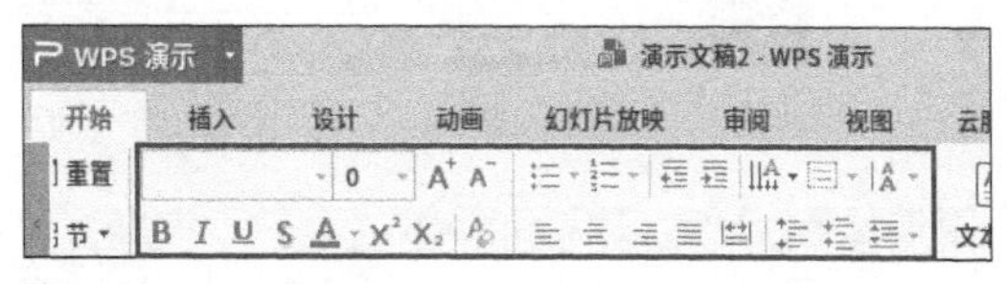

图 6-16

这是因为当前没有文本处于编辑状态，所以需要单击幻灯片中的文本框，进入文本编辑状态，WPS 演示会自动切换到“文本工具”界面，此时就可以设置文本的字体格式和段落格式，如图 6-17 所示。

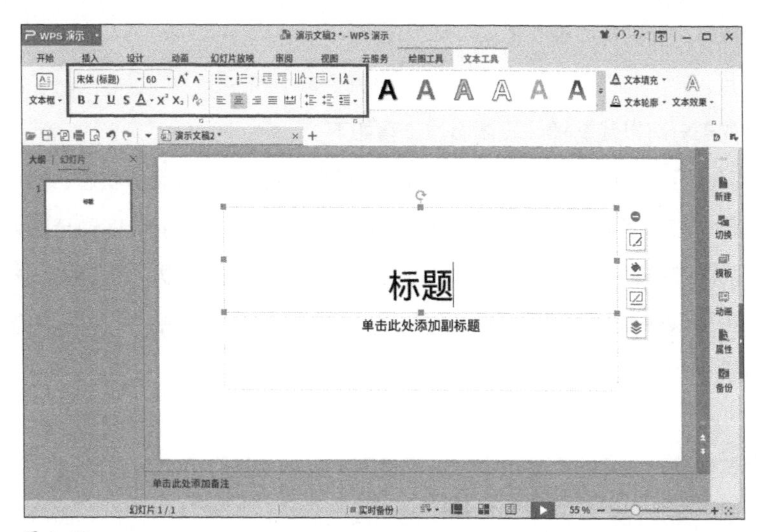

图 6-17

6.2.3　图片和形状的插入与编辑

用户可以在演示文稿中插入各种各样的图片来让其内容丰富多彩，本小节讲解图片和形状的插入与编辑。

1. 插入图片

在 WPS 演示界面的左侧，选中需要插入图片的幻灯片，切换至“开始”界面，在工具栏中单击“图片”按钮。在弹出的“插入图片”对话框中选择要插入的图片，单击“打开”按钮，即可将本地图片插入幻灯片中，如图 6-18 所示。

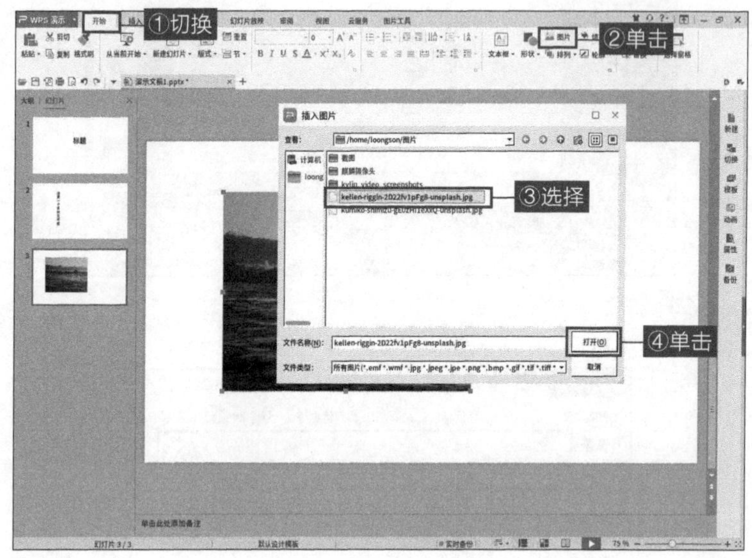

图 6-18

2. 编辑图片

有关图片的编辑，本部分从裁剪图片、调整大小、调整图片的颜色和艺术效果、改变图片的叠放顺序、组合图片等方面进行详细介绍。

（1）裁剪图片。

图片中多余的部分可以裁剪掉，具体操作步骤如下。

01. 选中图片，切换至“图片工具”界面，单击“裁剪”按钮，进入裁剪状态，图片右侧有一个裁剪窗格，可以选择“按形状裁剪”或“按比例裁剪”，也可以将鼠标指针移动至图片周围出现的加粗灰色角标上，鼠标指针变为黑色较粗角标，按住鼠标左键并拖曳，截取需要的部分。

02. 这里选择“按形状裁剪”中的“圆角矩形”和“按比例裁剪”中的“1:1”，将图片裁剪为一个圆角的方形，如图 6-19 所示。

（2）调整大小。

用户可以通过数值对图片的高度和宽度进行设置，具体操作步骤如下。

选中图片，切换至“图片工具”界面，取消勾选“锁定纵横比”复选框，在“高度”和“宽度”微调框中，分别输入图片的高度和宽度，这里设置“高度”为 10cm、“宽度”为 13cm，可以看到圆角正方形变为了圆角矩形，如图 6-20 所示。

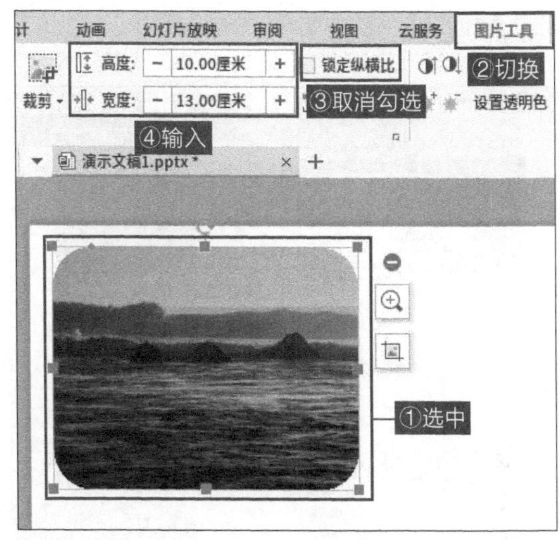

图 6-19

图 6-20

（3）调整图片的颜色和艺术效果。

用户可以通过调整图片的颜色和艺术效果，来改变图片的显示效果，具体操作步骤如下。

01. 选中图片，切换至“图片工具”界面，在工具栏中单击“颜色”按钮，在弹出的下拉式菜单中，可以根据需求设置图片的颜色，如图 6-21 所示。

02. 选中图片，切换至“图片工具”界面，在工具栏中单击“图片效果”按钮，在弹出的下拉式菜单中可以为图片添加“阴影”“倒影”“发光”“柔化边缘”“三维旋转”等效果，如这里选择“倒影”→“倒影变体”下的“紧密倒影，接触”，如图 6-22 所示。

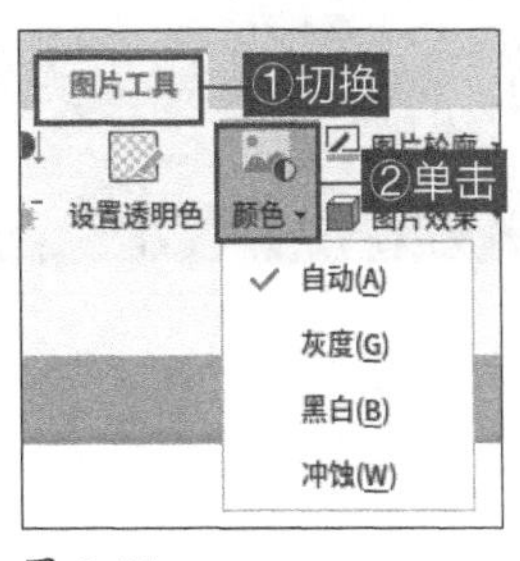

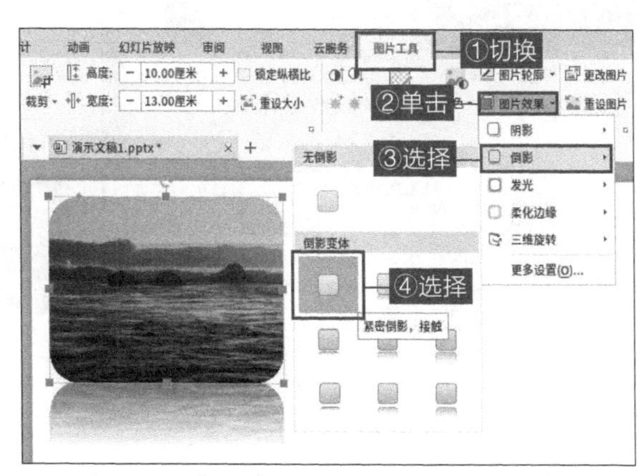

图 6-21

图 6-22

（4）改变图片的叠放顺序。

当用户在幻灯片中插入两张及以上的图片时，可以通过改变图片的叠放顺序来设置图片显示的先后顺序，具体操作步骤如下。

01. 在幻灯片中插入 3 张图片，此时 3 张图片为一张叠在一张上显示，如果想将中间的图片在最下方显示，可以选中该图片并右击，在弹出的快捷菜单中选择“置于底层”→“置于底层”，如图 6-23 所示。

02. 设置完成后效果如图 6-24 所示。

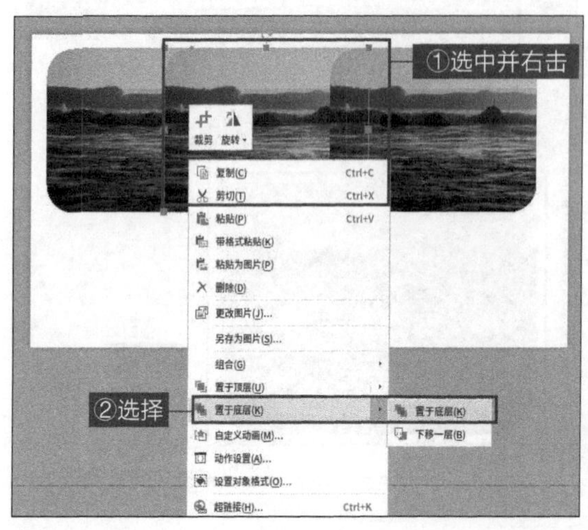

图 6-23

图 6-24

03. 如果想将中间的图片放在第一张图片的上方以及第三张图片的下方，可以选中该图片并右击，在弹出的快捷菜单中选择“置于顶层”→“上移一层”，如图 6-25 所示。

04. 设置完成后效果如图 6-26 所示。

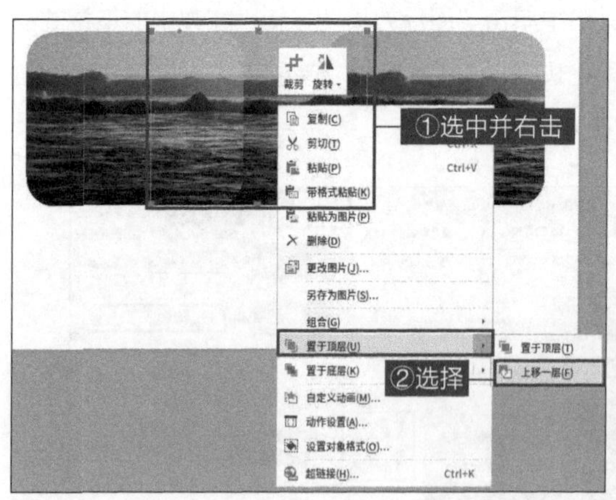

图 6-25

图 6-26

（5）组合图片。

当用户在幻灯片中插入多张图片后，有些图片的相对位置是固定的，可以看作一个整体。此时为了在设置过程中能够同时移动这些图片，用户可以选择将这些图片组合到一起，具体操作步骤如下。

01. 按住“Ctrl”键，选中需要组合的图片并右击，在弹出的快捷菜单中选择“组合”→“组合”，如图 6-27 所示。

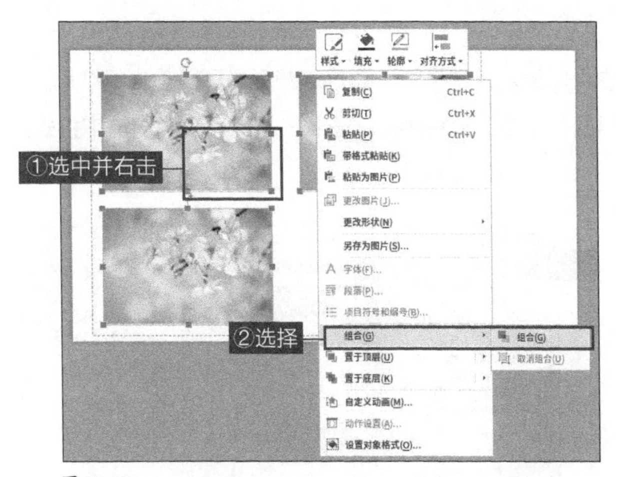

图 6-27

02. 此时选中组合图片中的其中一张，整组图片都会被选中，这可以同时设置图片的位置和大小，如图 6-28 所示。

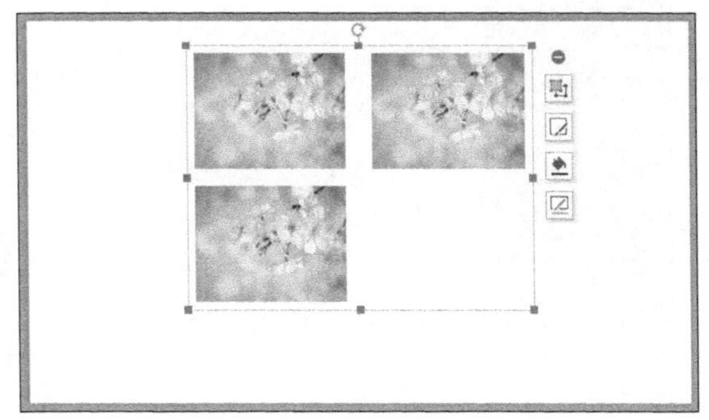

图 6-28

03. 如果不需要图片组合在一起，可以在组合后的图片上右击，在弹出的快捷菜单中选择“组合”→“取消组合”，如图 6-29 所示。

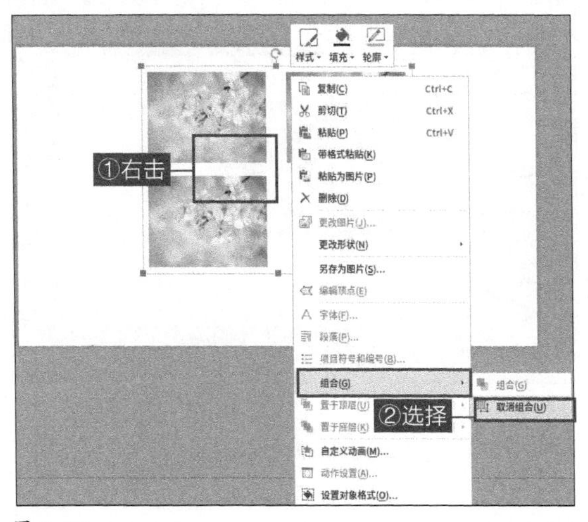

图 6-29

3. 插入形状

用户在演示文稿中可以插入各种形状，通过这些形状可以美化幻灯片、制作思维导图等。

切换至“插入”界面，单击工具栏中的“形状”按钮，在弹出的下拉式菜单中选择插入的形状，这里选择的是“矩形”，如图 6-30 所示。

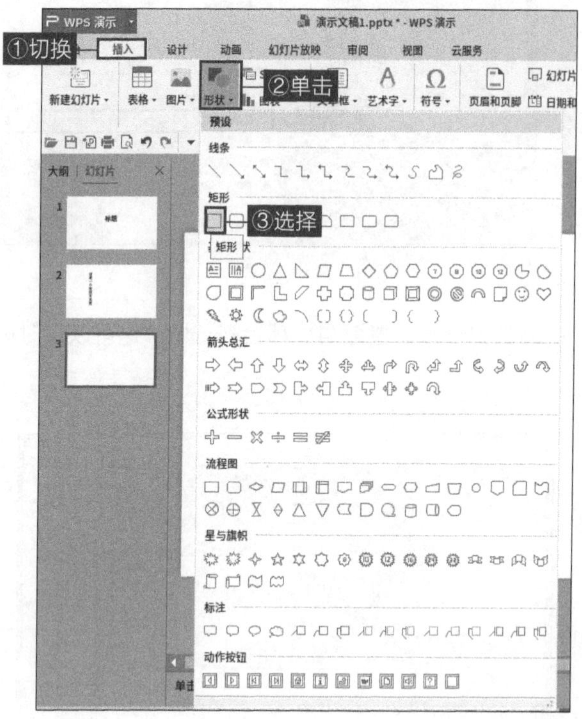

图 6-30

此时，光标变为“+”形状，按住鼠标左键并拖曳即可插入一个矩形，如图 6-31 所示。

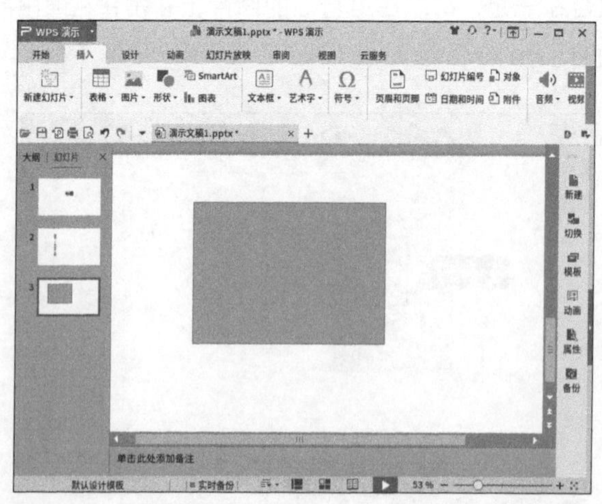

图 6-31

4. 编辑形状

本部分围绕设置形状轮廓和填充以及形状效果介绍如何编辑形状。

（1）设置形状轮廓和填充。

用户可以对形状轮廓和内部填充的颜色进行设置，具体操作步骤如下。

01. 选中形状，切换至“绘图工具”界面，在工具栏中单击“轮廓”按钮右侧的下三角按钮，在弹出的下拉式菜单中选择“轮廓颜色”，如图 6-32 所示。

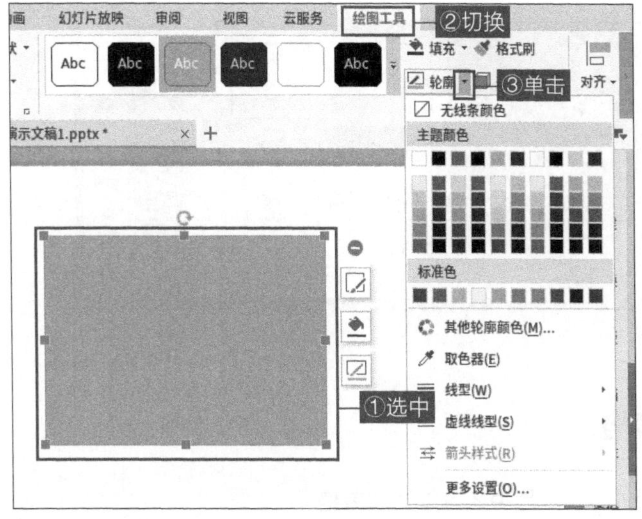

图 6-32

02. 选中形状，在工具栏中单击“填充”按钮右侧的下三角按钮，在弹出的下拉式菜单中选择内部填充的颜色，如图 6-33 所示。

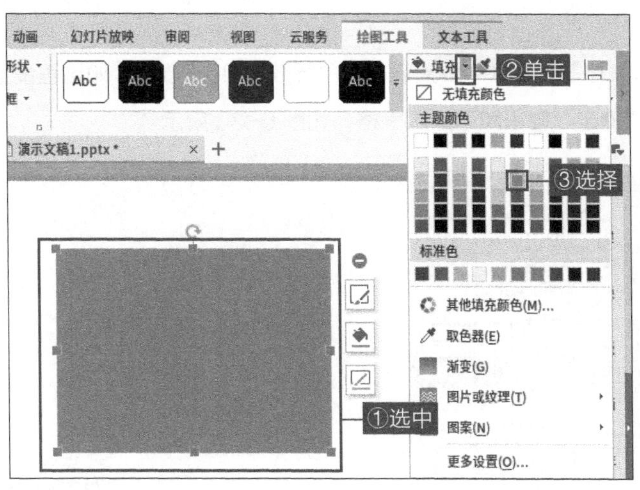

图 6-33

（2）设置形状效果。

用户可以为形状添加“阴影”“倒影”“发光”“柔化边缘”“三维旋转”的效果，具体操作步骤如下。选中形状，切换至“绘图工具”界面，在工具栏中单击“形状效果”按钮，在弹出的下拉式菜单中可以选择想要设置的效果，如这里选择“倒影”→“倒影变体”下的“全倒影，接触”，如图 6-34 所示。

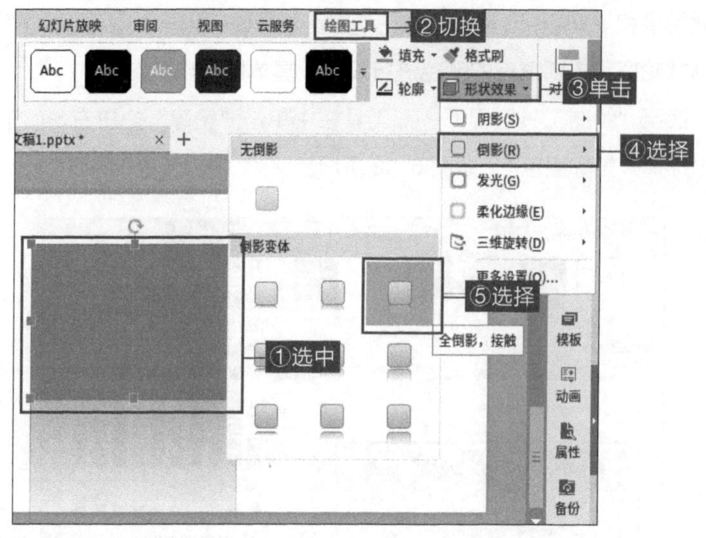

图 6-34

6.2.4 处理表格

除了图片和形状外，幻灯片中还可以处理表格。

1. 插入表格

切换至“插入”界面，在工具栏中单击“表格”按钮下半部分的下三角按钮。在弹出的下拉式菜单中选择菜单中的格子，即可插入指定行、列的表格，或选择“插入表格”，如图 6-35 所示。

在弹出的“插入表格”对话框中设置表格的“行数”和“列数”，如这里设置“行数”和“列数”分别为“4”，单击“确定”按钮即可插入表格，如图 6-36 所示。

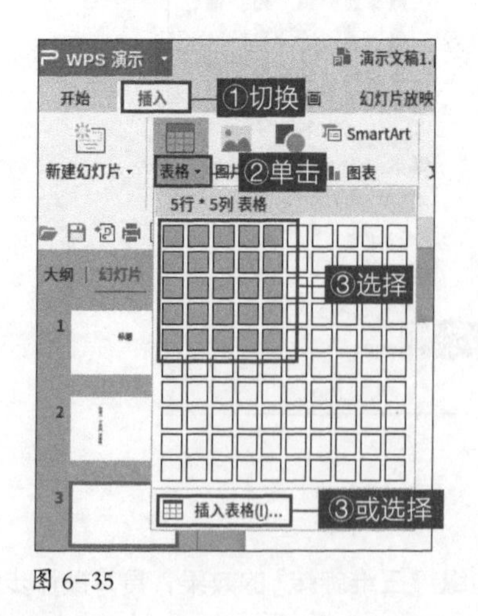

图 6-35

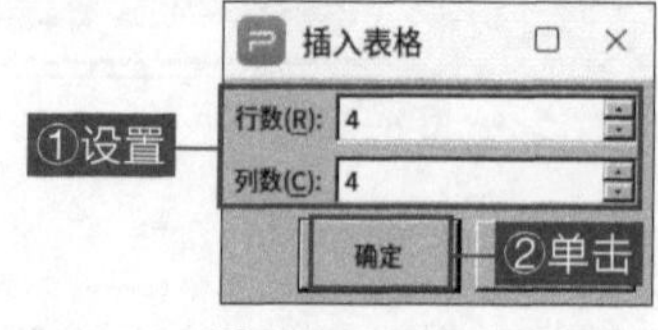

图 6-36

2. 编辑表格

在插入表格后，用户可以对表格进行插入行和列、拆分与合并单元格等操作。

（1）插入行和列。

将光标插入表格中，切换至“表格工具”界面，在工具栏中单击“在上方插入行”“在下方插入行”“在左侧插入列”“在右侧插入列”，即可在光标所在位置的上、下插入一行表格，在左、右插入一列表格。这里单击“在上方插入行”，即可在光标的上方插入一行表格，如图 6-37 所示。

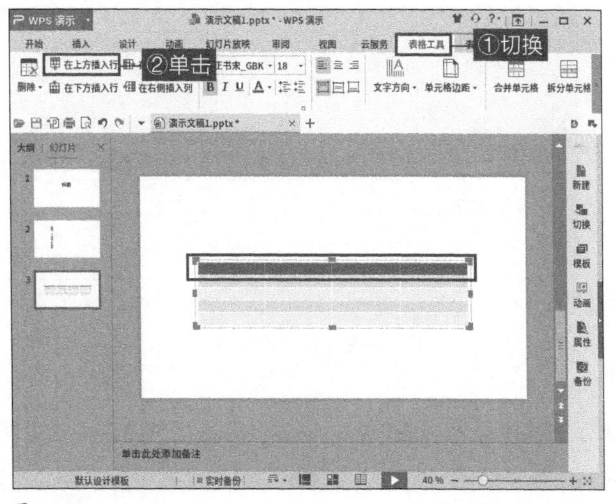

图 6-37

（2）拆分与合并单元格。

将光标插入表格中，切换至“表格工具”界面，在工具栏中单击“拆分单元格”，在弹出的“拆分单元格”对话框中设置需要拆分的行数和列数，这里“行数”设为“1”，“列数”设为“2”，单击“确定”按钮，即可拆分选中的单元格，如图 6-38 所示。

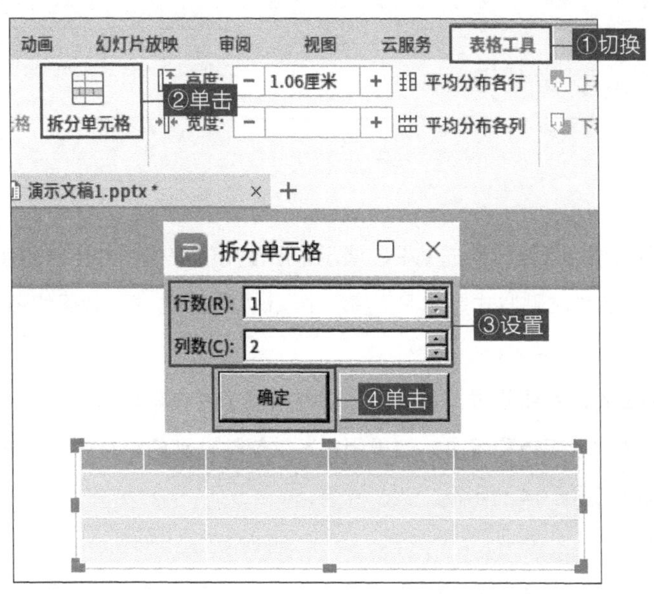

图 6-38

选中需要合并的单元格区域，切换至“表格工具”界面，在工具栏中单击“合并单元格”按钮，即可合并选中的单元格，如图 6-39 所示。

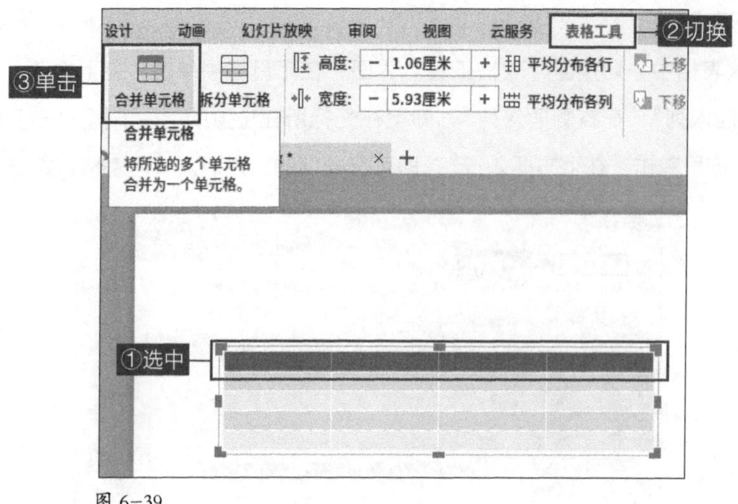

图 6-39

3．导入表格

用户有时需要在演示文稿中插入一些表格，以方便陈述相关内容并使思路清晰。在演示文稿中导入 WPS 表格常用的方法就是复制、粘贴，在粘贴的过程中有多种不同的粘贴方式。

将 WPS 表格粘贴到演示文稿中的方法主要有 3 种，需要复制、粘贴的表格如图 6-40 所示。

	A	B	C	D	E	F	G	H	I	J
1	成绩单									
2	学号	姓名	班级	语文	数学	英语	物理	化学	总分	排名
3	202203	韩英	4班	93	89	95	75	84	436	1
4	202204	李华	4班	81	76	100	69	79	405	4
5	202208	李风	3班	71	69	69	82	59	350	9
6	202201	刘烨	3班	78	93	79	88	76	414	3
7	202207	陈海	2班	89	76	82	73	69	389	6
8	202209	张扬	2班	85	94	91	91	71	432	2
9	202202	赵峰	2班	59	100	84	79	80	402	5
10	202206	刘帆	1班	64	70	73	80	82	369	8
11	202205	田雪	1班	78	59	60	91	93	381	7
12										

图 6-40

（1）粘贴。

这种粘贴方式会把原始表格转换成 WPS 演示中所使用的表格，并且自动套用幻灯片主题中的字体格式和颜色设置。这种粘贴方式是 WPS 演示中默认的粘贴方式，效果如图 6-41 所示。

（2）粘贴为图片。

这种粘贴方式会在幻灯片中生成一张图片，图片所显示的内容与源文件中的表格完全一致，但其中的文字内容无法再进行编辑和修改。如果用户不希望粘贴到幻灯片中的表格数据发生变更，可以采用这种方式，效果如图 6-42 所示。

（3）只粘贴文本。

这种粘贴方式会把原有的表格转换成 WPS 演示中的段落文本框，不同列之间由占位符间隔，其中的文字格式自动套用幻灯片所使用的主题字体格式，效果如图 6-43 所示。

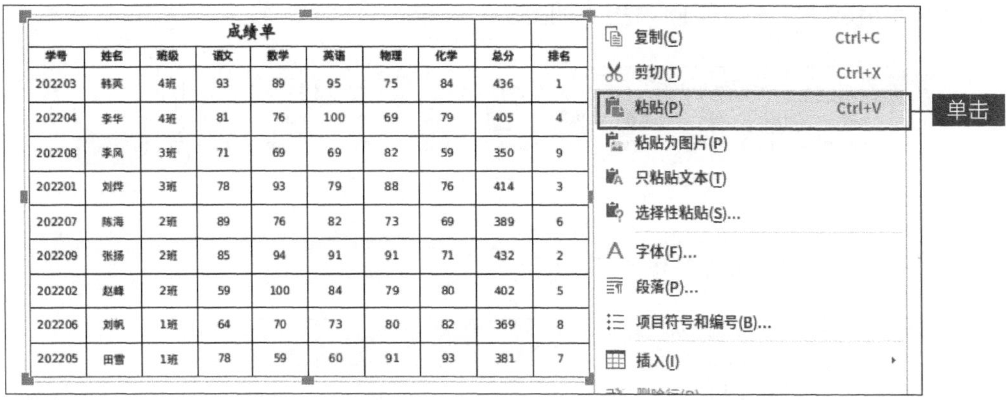

成绩单

学号	姓名	班级	语文	数学	英语	物理	化学	总分	排名
202203	韩英	4班	93	89	95	75	84	436	1
202204	李华	4班	81	76	100	69	79	405	4
202208	李风	3班	71	69	69	82	59	350	9
202201	刘烨	3班	78	93	79	88	76	414	3
202207	陈海	2班	89	76	82	73	69	389	6
202209	张扬	2班	85	94	91	91	71	432	2
202202	赵峰	2班	59	100	84	79	80	402	5
202206	刘帆	1班	64	70	73	80	82	369	8
202205	田雪	1班	78	59	60	91	93	381	7

图 6-41

成绩单

学号	姓名	班级	语文	数学	英语	物理	化学	总分	排名
202203	韩英	4班	93	89	95	75	84	436	1
202204	李华	4班	81	76	100	69	79	405	4
202208	李风	3班	71	69	69	82	59	350	9
202201	刘烨	3班	78	93	79	88	76	414	3
202207	陈海	2班	89	76	82	73	69	389	6
202209	张扬	2班	85	94	91	91	71	432	2
202202	赵峰	2班	59	100	84	79	80	402	5
202206	刘帆	1班	64	70	73	80	82	369	8
202205	田雪	1班	78	59	60	91	93	381	7

图 6-42

成绩单

学号	姓名	班级	语文	数学	英语	物理	化学	总分	排名
202203	韩英	4班	93	89	95	75	84	436	1
202204	李华	4班	81	76	100	69	79	405	4
202208	李风	3班	71	69	69	82	59	350	9
202201	刘烨	3班	78	93	79	88	76	414	3
202207	陈海	2班	89	76	82	73	69	389	6
202209	张扬	2班	85	94	91	91	71	432	2
202202	赵峰	2班	59	100	84	79	80	402	5
202206	刘帆	1班	64	70	73	80	82	369	8
202205	田雪	1班	78	59	60	91	93	381	7

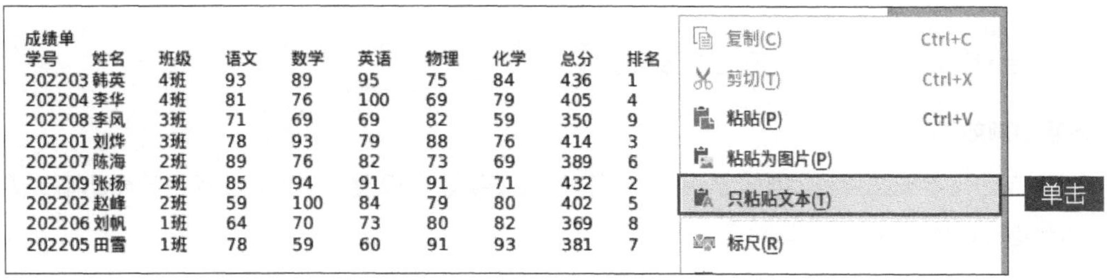

图 6-43

6.2.5 动画效果设置

幻灯片上的文字、图片等元素可以添加动画，制作出非常炫酷的效果。

1. 添加动画效果

这里以为一张图片添加动画效果为例讲解如何添加幻灯片动画，具体操作步骤如下。

01. 在幻灯片中插入一张图片，切换至“动画”界面，在工具栏中可以选择想添加的动画效果，单击工具栏中“切换效果”的“其他”按钮，如图 6-44 所示。

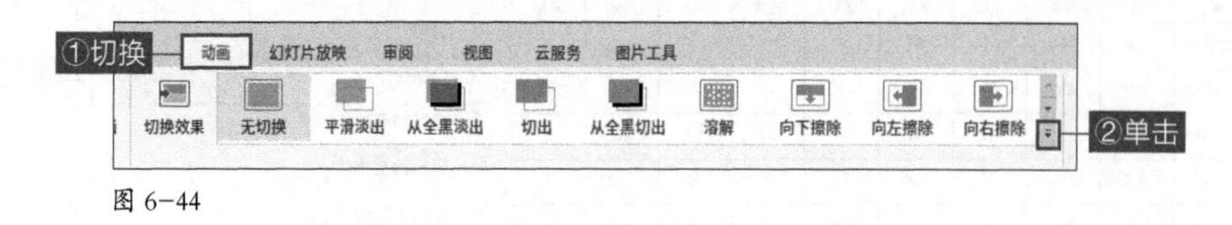

图 6-44

02. 选择“水平百叶窗”，如图 6-45 所示。

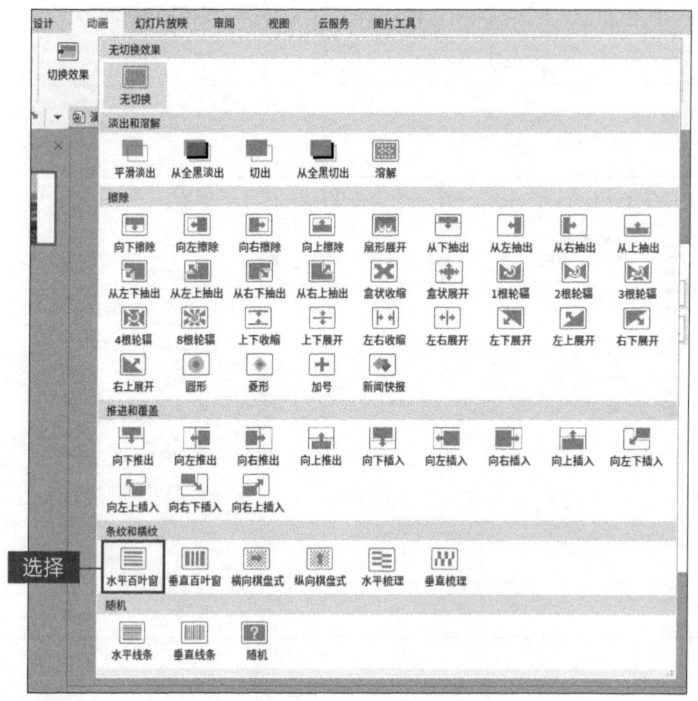

图 6-45

设置后即可预览图片添加动画后的效果。

2．设置动画效果

用户在为文字或图片等添加动画后，可以对动画效果进行设置，这里以设置百叶窗动画效果为例，具体操作步骤如下。

01. 选中一个添加有百叶窗动画的图片，切换至“动画”界面，在工具栏中单击“自定义动画”。

02. 在演示文稿界面的右侧，用户可以设置动画播放的开始、方向、速度，这里将动画播放的“开始”设置为“单击时”，播放的“方向”设置为“水平”，播放的“速度”设置为“慢速”，如图 6-46 所示。播放当前幻灯片时，单击即可看到设置后的效果。

3．设置幻灯片切换动画效果

用户可以通过设置幻灯片的切换动画效果来丰富幻灯片切换时的转场效果。

（1）添加切换动画。

在 WPS 演示界面的左侧选中需要添加动画的幻灯片并右击，在弹出的快捷菜单中选择“幻灯片切换”，如图 6-47 所示。

图 6-46

图 6-47

在 WPS 演示界面的右侧可以选择幻灯片的切换动画。这里选择“溶解”，如图 6-48 所示。当切换到添加有溶解动画的幻灯片时，就可以看到切换动画的效果。

（2）设置切换动画效果。

用户可以通过设置切换动画的速度和声音来改变切换动画效果，这里以设置溶解动画的效果为例，具体操作步骤如下。

图 6-48

01. 选中添加有溶解动画的幻灯片并右击，在弹出的快捷菜单中选择“幻灯片切换”，在 WPS 演示界面的右侧可以设置“修改切换效果”和“换片方式”，如将“速度”的数值设置为“00.80”，将“声音”设置为“风铃”，如图 6-49 所示。

02. 当切换到添加有溶解动画的幻灯片时，就可以看到切换动画的效果。

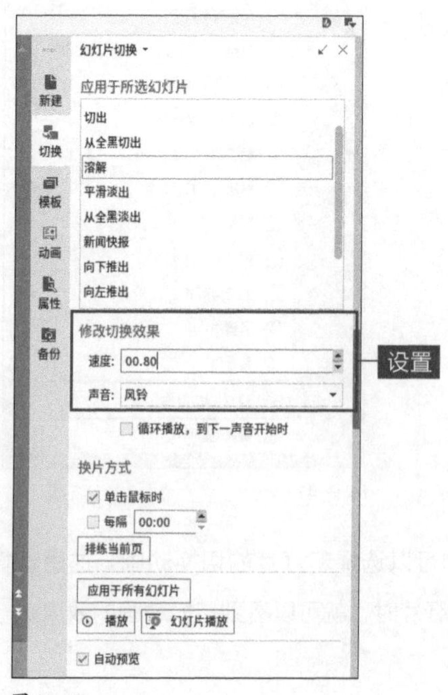

图 6-49

6.2.6 制作和使用母版

如果用户的演示文稿页面数量多、页面版式可以分为若干类、需要批量制作，并且用户对生产速度有要求，那么就可以给演示文稿定制一个母版。

1. 制作母版

首先对幻灯片的母版进行设置，利用好母版可以减少重复性工作，提高工作效率，具体操作步骤如下。

01. 切换至“视图”界面，单击工具栏中的“幻灯片母版”按钮，如图 6-50 所示。

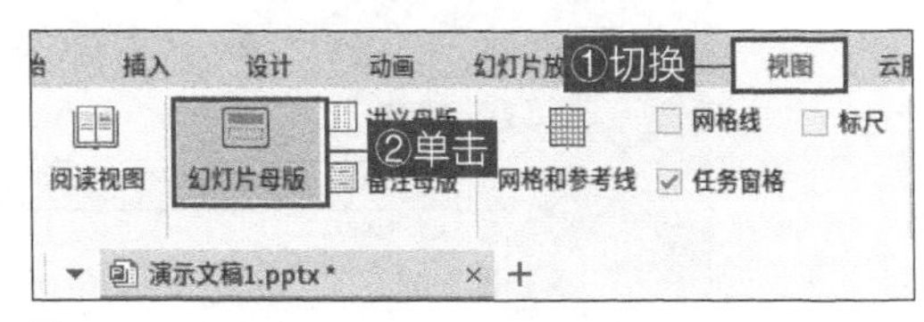

图 6-50

02. 此时系统会自动切换到幻灯片母版视图，并切换至“幻灯片母版”界面，在左侧的幻灯片导航窗格中选择“Office 主题 母版：由幻灯片 1 使用”幻灯片选项，也就是主母版，如图 6-51 所示。

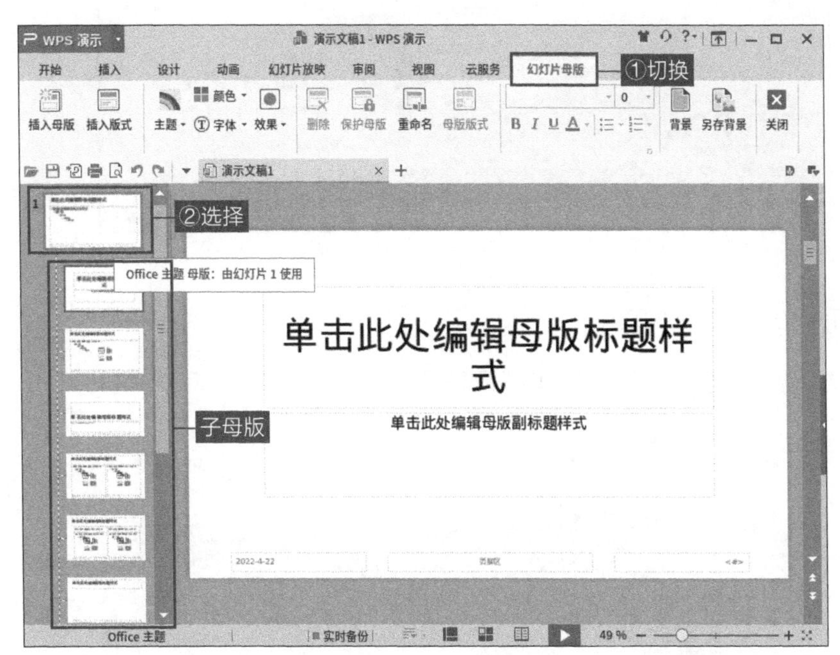

图 6-51

> **注意：**
>
> 幻灯片母版分为主母版和子母版。主母版可以固定统一使用元素，例如，每张页面都要有 Logo，可以在主母版上添加。子母版是独立的页面，不受主母版的影响，例如，不同版式的标题页面样式。它们之间的关系就是主母版影响子母版的显示效果，主母版中的元素子母版无法编辑。

03. 单击工具栏中的“背景”按钮，弹出“对象属性”任务窗格，在“填充”组合框中单击“图片或纹理填充”单选按钮，单击“本地文件”按钮，在弹出的“选择纹理”对话框中选择需要用作背景的图片，然后单击“打开”按钮并单击“全部应用”，如图 6-52 所示。

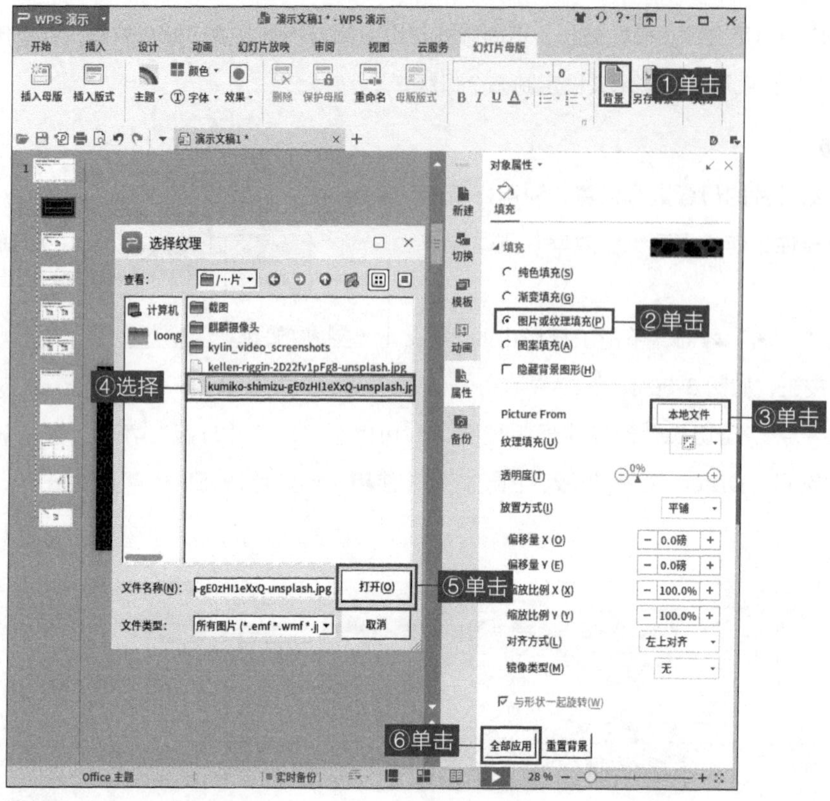

图 6-52

04. 设置后的效果如图 6-53 所示。

图 6-53

2. 使用母版

演示文稿可包含多个幻灯片母版，幻灯片可以使用不同幻灯片母版设置的样式。在幻灯片中使用幻灯片母版设置的样式的具体操作步骤如下。

01. 在“视图”界面中，单击“幻灯片母版”。

02. 选取要应用不同幻灯片母版设置样式的幻灯片。

03. 单击演示文稿界面右侧快捷功能区的“模板”，打开“幻灯片设计 - 设计模板”任务窗格，选取要应用的设计母版，执行下列操作之一。

- 如果只将幻灯片母版设置样式应用到选取的幻灯片，单击右侧下三角按钮，单击“替换选定设计”。
- 如果要将设置样式应用于某个设计模板的幻灯片组，单击右侧下三角按钮，单击“添加设计方案”。
- 如果要对所有幻灯片应用同一样式，单击右侧下三角按钮，单击“替换所有设计”。

在演示文稿中所设置应用的幻灯片母版样式，显示于“幻灯片设计 - 设计模板”任务窗格的“在此演示文稿中使用”下，如图 6-54 所示。

图 6-54

6.3 幻灯片放映

在演示文稿中编辑好幻灯片后，用户可以选择“幻灯片放映”进行预览，也可以用来熟悉演讲流程。

1. 幻灯片放映设置

用户可以选择不同的放映类型、设置演示文稿的放映选项以及选取自定义的放映内容，如

图 6-55 所示。

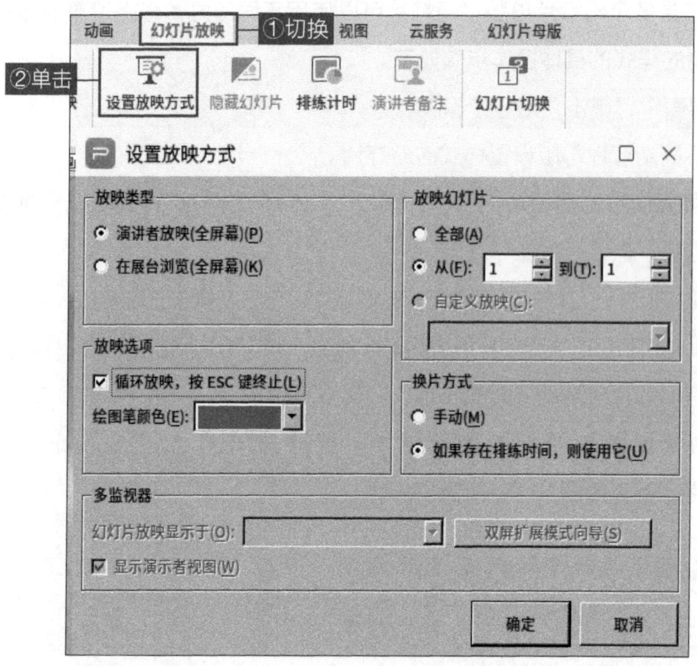

图 6-55

（1）放映类型。

切换至“幻灯片放映”界面，单击“设置放映方式”，打开“设置放映方式”对话框，在“放映类型”下单击“演讲者放映”或“在展台放映”。

（2）放映选项。

在弹出的“设置放映方式”对话框中，选择是否勾选“循环放映，按 ESC 键终止”复选框，可控制是否循环播放。

（3）放映幻灯片。

在弹出的“设置放映方式”对话框中，设置“放映幻灯片”，选择幻灯片放映的内容，可指定幻灯片的播放范围或按照自定义放映方式进行播放。

2．播放幻灯片

01. 切换至“幻灯片放映”界面，单击“从头开始”按钮，界面从当前演示文稿的第一张幻灯片开始放映。

02. 单击“从当前幻灯片开始放映”，界面从当前幻灯片开始放映。

03. 单击“自定义放映”，在弹出的“自定义放映”对话框中单击“新建”，如图 6-56 所示。

04. 在弹出的“定义自定义放映”对话框中自定义添加需要放映的幻灯片，在“在演示文稿中的幻灯片”选项栏中选择要自定义播放的幻灯片，单击“添加”，刚才选中的幻灯片选项被添加在右侧“在自定义放映中的幻灯片”选项栏中，完成选择后，单击“确定”按钮，如图 6-57 所示。

图 6-56

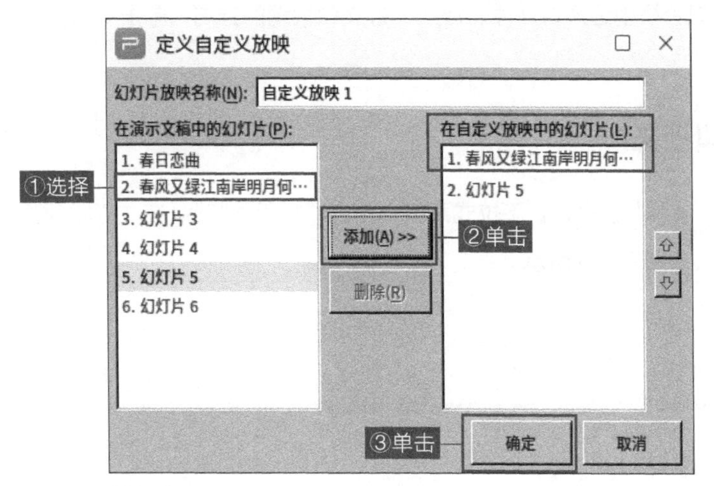

图 6-57

6.4 打印设置

通常演讲者会需要一份打印好的演示文稿，帮助自己组织演讲过程中需要口述的内容，或打印幻灯片内容分发给观众，便于观众事前了解演讲内容和记录要点。

6.4.1 页面设置

打印演示文稿之前需留意纸张大小和幻灯片页面大小是否匹配，因此打印之前应当进行页面设置。在“设计”界面上，单击“页面设置”，打开“页面设置”对话框，如图 6-58 所示。

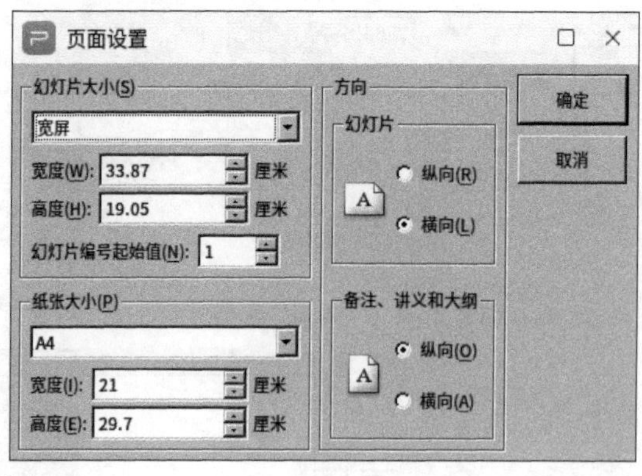

图 6-58

根据需要执行下列操作。

01. 在“幻灯片大小”下拉列表框中选择所需大小，或在“宽度”及“高度”微调框中输入自定义大小。

02. 在“纸张大小”下拉列表框中选择所需纸张大小，或在“宽度”及“高度”微调框中输入自定义大小。

03. 在“方向”组合框中选择幻灯片、备注、讲义和大纲的方向，单击“横向”或“纵向”单选按钮即可。

6.4.2 打印预览

单击“WPS 演示”按钮，在下拉式菜单中单击“打印预览”，在“打印预览”选项卡中可以进行部分打印设置，如图 6-59 所示。

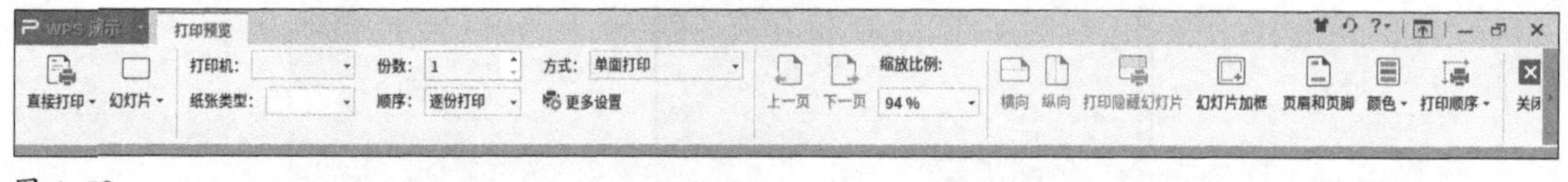
图 6-59

WPS 演示提供了打印功能，可以打印幻灯片、备注页、大纲和讲义，如图 6-60 所示。

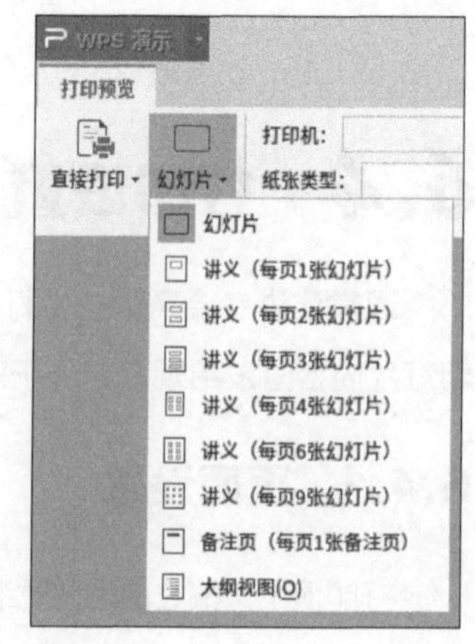

图 6-60

- 打印幻灯片：可以打印锁定幻灯片或全部幻灯片，幻灯片每页打印一张。
- 打印备注页：可以将幻灯片的备注内容打印出来，每个备注页包含与其相关幻灯片的一个副本，幻灯片下有打印的备注，可在一张纸上打印一页或 3 页。
- 打印讲义：讲义类似于备注页，可在纸上打印多页。
- 打印大纲：可以主要突出打印幻灯片的标题以及文本内容，幻灯片本身仅作为缩小的标示图案。

第07章

网络

随着互联网的普及，上网已经成为大多数人生活和工作中不可或缺的部分。本章主要介绍网络连接、浏览器，以及邮件客户端的使用方法。

7.1 连接网络

在龙芯计算机中，连接到互联网和其他类型的网络都由 NetworkManager 控制。NetworkManager 可用来配置多种类型的网络接口和连接，以便用户访问互联网、局域网和虚拟专用网络（Virtual Private Network，VPN）。

7.1.1 连接无线网络

从可用的无线网络列表中选择要连接的网络，输入密码便可以完成无线网络的连接，具体操作步骤如下。

01. 在任务栏右侧的通知区域中单击“网络连接”图标按钮，系统会显示自动搜索到的可用的无线网络，如图 7-1 所示。

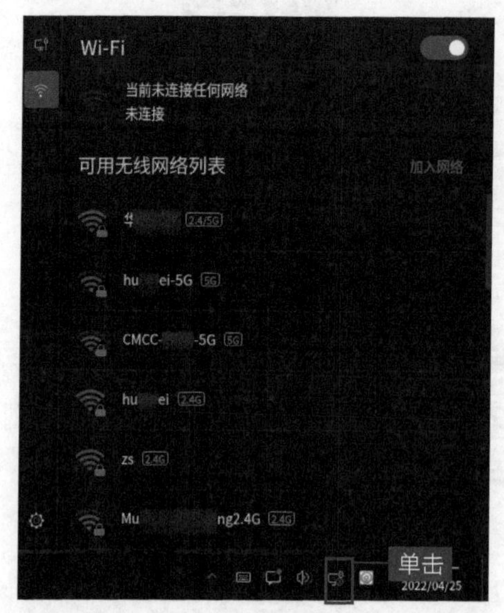

图 7-1

02. 选中想要连接的网络，如“hu**ei”。

03. 弹出“输入密码”对话框，输入密码，单击“连接”按钮，如图 7-2 所示。

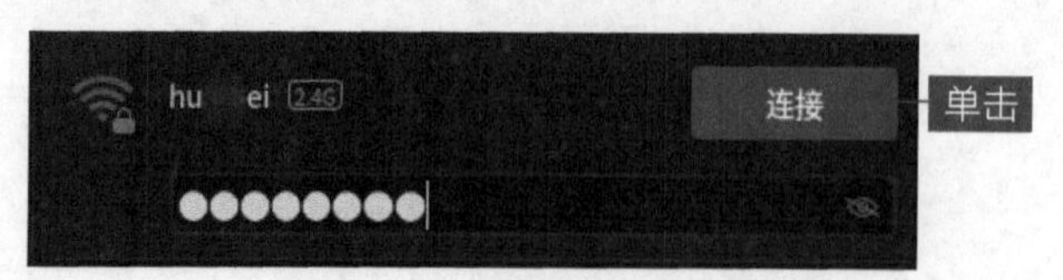

图 7-2

04. 无线网络连接成功的图标为■，白色格数表示网络信号的强弱，如图 7-3 所示。

图 7-3

7.1.2 连接有线网络

有线网络采用同轴电缆、双绞线和光纤来连接计算机网络，是比较经济且较为方便的连接网络的方式，具体操作步骤如下。

01. 单击“网络连接”图标按钮，系统会显示自动搜索到的无线网络，切换至“有线网络”图标选项，单击“设置网络”按钮，如图 7-4 所示。

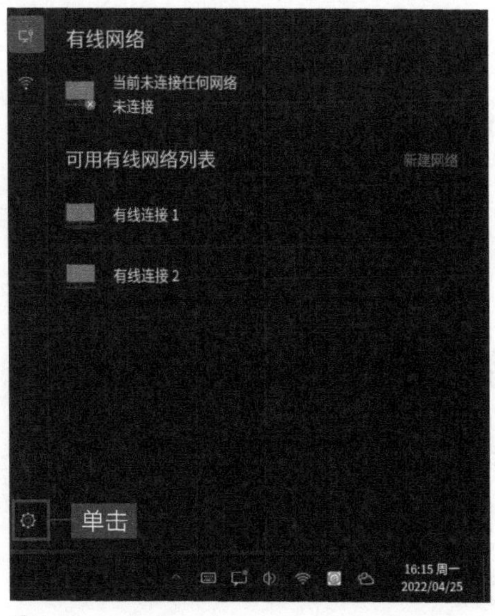

图 7-4

02. 在弹出的“网络连接”对话框中，单击“添加”按钮，如图 7-5 所示。

03. 在弹出的新的对话框中可以选择多种网络连接类型，如图 7-6 和图 7-7 所示。

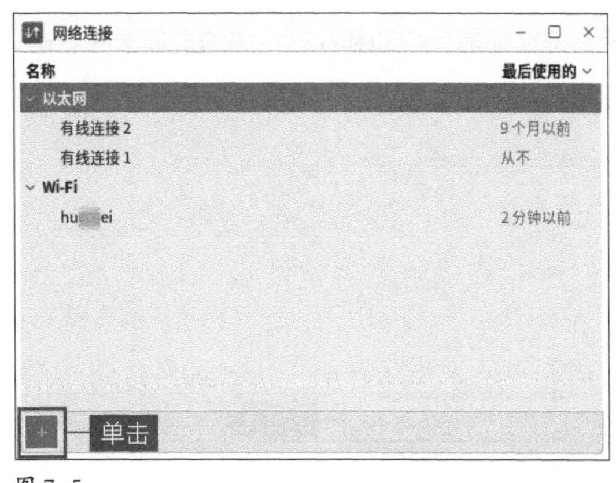

图 7-5

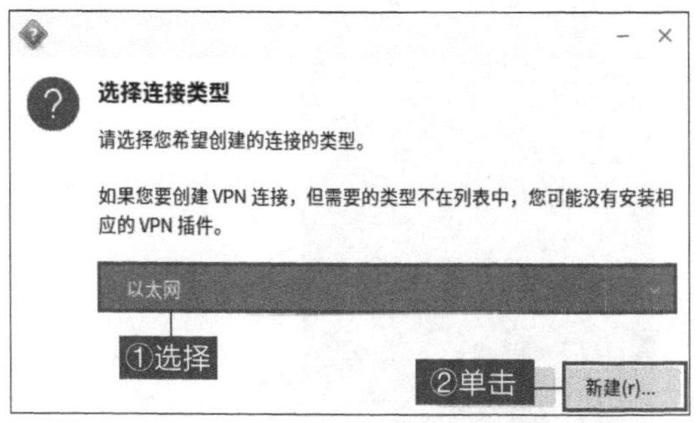

图 7-6

选择“以太网”选项并单击“新建”按钮，弹出“正在编辑 以太网连接 1”对话框，当前选择手动分配 IP 地址的方法，添加 IP 地址、子网掩码等相关信息，单击“保存”按钮完成连接，如图 7-8 所示。

图 7-7

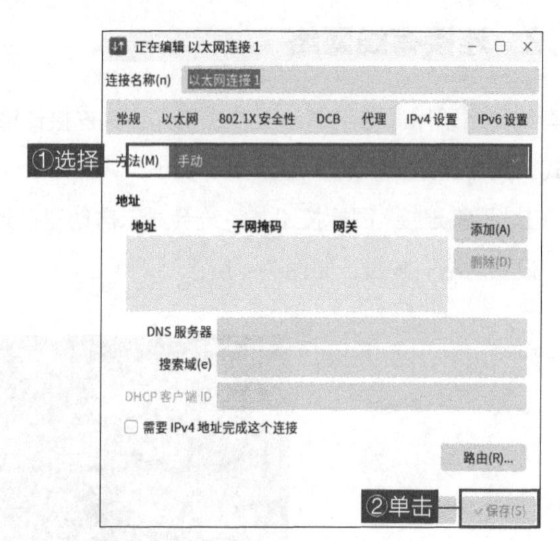

图 7-8

7.2 使用龙芯浏览器 V3 上网

龙芯浏览器 V3 是龙芯系统预装的一款高效、稳定的网页浏览器，有着简单的交互页面，为用户提供高效便捷的操作服务。

7.2.1 浏览器主页面

浏览器主页面包括标签栏、地址栏、菜单栏等。

1. 标签栏

标签栏在浏览器页面的上方，显示已打开的网页标题。

在“开始”菜单中单击浏览器，如图 7-9 所示。将鼠标指针移动到标签栏中的选项卡并右击，在弹出的快捷菜单中选择“固定”命令，如图 7-10 所示。

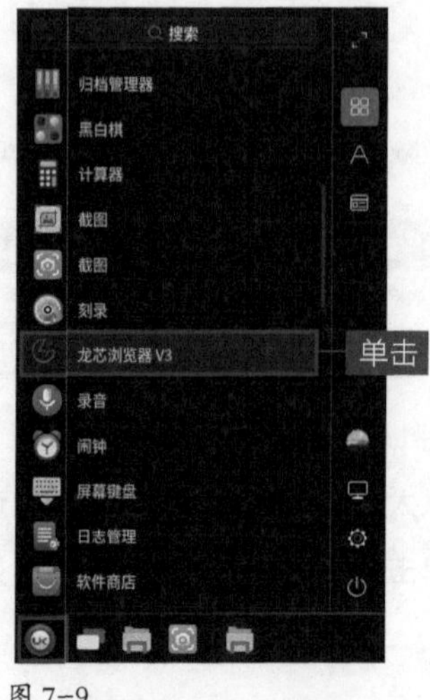

图 7-9

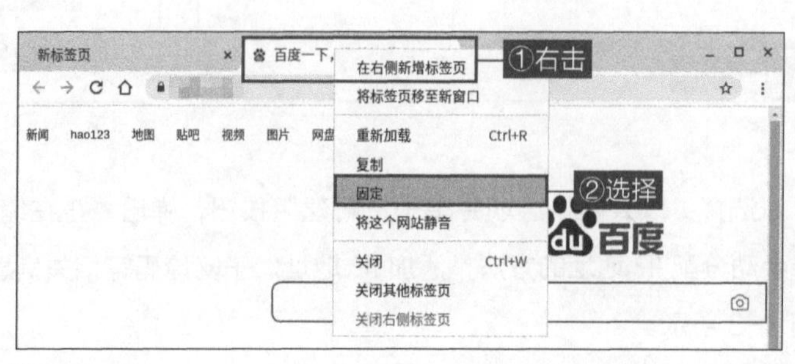

图 7-10

固定选项卡成功后，页面左边就多了一个缩小的图标，如图 7-11 所示。

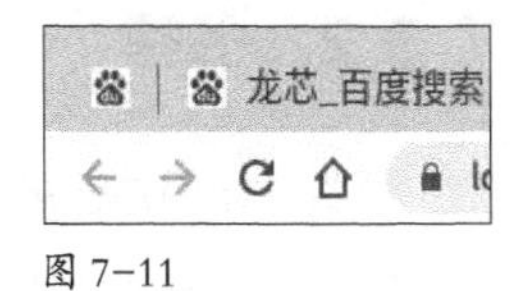

图 7-11

2. 地址栏

如果要访问一个网站，只需在地址栏输入网址，按“Enter”键即可，如图 7-12 所示。

图 7-12

3. 菜单栏

菜单栏有新建窗口、下载内容、历史记录、打印等常用功能，用户可根据需要自行使用，菜单栏如图 7-13 所示。

图 7-13

7.2.2　书签

书签的作用是记录用户阅读进度，方便用户下次查找。设置书签的具体操作步骤如下。

01. 使用浏览器打开任意一个网页。单击☆按钮添加书签，为了方便查询，可以编辑书签名称并指定文件夹进行保存，如图 7-14 所示。

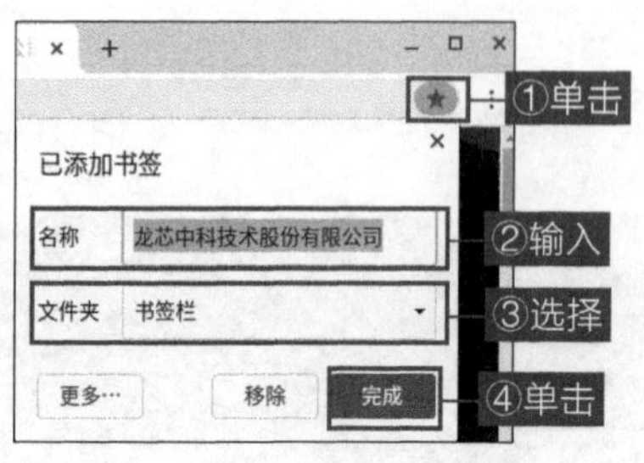

图 7-14

02. 下次需要查找阅读时，地址栏下方显示已存为书签的网页，直接单击即可，也可在菜单栏中进行查找，如图 7-15 和图 7-16 所示。

图 7-15

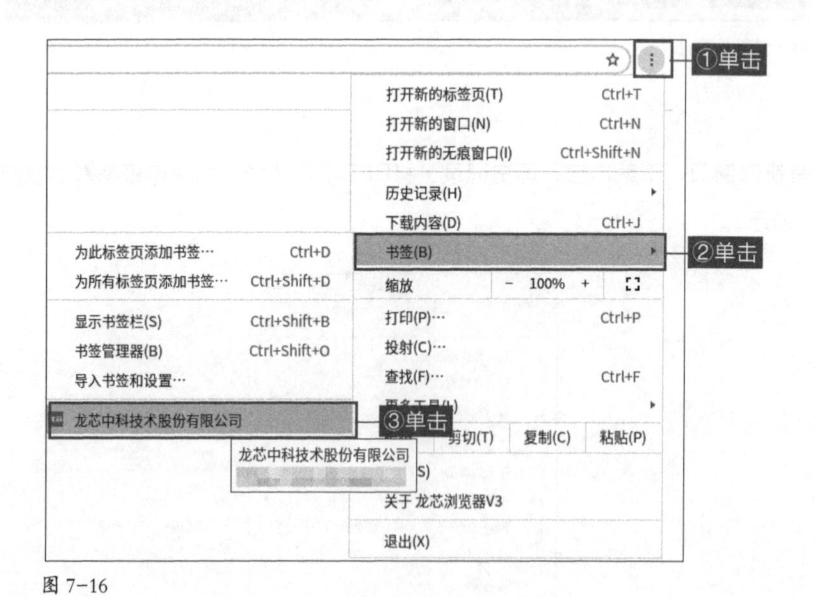

图 7-16

7.2.3　历史记录

在使用计算机浏览资料时，计算机会留下痕迹，用户可以通过查找网页浏览历史记录来查找访问过的网址，具体操作步骤如下。

01. 在菜单栏中打开历史记录，如图 7-17 所示。

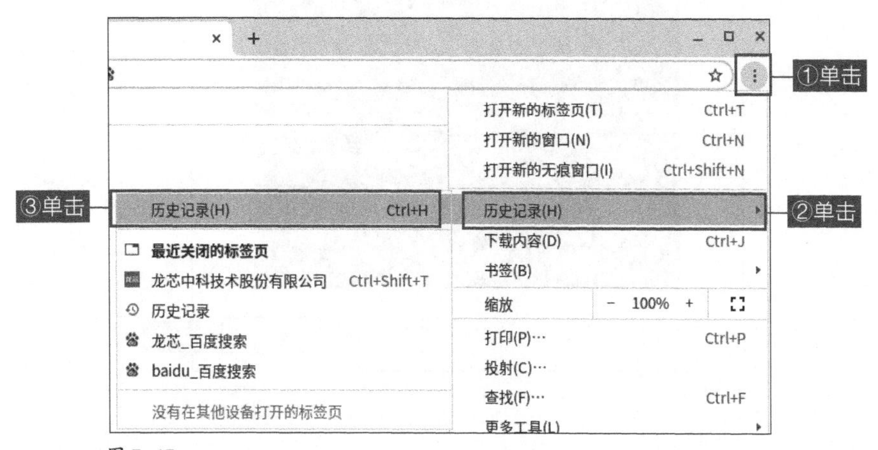

图 7-17

02. 弹出“历史记录”选项卡，如图 7-18 所示。

03. 其中保存着所有浏览过的网页，单击🔍按钮可以搜索历史记录，在历史记录菜单栏“≡”中可以选择“清除浏览数据”，如图 7-19 所示。

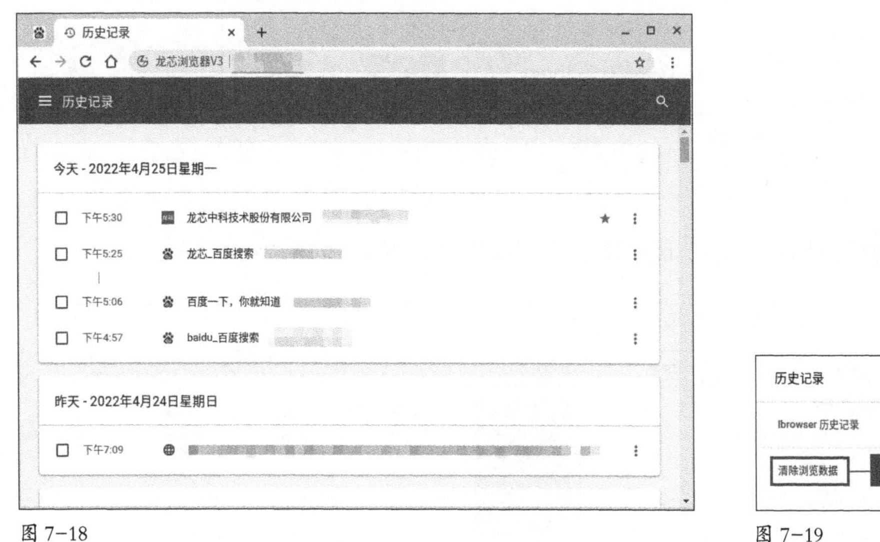

图 7-18

图 7-19

7.2.4 下载文件

在使用浏览器上网的过程中，用户经常需要下载文件。本小节以在网页中搜索图片并下载为例介绍如何在浏览器中下载文件，具体操作步骤如下。

01. 在浏览器中搜索“春天”，选择一张需要下载的图片，单击“下载”按钮将原图保存到计算机，如图 7-20 所示。

02. 页面左下角出现弹窗，提示用户图片下载完成，单击“展开”按钮，选择“在文件夹中显示”，如图 7-21 所示。

图 7-20

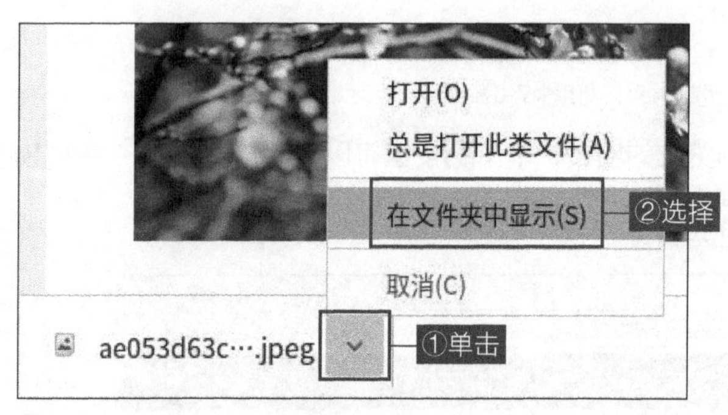

图 7-21

03. 弹出“文件管理器”界面，图片保存在“下载”文件夹中，如图 7-22 所示。

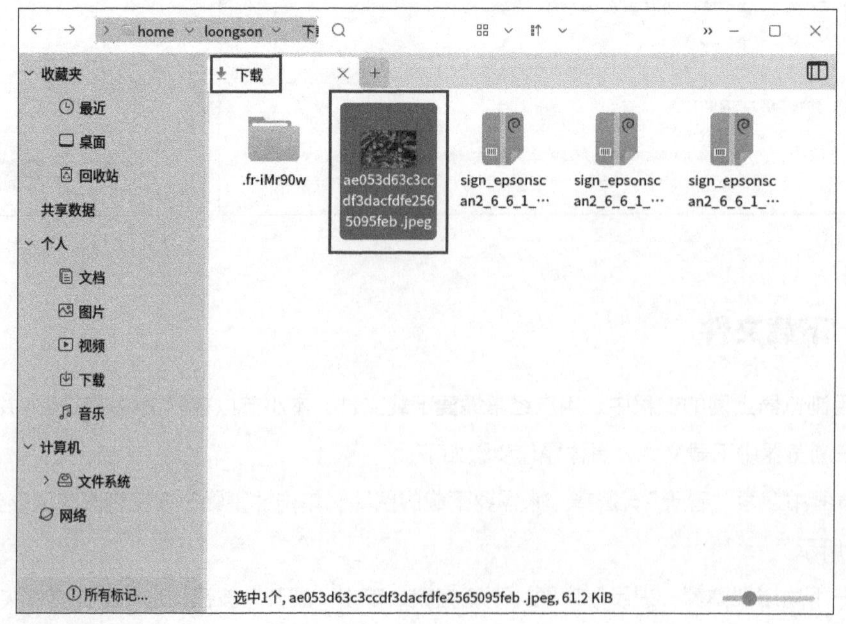

图 7-22

7.3 使用邮件客户端

邮件客户端是一款在 Linux 桌面环境下能对电子邮件、个人信息、日程安排、日历等多方面提供整套高效的解决方案的综合性软件，主界面如图 7-23 所示。

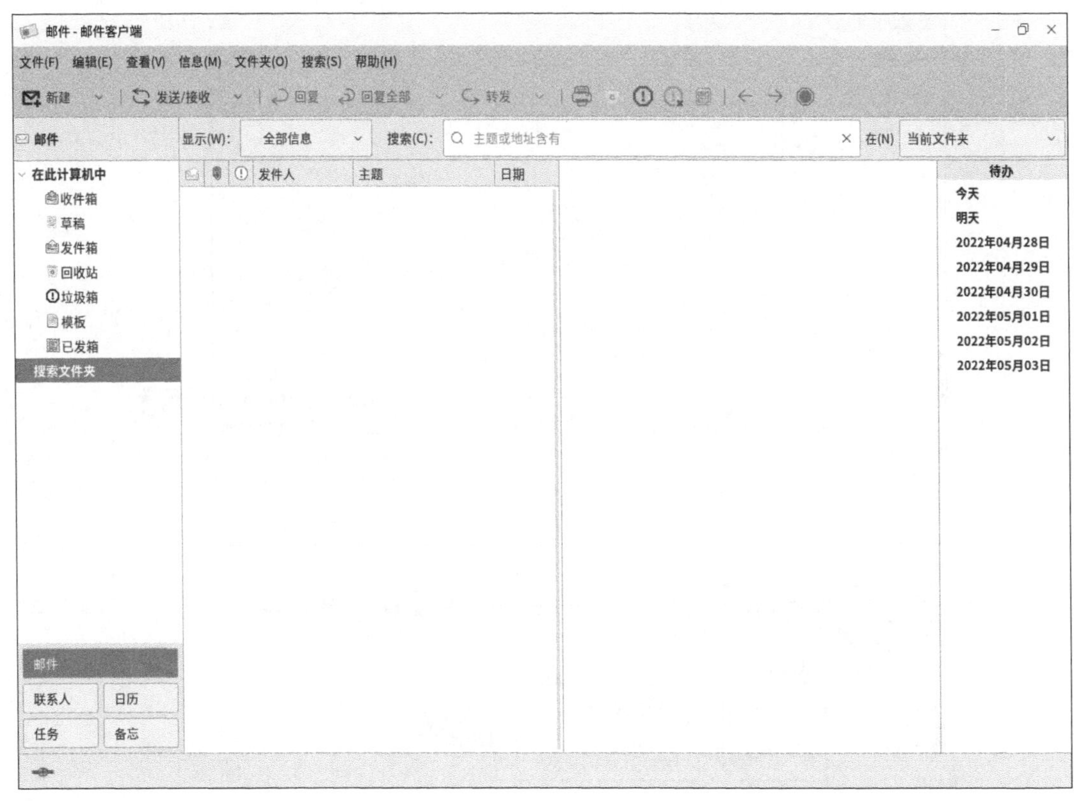

图 7-23

7.3.1 登录与配置

在第一次打开邮件客户端或未曾在邮件客户端中配置至少一个账号时，邮件客户端会自动打开配置引导界面，以便用户便捷地完成配置，具体操作步骤如下。

01. 在“欢迎”界面单击“前进”按钮，如图 7-24 所示。

02. 如果用户曾经使用过邮件客户端或者正在做系统迁移，此处会出现“备份恢复界面”选项卡，这一功能能更快速地恢复用户熟悉的使用环境。若没有备份文件，单击“前进”按钮继续下一步配置即可。

03. 在“标识”界面输入姓名和电子邮件地址，用户可以视情况选择是否勾选“根据输入的电子邮件地址搜寻邮件服务器详情”复选框。若勾选该复选框，邮件客户端会尝试在互联网上寻找用户邮箱服务器并自动添加配置，这通常在使用一些知名邮件服务供应商提供的服务的情况下较为适用。

此处取消勾选该复选框，演示手动配置的过程。取消勾选后，单击“前进”按钮，如图 7-25 所示。

图 7-24

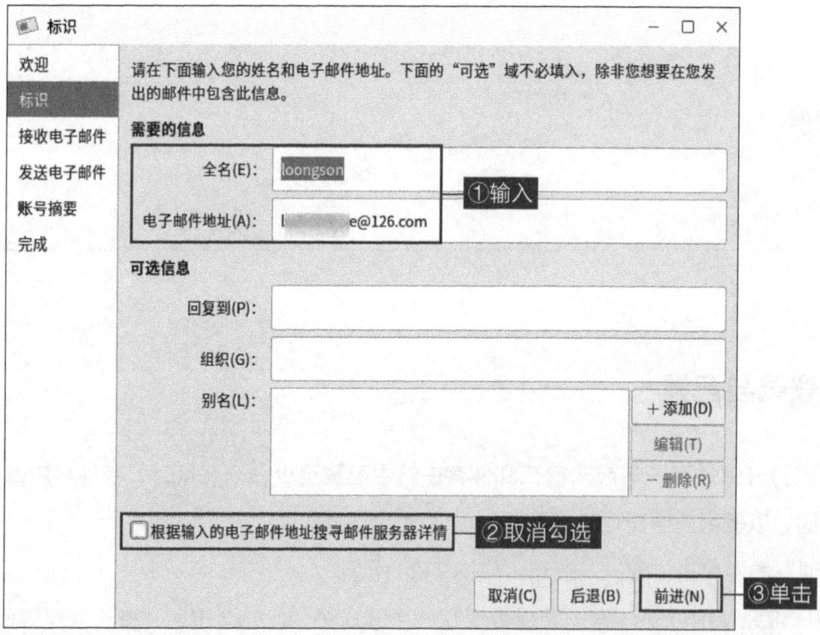

图 7-25

04. 在“接收电子邮件”界面中，可以设置收件服务器及个人账户的相关内容，详细的信息可以在对应的网页邮箱中找到，或可咨询邮件服务供应商。在该界面配置好正确的服务器地址和电子邮箱地址后单击“前进”按钮，如图 7-26 所示，进行下一步配置。

05. 根据个人喜好对“接收选项”进行个性化配置，如图 7-27 所示，配置好后单击“前进”按钮。

接收电子邮件
欢迎
标识
接收电子邮件
接收选项
发送电子邮件
账号摘要
完成
服务器类型(T)：
IMAP
描述：IMAP 服务器上的邮件的读写。
配置
服务器(S)：
126.com
端口(P)：
993
①设置
邮箱地址：
e@126.com
安全
加密方法(M)：
专用端口上的 TLS
身份验证
检查支持的类型
密码
取消(C)
后退(B)
前进(N)
②单击

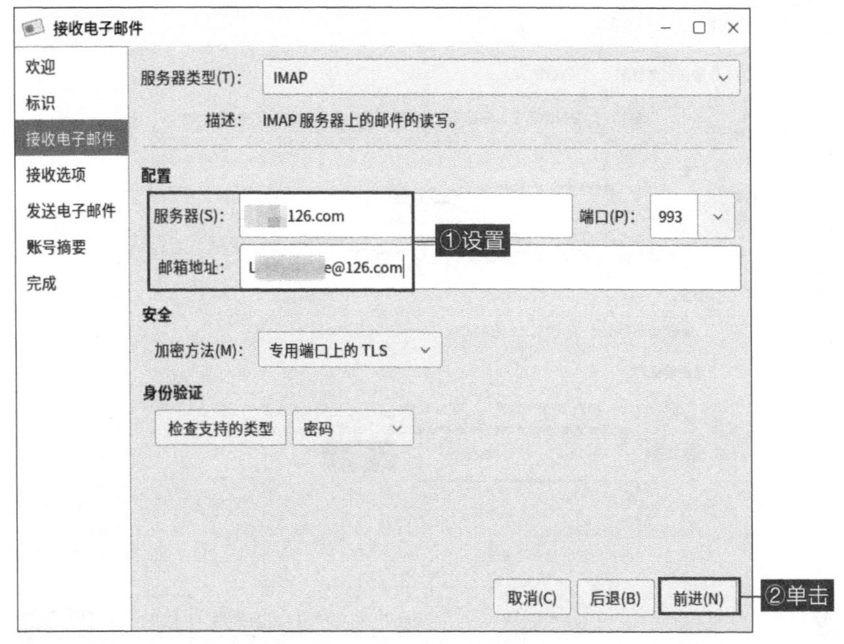

图 7-26

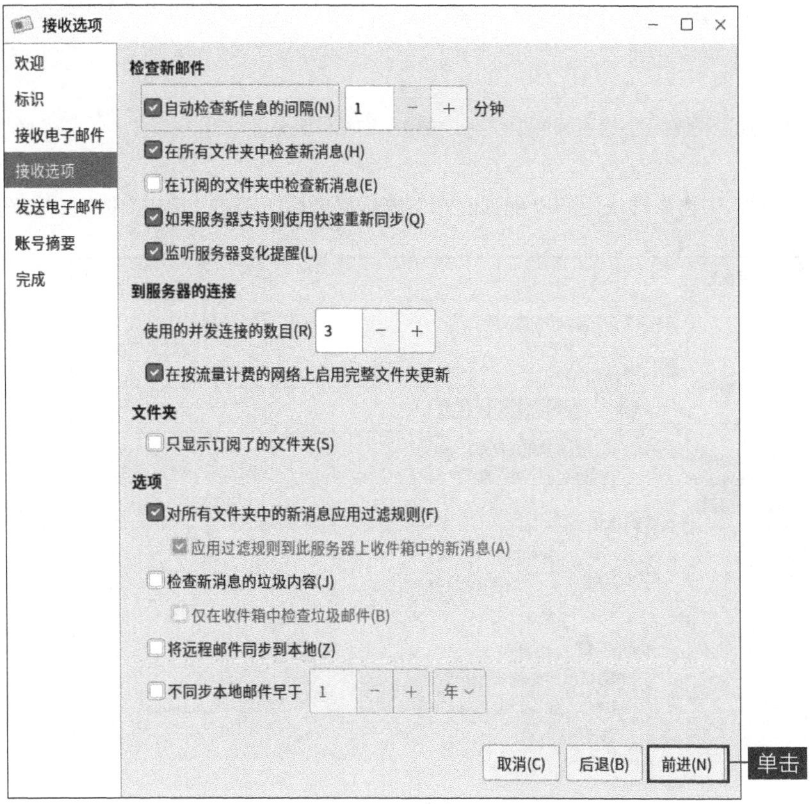

接收选项
欢迎
标识
接收电子邮件
接收选项
发送电子邮件
账号摘要
完成
检查新邮件
自动检查新信息的间隔(N)
1
分钟
在所有文件夹中检查新消息(H)
在订阅的文件夹中检查新消息(E)
如果服务器支持则使用快速重新同步(Q)
监听服务器变化提醒(L)
到服务器的连接
使用的并发连接的数目(R)
3
在按流量计费的网络上启用完整文件夹更新
文件夹
只显示订阅了的文件夹(S)
选项
对所有文件夹中的新消息应用过滤规则(F)
应用过滤规则到此服务器上收件箱中的新消息(A)
检查新消息的垃圾内容(J)
仅在收件箱中检查垃圾邮件(B)
将远程邮件同步到本地(Z)
不同步本地邮件早于
1
年
取消(C)
后退(B)
前进(N)
单击

图 7-27

06. 在“发送电子邮件”界面中，输入发送电子邮件的服务器地址，根据实际情况决定是否勾选“服务器需要认证”复选框。若勾选，请输入“身份验证”中的“邮箱地址”后单击“前进”按钮，如图 7-28 所示。

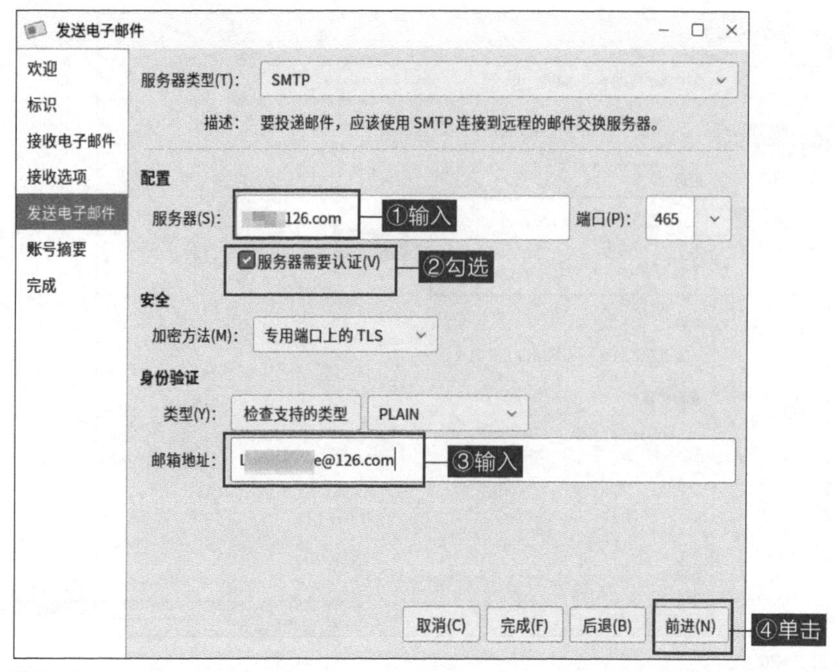

图 7-28

> **注意：**
>
> 相关配置可以在对应的网页邮箱中找到，或可咨询邮件服务供应商。

07. 在“账号摘要”中再次确认用户所配置的邮件账号摘要后，单击“前进”按钮，如图 7-29 所示。

账号摘要

欢迎
标识
接收电子邮件
接收选项
发送电子邮件
账号摘要
完成

这是将用于访问您邮件的设置汇总。

帐号信息

名称(N): l e@126.com

上述名称用来代表这个帐号。
例如：“工作”或“个人”。

个人详细信息

全名： loongson
电子邮件地址： l e@126.com

	接收	发送
服务器类型：	imapx	smtp
服务器：	im om	smt om
用户名：	L e@126.com	L e@126.com
安全：	TLS	TLS

取消(C) 后退(B) 前进(N) 单击

图 7-29

08. 配置完成，单击“应用”按钮，如图 7-30 所示。

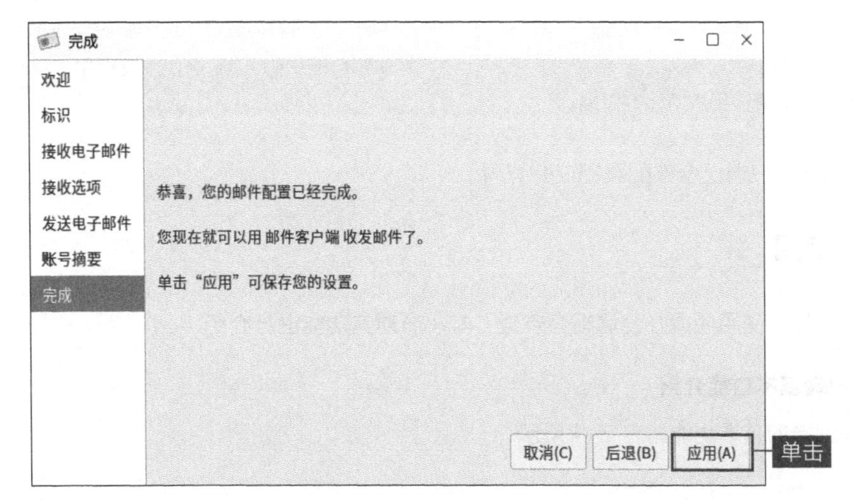

图 7-30

09. 弹出“邮件认证请求”对话框，输入电子邮件密码，如图 7-31 所示，单击“确定”按钮即可开始使用邮件客户端收发邮件。

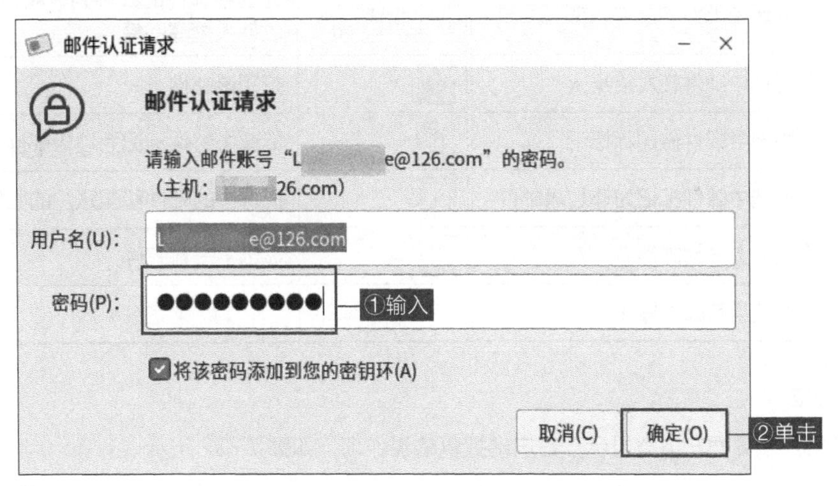

图 7-31

注意：

对于部分知名邮件服务供应商（如 QQ、网易等）而言，出于安全性考虑，用户可能无法在此处使用网页邮箱中的密码直接登录。

若出现使用网页邮箱密码无法登录邮件客户端的情况，可以登录网页邮箱，在网页邮箱的“设置”中，找到名为“客户端设置”（或类似名称）的设置页面，该页面中会提供用户在此处需要输入的邮件账号密码。

10. 用户输入密码后，界面会弹出“选择新密钥环的密码”对话框，邮件客户端会将用户所输密码安全地保存在计算机中，便于后续使用过程中不再输入密码。

> **注意：**
>
> 用户可以在输入框中输入密码来保护用于存储邮件账号密码的存储器，这个密码仅在本地计算机有效，且不同于用户的邮件账号密码，它只作为"解锁密码的密码"。后期使用过程中，只需输入这个密码，即可解锁用户邮件客户端。

11. 至此，邮件客户端已全部配置完成并登录。

7.3.2　使用

邮件客户端的使用使得办公清晰有条理，本小节对其功能进行介绍。

1. 邮件客户端基本功能介绍

邮件客户端的基本功能如表 7-1 所示。

表 7-1

图标	功能	图标	功能
新建	撰写一封新邮件	发送/接收	发送队列中的邮件并收取新邮件
回复	为选中邮件的发件人撰写回复	回复全部	为选中邮件的邮件列表收件人或全部收件人撰写回复
转发	把选中邮件转发给某人		打印该邮件
	为选中邮件做删除标记		把选中邮件标记为垃圾邮件
	把选中邮件标记为非垃圾邮件		把选中的邮件移至账户的归档文件夹
	显示上一封邮件		显示下一封邮件
	取消当前邮件操作		

2. 操作项介绍

在邮件客户端界面左下角显示了客户端提供的操作项，如图 7-32 所示。

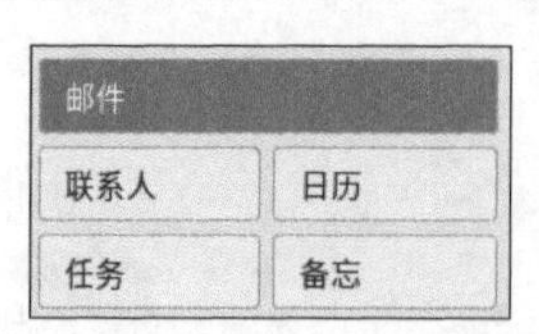

图 7-32

- 邮件：界面内显示用户邮箱操作，单击"收件箱"可以看到邮件信息以及邮件内容缩览，右侧显示待办项，如图 7-33 所示。
- 日历：界面内可以详细、清楚地添加待办项，如图 7-34 所示。
- 联系人：界面内显示联系人，联系人较多时，可以在搜索框中进行查找，或在"显示"栏进行条件筛选，如图 7-35 所示。

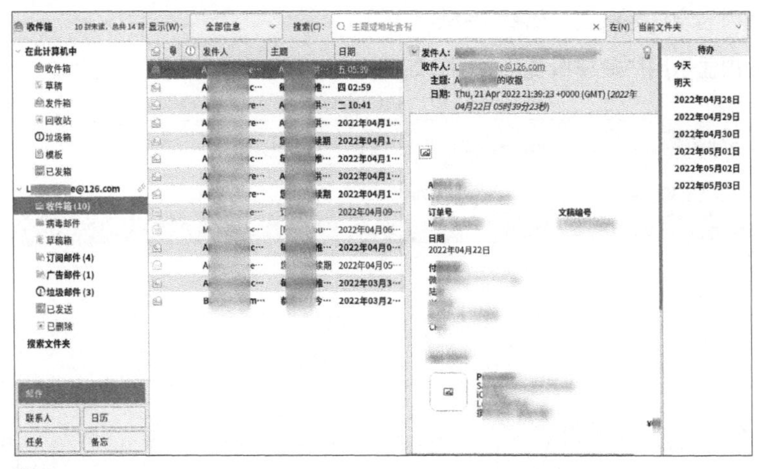

图 7-33

图 7-34

图 7-35

- 任务：界面内显示任务概要，如图 7-36 所示。
- 备忘：界面内显示用户备忘概要及类别，如图 7-37 所示。

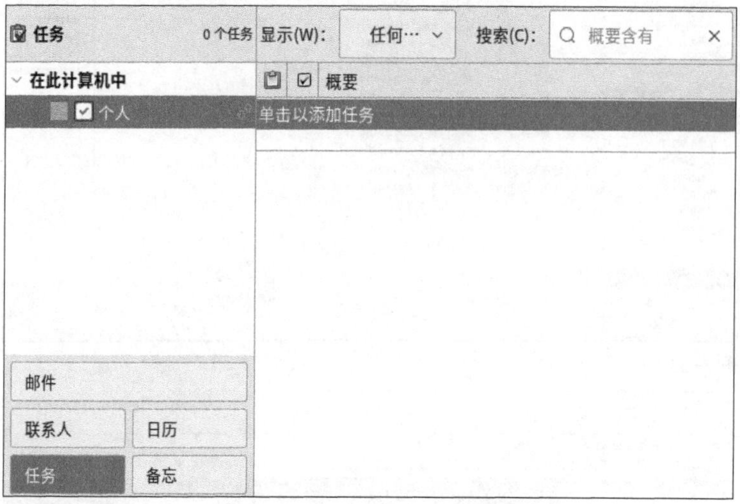

图 7-36

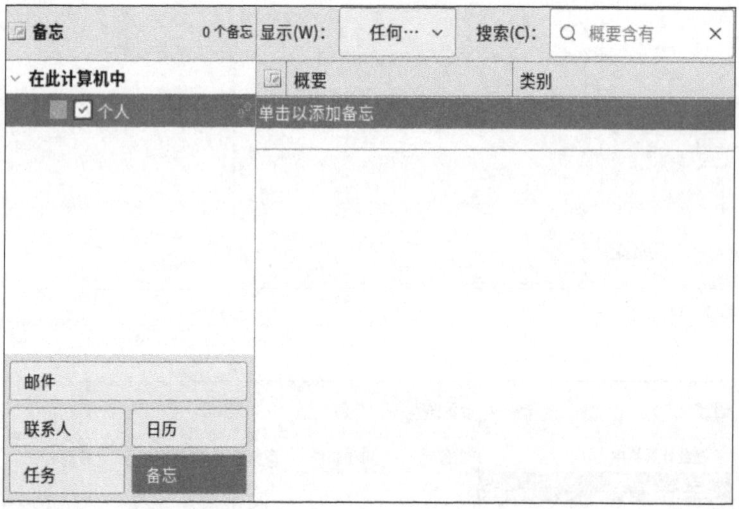

图 7-37